航天飞行器空气动力学数据集

Aerodynamic Data of Space Vehicles

[德] Claus Weiland　著
　唐志共　陈喜兰　等译

国防工业出版社
National Defense Industry Press

著作权合同登记　图字：军－2016－091号

图书在版编目（CIP）数据

航天飞行器空气动力学数据集/（德）克劳斯·韦兰（Claus Weiland）著; 唐志共等译.
－－北京：国防工业出版社，2017.4
（国防科技著作精品译丛）
书名原文：Aerodynamic Data of Space Vehicles
ISBN 978－7－118－11293－1

Ⅰ.①航… Ⅱ.①克… ②唐… Ⅲ.①航天器—空气动力学—数据集 Ⅳ.①V411.4

中国版本图书馆CIP数据核字（2017）第076062号

Translation from the English language edition:
Aerodynamic Data of Space Vehicles
by Claus Weiland
Copyright © Springer-Verlag Berlin Heidelberg 2014
Springer is part of Springer Science+Business Media
All Rights Reserved

航天飞行器空气动力学数据集
Claus Weiland　著
唐志共　陈喜兰　等译

出版发行	国防工业出版社
地址邮编	北京市海淀区紫竹院南路23号　100048
经　售	新华书店
印　刷	北京龙世杰印刷有限公司印刷
开　本	710×1000　1/16
印　张	20
字　数	320千字
版印次	2017年4月第1版第1次印刷
印　数	1—2000册
定　价	198.00元

(本书如有印装错误，我社负责调换)

国防书店: (010) 88540777　发行邮购: (010) 88540776

发行传真: (010) 88540755　发行业务: (010) 88540717

《航天飞行器空气动力学数据集》
翻译组

组　长：唐志共

成　员：陈喜兰　孙宗祥　袁先旭
　　　　苏冯念　周乃春　徐　燕

译者序

随着人类的进步和发展及对宇宙的探索不断加深,航天飞行器发挥着越来越重要的作用。虽然航天飞行器的飞行始于 20 世纪 50 年代后期,但与飞机相比,研究中的航天飞行器的设计、飞行经验和数据资料非常匮乏,高投入、高风险和高效益是其特点。为了降低技术和操作风险,新型航天飞行器设计往往借鉴以前的经验和方法。航天飞行器大气层内的飞行性能和特性是通过气动力数据库来表征的,所以航天飞行器气动力数据库的建立就显得尤为重要。

本书作者曾在大学、研究机构和工业部门的航空航天领域工作了近 35 年,参与了多个计划和项目的技术研究,大多数工作侧重于航空航天应用,在此期间编写了大量的科技文献和著作。本书作为作者近期的编著,主要收集了无翼再入飞行器 (RV-NW)、有翼再入飞行器 (RV-W) 和吸气式高超声速飞行器共 27 个飞行器的气动数据,综合统一了各类航天飞行器研制过程中的风洞试验、数值模拟、飞行试验以及半经验设计方法等几种工具获得的结果,形成了迄今为止较为系统完备的国外航天飞行器的气动力数据库。

本书适用于研究生、博士生以及设计和研制工程人员,特别是当设计和研制工程人员启动新的项目,且需要为最初的布局和气动设计方法提供支持和指导时,本书尤为有用。

中国空气动力研究与发展中心的几位同志参加了本书的翻译和校

对工作。他们付出了辛勤的劳动使我们能早日看到译本的出版。在感谢之余，还希望读者能对本书提出宝贵意见。

唐志共

2016 年 9 月于四川绵阳

序言

　　自从人在地球上出现以来，就一直在探索其生存的环境。长久以来，人们渴望了解地球、太阳、月亮和恒星的运动性质。直到 15 世纪，出现了人尽皆知的地心说观点 (亚里士多德体系[①])，即地球是宇宙的中心。后来根据尼古拉·哥白尼 (1473 — 1543) 和伽利略·伽利莱 (1564 — 1642) 的观察和认知，构建并推出了一个新的观点，即日心说 (哥白尼体系)，该体系认为太阳是宇宙的中心。

　　迄今为止，行星系以太阳为中心的描述都是正确的。由此推测，在当时人们还是相信所有其他星体同样围绕太阳转的观点。但是，进一步观察发现，大量其他行星系组成银河系，进而大量银河系组成宇宙，地球只是宇宙中一颗非常渺小的粒子，行星系同样只是宇宙中的一颗粒子而已。

　　尼古拉·哥白尼和伽利略·伽利莱创建了行星系中行星的运动学模型，但他们并不清楚是否有定律能对行星的运动规律进行数学描述。这一空白被约翰尼斯·开普勒 (1571 — 1630) 的研究成果所填补。至今，开普勒三大定律仍是人们了解行星系中行星轨道运动的基本定理。但是，这一伟大成果却同样无法解释为什么行星会沿着这样的轨道运动。要解释行星的轨道运动需要确定和描述作用在宇宙中物体上的力。

　　艾萨克·牛顿 (1643 — 1727) 为力学这一学科的诞生跨出了重要的一步，他提出了三大力学定律 (惯性、作用与反作用定律) 和万有引力

[①] 亚里士多德：公元前 384 年 — 前 322 年。

定律。因为在惯性坐标系内有效的作用 (力) 定律①可转换到相关的非惯性坐标系，例如，非惯性坐标系可以是航迹坐标系或体坐标系②，所以，从此以后，可以预测万有引力场中物体的运动。

当然，万有引力场中物体运动的确定不只限于自然界的物体 (恒星、太阳、行星、卫星等)，同样也适用于人造天体，如航天飞行器 (探测器、返回舱、有翼航天器等)，基于此，出现了航天飞行力学。

冷战期间，人类就开始了人造飞行器的太空之旅。1957 年，苏联 (俄罗斯) 发射"卫星"号 (SPUTNIK) 人造卫星，实现航天飞行器的首次轨道飞行③。

本书中的航天飞行器是指大气层再入和进入飞行器，通常为无翼或有翼再入飞行器。吸气式高超声速飞行器就是其中一种，它可作为单级入轨 (SSTO) 空间运输系统，也可作为两级入轨 (TSTO) 系统的下面级。

虽然航天飞行器的飞行始于 20 世纪 50 年代后期，但与飞机相比，航天飞行器的设计、飞行经验和数据资料非常匮乏，而新型飞机的设计人员和航空专业的学生可获取的数据资料却极为丰富。为了降低技术和操作风险，新型飞行器设计往往借鉴以前的方法。然而，要在技术上取得重大进步则必须承担风险。试验飞行器可作为一种过渡手段，如众所周知的美国 X 系列飞行器。

航天飞行器正好属于这种情况，几个 X 系列飞行器都属于试验飞行器。然而，借鉴这些试验飞行器获得的经验，仅"阿波罗"号、"联盟"号和航天飞机轨道器这几个运营的返回舱和飞行器取得了成功。不论是一流的航天大国，如美国和苏联 (俄罗斯)，还是其他国家都曾开展过返回舱、有翼再入飞行器以及吸气式系统的技术和项目研究工作。

空天飞机的研究、项目和实用飞行器的总数并不多，只获取部分相关数据，尤其是航天飞机轨道器的相关数据。由美国国家航空航天局 (NASA) 于 1983 年出版的《航天飞机的经验教训》一书是一个很好且有价值的范例，该书将其经验教训告知整个技术界。

目前，还没有一个真正的项目在推动新型空间运输系统的研制，这或许是因为我们还处于过渡阶段的缘故。但作者深信，新型先进空间运输系统的时代必将到来。

---

① 力等于质量与加速度的乘积：$F = m \cdot a$。

② 当然，我们只考虑了经典力学情况，由于航天飞行器的速度与光速相比较低，所以相对论效应可以忽略不计。

③ 空间轨道飞行意味着将飞行器加速至地球轨道运行所需的环绕速度。

　　本书介绍了收集的无翼再入飞行器、有翼再入飞行器和吸气式高超声速飞行器的气动数据集。其中一些数据是免费获得的，还有一些数据是由研发人员提供，而大量数据源自作者及同事的工作成果。作者曾在大学、研究机构和工业部门的航空航天领域工作了近 35 年，参与了多个计划和项目的技术研究及科技著作的编写，大多数工作主要侧重于航空航天应用。

　　本书适用于研究生、博士生以及设计和研制工程人员，特别是当设计和研制工程人员启动新的项目，且需要为最初的布局和气动设计方法提供支持及指导时，本书尤为有用。

克劳斯·魏兰德

2014 年 1 月 24 日

致谢

作者要对同事 E. H. Hirschel 和 W. Staudacher 表示衷心的感谢，E. H. Hirschel 对本书的所有章节修改了几次，W. Staudacher 修改了部分章节。非常感谢他们的建议和付出，正是因为有了他们的建议和付出才使本书通俗易懂。

此外，作者还要感谢 S. Borrelli、K. Bosselemann、A. Gülhan、J. M. A. Longo 和 W. Schröder，他们提供了几个航天飞行器的气动力数据以及一些其他资料。

最后，我还要感谢我的妻子，感谢她对我的支持和耐心。

克劳斯·魏兰德

目录

第 5 章 无翼再入飞行器 —— 单锥和双锥的 气动热力学数据···**108**

第 7 章　巡航与加速飞行器的气动热力学数据 ··············· 264

第 1 章

引言

第二次世界大战后人类开始争夺太空。但要离开地球大气层及其万有引力场需要合适的推进系统，当时能胜任的推进系统主要是火箭系统。而将人员和有效载荷运送至太空并返回地面，还需借助其他飞行装置，如探测器、返回舱和有翼再入飞行器 (RV-W) 等航天飞行器，研究此类航天飞行器的空气动力学是一项富有挑战性的任务，本书将介绍一些精选的研究结果。

1.1　历史概况

第二次世界大战后，20 世纪 50 年代末和 60 年代初，苏联和美国开始开展航天运输，最初采用的飞行器外形非常简单。当这些国家开始将人类送入太空 (亚轨道) 甚至地球轨道时，面临的主要挑战是如何安全地通过再入过程将人员带回地面。当时所选择的飞行器非常钝，且为轴对称几何外形，通过弹道飞行或低升力飞行再入地球大气层，最后借助降落伞系统抵达地球表面。其着陆过程，无论是在海上 (如太平洋) 溅落还是借助机械阻尼装置在陆地上 (如哈萨克沙漠) 着陆，机组乘员在再入过程中都会感到不舒适，这类再入飞行器 (RV) 称为返回舱。后来，当人类开始进行外星飞越和进入任务时，如探测水星、火星、金星、木星、土星和土星的卫星土卫六等，尽管是无人飞行器，但人们还是开始重视类似的外形，这类飞行器称为探测器。这样一来，返回舱、探测器以及单锥和双锥等飞行器构成了无翼再入飞行器 (RV-NW)。

对再入飞行器，本书介绍了 9 个返回舱和探测器以及 6 个单锥和双锥的气动数据集。9 个返回舱和探测器为"阿波罗"号 (APOLLO)、"联盟"号 (SOYUZ)、大气层再入验证飞行器 (ARD)、BEAGLE2、轨道再入试验飞行器 (OREX)、类 VIKING 型、CARINA、AFE 和 VIKING (第 4 章)；6 个单锥和双锥为钝双锥、细长体双锥、弯体双锥、COLIBRI、IRDT 和 EXPERT (第 5 章)。

20 世纪 70 年代，人们开始探寻载人航天运输是否可以更廉价 (减少每千克有效载荷的成本)、是否能使机组乘员更舒适以及末端进场着陆过程更可靠的问题。当时，这些问题的唯一解决方案就是研制有翼、部分可重复使用的航天飞行器，即美国航天飞机轨道器①。

上面提到的两项改进措施使载人航天运输梦想成真，但仍然无法降低有效载荷成本。

当时，世界各地开展了大量其他的项目和系统研究，旨在研制类似于航天飞机轨道器的有翼空间飞行和再入飞行器，这类飞行器有日本的 HOPE-X，美国的 X-33、X-34、X-37 等，美国–欧洲的 X-38，欧洲的 HERMES、PHOENIX/HOPPER 等。

然而，迄今为止，上述飞行器没有一个投入使用，我们称这类空天飞机为有翼再入飞行器。本书介绍了如下 10 个有翼再入飞行器的气动力系数：航天飞机轨道器、X-33、X-34、X-37、X-38、PHOENIX、HOPE-X、多平面构型、PRORA 和 HERMES (第 6 章)。

20 世纪 90 年代，全球开始就研制具有以下能力的先进航天运输系统展开了大讨论：

- 按需发射；
- 完全可重复使用；
- 垂直或水平起飞，水平着陆；
- 大幅降低运送有效载荷进入太空的成本。

例如，在未来欧洲空间运输研究计划 (FESTIP) 框架[1] 内对这类系统进行了详细研究。当时，针对大量的单级入轨 (SSTO) 和两级入轨 (TSTO) 系统进行了研究和比较，以实现以下目标：

- 选择不久的将来技术上可行的方案；
- 确定实现这种方案的技术需求；
- 确定该方案经济上是否可行。

---

① 几年后，苏联研制了一个非常相似的飞行器系统，称为 BURAN。在该项目由于技术和预算的问题取消前，该飞行器仅进行了一次验证飞行[1]。

例如，英国的 HOTOL 计划和美国的 NASP[①]计划研究了单级入轨方案[②]。

两级入轨系统通常包括一个下面级，该级将上面级运送到一定高度后与之分离。下面级通常是由吸气式发动机推进的高超声速飞机，德国的两级入轨系统研究计划 (SAENGER) 和法国的两级入轨系统方案 (STAR-H)[③]就属于此类情形[1]。两级入轨系统上面级是由火箭发动机推进的类航天飞机轨道器，下面级属于巡航与加速飞行器 (CAV) 一类[2,3]，本书所研究的这类巡航与加速飞行器包括 SAENGER 和 ELAC 两种飞行器 (第 7 章)。

先进航天运输飞行器研制的现状如何呢?

首先，大量全球通信系统，如电视、移动电话、互联网数据传输、地球观测 (包括气象预报)、全球定位系统等都是基于空间运输装置。这些装置包括卫星、返回舱、空间站、有翼空间轨道器等，其中大多数由 20 世纪七八十年代研制的火箭或火箭类系统发射，前面已经讨论了这种系统的缺点。

其次，前面所列的有关有翼再入飞行器和巡航与加速飞行器的所有研究工作已被终止或取消，大多数是由于预算的原因，但也有些是因为技术壁垒太高。这是否意味着前面所讨论过的先进航天运输系统在未来没有必要再进行研究? 当然不是，特别是前面提及的通信系统，虽然机器人系统在不断发展，但需要有人在太空对其进行更新、维护和修理。

人类日常生活在经历了技术、社会、商业和政治等方面的巨大变革后，似乎总是需要一段时间的调整。有时变化太快了，让人们很难接受。同样，航天飞行器发展也不会很快有新的进展，尤其是在以商业成功作为主要衡量标准的当下。不过，人类有着强烈的求知欲和好奇心，且历史表明新的变革总是会来临。

就前面所讨论的先进航天运输系统的发展而言，过去近 20 年里，除了进行了一些小型系统研究或演示验证性活动 (如美国的 X-43 和 X-51A 超燃冲压发动机推进系统试验)，没有开展真正的 (或工业的) 项目。

显然，先进系统的时机尚不成熟。但作者深信:"只要坚定信念，目

---

① NASP ⇒ 国家空天飞机 (National Aerospace Plane)。

② 分类有时并不唯一，因此也可将 X-33 飞行器归为此类飞行器。

③ 还有其他两级入轨系统的概念研究，其下面级为巡航与加速飞行器类飞行器，如法国的 PREPHA 研究或俄罗斯 Oryol 计划的 MIGAKS。但作者无法确定这些研究是否获得了气动力数据，也无法获取这些数据。

标一定会实现"，这种先进系统一定会成功。

1.2 航天飞行里程碑事件

成功探索行星系统需要更先进的运输系统，它们作为近地空间站补给的前哨，从而进行太阳系其他行星和太阳系之外的载人之旅。

研究表 1.1 或许非常有益，表中概括了自 20 世纪 50 年代以来载人或无人飞行器进行空间探索的里程碑事件[①]。

表 1.1 航天飞行的里程碑事件

时间	事件	国家
1957 年 10 月 4 日	"卫星"1 号 (SPUTNIK 1)：实现地球轨道首次飞行	苏联
1957 年	"卫星"2 号 (SPUTNIK 2)：小狗"莱卡"成为第一只进入地球轨道有生命的动物	苏联
1959 年 9 月 3 日	"月神"2 号 (LUNIK 2)：首次飞抵月球，飞船在月球表面坠毁	苏联
1961 年 4 月 12 日	"东方"1 号 (WOSTOK 1)：尤里·加加林 (Yuri Gagarin) 成为人类进入地球轨道第一人	苏联
1962 年	"水手"2 号 (MARINER 2)：第一个飞掠金星的探测器	美国
1965 年 3 月 2 日	阿列克谢·列昂诺夫首次在太空舱外进行太空行走	苏联
1965 年 7 月 4 日	"水手"4 号 (MARINER 4)：第一个飞掠火星的探测器	美国
1966 年 12 月 15 日	"月球"9 号 (LUNA9)：飞抵月球，首次成功在其表面着陆	苏联
1969 年 7 月 20 日	"阿波罗"11 号 (APOLLO 11)：尼尔·阿姆斯特朗成为登月第一人	美国
1970 年 12 月 15 日	"金星"7 号 (VERENA 7)：飞抵金星，并首次在金星表面成功着陆	苏联
1971 年 4 月 19 日	"礼炮"1 号 (SALJUT 1)：进入地球轨道的第一个空间站	苏联
1973 年 12 月 3 号	"先驱者"10 号 (PIONEER 10)：第一个飞掠木星的探测器	美国

---

① 该列表并没有列出全部事件，但反映了作者所关注的方面。

续表

时间	事件	国家
1974 年	"水手"10 号 (MARINER 10): 第一个飞掠水星的探测器	美国
1979 年 9 月 1 日	"先驱者"11 号 (PIONEER 11): 第一个飞掠土星的探测器	美国
1981 年	有翼航天飞行器 —— 航天飞机轨道器首飞	美国
1986 年	"旅行者"2 号 (VOYAGER 2): 第一个飞掠天王星的探测器	美国
1989 年 8 月 24 日	"旅行者"3 号 (VOYAGER 3): 第一个飞掠海王星的探测器	美国
1997 年	"探路者"号 (PATHFINDER): 飞抵火星并首次在其表面成功着陆	美国
2000 年 11 月	国际空间站 (ISS): 开始建造国际空间站 ISS	
2005 年 1 月 14 日	"惠更斯"号 (HUYGENS): 飞往土星的卫星土卫六, 并首次在其表面成功着陆	欧洲

1.3　本书内容

　　航天飞行器[①]大气层内飞行性能的能力和特性是通过气动力数据库来表征的, 建立气动力数据库的工具如下:
- 半经验设计方法;
- 风洞试验;
- 数值模拟;
- 自由飞行试验。

　　本书综合统一了以上几种工具获得的结果, 形成了气动力数据库。当然, 数值模拟方法具有这样的功能也仅仅是近 20 年的事。

　　一个完整的气动力数据库将涵盖纵向、横向静态气动力系数以及相关的动态气动力系数 (第 2 章)。整个数据库必须经过自由飞行试验的验证。

[①] 当然, 这适用于所有航空航天飞行器。

本书研究了 27 个飞行器的气动特性，其中仅有少数没有进行过真实飞行。因此，气动力数据库往往不完整，特别是当一些项目或计划常因政治决策突然终止时。因而，在衰败时期，参与这些项目的工程人员的兴趣往往大为减少，通常不会对项目的实际状况进行专门报道，其中气动力数据库也同样如此。

构型设计研究或验证器的研制通常会遇到气动力数据集减少或不完整的情况。因此，有些数据集仅采用了上面提到的工具中的一种或两种，采用半经验设计方法、风洞试验，或者是数值模拟。本书范围内所介绍的大多数数据是不完整的，并且需要进行验证。

飞行力学需要的气动力系数随很多变量变化 (一般超过 10 个)[1]。对于指定轨迹点上一个特定的飞行操作，其气动力系数由气动模型优化分配。气动模型的建立见第 2 章描述。

第 3 章对本书研究的飞行器进行了概述，第 4 章至第 7 章给出不同飞行器类型的数据集。

最后，第 8 章对相关章节中介绍的不同类型飞行器所使用的各种坐标系进行了定义。

参考文献

[1] Kuczera, H., Sacher, P.: Reusable Space Transportation Systems. Springer, Heidelberg (2011)

[2] Hirschel, E.H.: Basics of Aerothermodynamics, vol. 204. Springer, Heidelberg; Progress in Astronautics and Aeronautics. AIAA, Reston (2004)

[3] Hirschel, E.H., Weiland, C.: Selected Aerothermodynamic Design Problems of Hypersonic Flight Vehicles, vol. 229. Springer, Heidelberg; Progress in Astronautics and Aeronautics. AIAA, Reston (2009)

[4] Weiland, C.: Computational Space Flight Mechanics. Springer, Heidelberg (2010)

第 2 章

空气动力学

任何飞行物体 (飞机、空天飞机、航天飞行器等) 的飞行性能主要取决于其空气动力学特性。通常,飞行器的任务确定构型和外形,一旦外形确定,飞行过程中的空气动力学特性就确定了。因此,本章讨论空气动力学这一学科。

2.1 概述

本书主要介绍 27 个航天飞行器的气动力数据库。关于航天飞行器,这 27 个航天飞行器中仅有三个 (第 1 类) 实现了真正飞行,即 "阿波罗" 号和 "联盟" 号飞船以及有翼再入飞行器 —— 航天飞机轨道器[①]。其他构型和外形有的是演示验证器 (第 2 类),有的仅用于技术和系统研究 (第 3 类)。第 2 类航天飞行器中,大多数仅进行了一次演示验证飞行 (或任务)。而对第 3 类航天飞行器,仅进行了纸面工作和地面试验研究。

不过,第 3 类飞行器的候选方案如 HERMES,其气动力数据已经得到充分验证。这是因为参与该计划的欧洲工业企业、科研院所和大学进行了大量的试验和数值研究。

我们注意到,对于我们所说的典型气动力数据库 (如用于民用或军用飞行器的气动力数据库),其气动力和力矩系数完全受流体力学效应的影响。当飞行器的速度到马赫数 3 左右时,这种影响是正确的,而速度超过马赫数 3 时,热力学效应就开始发挥作用。

[①] 当然,还研制并建造了仅进行了一两次飞行任务的 HUYGENS 或 VIKING 之类的空间探测器。

事实上，飞行器飞行速度超过 $Ma_\infty \approx 3$ 时就需要建立气动热力学数据库，该数据库通常包括气动力系数、温度和热流，特别是飞行器表面上的热流。飞行器表面的温度和热流分布称为热载荷。

本书只研究"气动力系数"，虽然"气动力系数"的正确称谓应当是"气动热力学系数"。下面将对此进行解释。

前面已经提到，当飞行马赫数超过 $Ma_\infty \approx 3$ 时，随着速度增加，热力学效应增强。下面将解释速度增加将发生什么样的物理现象，什么时候飞行器速度达到高超声速马赫数，以及"气动力系数"是什么含义。

众所周知，航天飞行器以马赫数大于 1 的速度飞行时，会产生弓形激波。因为这类飞行器通常为钝头体，所以弓形激波通常是脱体的。随着马赫数增加，弓形激波与飞行器表面之间的气体温度急剧增加，使气体不再保持理想特性，而且出现热力学效应 (热效应或真实气体效应)，影响气体的分子和原子结构。

实质上，热力学效应[1,2] 包括：

- 分子的振动激发；
- 氧离解 ($O_2 \rightarrow O + O$)；
- 氮离解 ($N_2 \rightarrow N + N$)；
- 化学反应 (如 $NO \Leftrightarrow N + O$)；
- 原子电离。

这些效应改变飞行器的压力 (第 1 种效应除外) 和剪切应力场，尤其是飞行器表面的压力和剪切应力值。通常，对压力场 (压差阻力) 的影响甚微，而由于黏性随温度变化，因而剪切应力场 (黏性阻力) 变化很大。例如，温度高的表面，其表面摩擦产生的黏性阻力比温度低的表面的低。

因此，除了流体力学效应对"气动力系数"有影响，热力学效应也对"气动力系数"有影响。这就是为什么对这类数据理应使用术语"气动热力学系数"的原因。但很遗憾，文献中没有区分这些符号之间的差异。因此，本书对涵盖高超声速飞行区域的气动力数据库，均使用术语"气动力系数"。

2.2 定常还是非定常气动热力学?

再入飞行器的飞行都是非定常飞行。通常，巡航与加速飞行器名义上可以定常模式飞行，但实际上其飞行基本上属于非定常模式。再入飞行器和巡航与加速飞行器的飞行轨迹的介绍参见文献 [1, 4]。

将飞行器表面上的力载荷累加，得到飞行器的气动特性，即升力、阻力、俯仰力矩等，全部气动特性称为飞行器的气动力数据库。

航空界公认的方法同样被航天界所采用，即飞行器的气动力数据 (有一个特例) 为定常运动数据。只要飞行器的飞行可视为准定常①，就可使用这种方法，即借助三或六自由度运动轨迹参数、采用合适的坐标系以及飞行和控制变量[1] 来确定实际飞行路线 (定常或非定常飞行)，见文献 [4]。

确定什么时候可以认为是准定常飞行的可信准则尚不清楚。然而，经验表明，可以假设再入飞行器和巡航与加速飞行器的飞行是准定常的。这就是为什么试验和计算的气动力数据总是在稳态模式 (定常运动) 获得。

上面所提到的特例为飞行器气动特性确实与时间相关，即动态稳定性，参见文献 [5]。动态稳定性是飞行器流场受到扰动 (如迎角受到干扰) 时的阻尼特性。时间相关性是指由扰动产生的非定常 (通常为振荡) 运动是否衰减。虽然动态稳定性非常重要，但其并不作为基本气动力数据项考虑。

还有其他属于真正非定常的现象。一种是由于热防护系统的热惯量，表面温度分布不会总是与瞬时飞行状态的值匹配。另一种属于非定常现象的是推进系统的推进过程。在此不对该主题进行深入探讨。

本节最后是有关气动热力学这一术语。在航天界气动力数据 (至少有时) 被称为"静态纵向稳定性数据"，这显然源于运载火箭技术。在发射过程中，火箭飞行为纵向不稳定，必须用适当的方式 (气动或相关的推进器) 来控制。

对再入飞行器和巡航与加速飞行器而言，建议最好采用航空界的术语"气动力数据库"，而不是"静态纵向稳定性数据"。

2.3　气动力系数

通常，气动力和力矩用两套坐标系定义，即体轴系和风轴系。

在体轴系中，气动力和力矩的定义如下 (见第 8 章)：

---

① 自由流状态变化很慢，飞行器的绕流流场近似为定常状态，即整个飞行器的力、热载荷基本上为瞬时定常状态。

X　轴向力　　　　　　　l　滚转力矩

Y　法向力　　　　　　　m　俯仰力矩

Z　侧向力　　　　　　　n　偏航力矩

在风轴系中 (力矩定义如前)：

L　升力

D　阻力

Y_a　侧向力

力和力矩用自由流动压 $q_\infty = 0.5\rho_\infty v_\infty^2$ 及参考面积 S_{ref} 无量纲化，力矩无量纲化还要用到参考长度 b_{ref}(通常为展长)，得到气动力系数为：

$$C_X = \frac{X}{q_\infty S_{\text{ref}}}, \quad C_Z = \frac{Z}{q_\infty S_{\text{ref}}}, \quad C_Y = \frac{Y}{q_\infty S_{\text{ref}}}$$

$$C_l = \frac{l}{q_\infty S_{\text{ref}} b_{\text{ref}}}, \quad C_m = \frac{m}{q_\infty S_{\text{ref}} \bar{c}}, \quad C_n = \frac{n}{q_\infty S_{\text{ref}} b_{\text{ref}}}$$

$$C_L = \frac{L}{q_\infty S_{\text{ref}}}, \quad C_D = \frac{D}{q_\infty S_{\text{ref}}}, \quad C_{Y_a} = \frac{Y_a}{q_\infty S_{\text{ref}}}$$

飞机、巡航与加速飞行器以及有翼再入飞行器通常采用风轴系，而返回舱、探测器、单锥和双锥通常采用体轴系，参见第 4~7 章。

有很多影响气动力系数的独立变量[①]。下面是最重要的一些独立变量的具体说明：

Ma、Re、α、$\dot{\alpha}$、β、δ_{e}、δ_{a}、δ_{bf}、δ_{r}、δ_{sb}、p、q、r (独立变量列表)

其中各变量的意义如下：

Ma　飞行马赫数　　　　　　　Re　雷诺数

α　迎角　　　　　　　　　　$\dot{\alpha}$　α 关于时间的导数

β　侧滑角，偏航角

δ_{e}　升降副翼偏转角　　　　δ_{a}　副翼安装角

δ_{bf}　体襟翼偏转角　　　　　δ_{r}　方向舵偏转角

δ_{sb}　减速板偏转角　　　　　q、p、r　角速度

以及[②]

$\delta_{\text{e}} = \frac{1}{2}\left(\delta_{\text{e}}^{\text{R}} + \delta_{\text{e}}^{\text{L}}\right)$　升降副翼偏转角

---

　　① 此处所提及的航天飞行器控制，不仅可采用气动控制面，而且可采用火箭基反作用控制系统 (RCS)，特别是在再入阶段气动控制面不起作用时。再入轨迹的最初部分就属于这种情形，此时大气密度低。航天飞机轨道器，高度下降至约 30 km ($Ma_\infty \approx 5$) 前均采用 RCS 系统[1]。

　　② R：右侧；L：左侧。

$\delta_a = \dfrac{1}{2}\left(\delta_{\mathrm{e}}^{\mathrm{R}} - \delta_{\mathrm{e}}^{\mathrm{L}}\right)$ 副翼安装角

$\delta_{\mathrm{e}}^{\mathrm{L}}$ 左侧机翼襟翼偏转角,向下偏转为正

$\delta_{\mathrm{e}}^{\mathrm{R}}$ 右侧机翼襟翼偏转角,向下偏转为正

当然,并不是所有的独立变量对各种航天飞行器都适用或重要。例如,巡航与加速飞行器无体襟翼,而无翼再入飞行器无气动控制面,在无翼再入飞行器为轴对称的情况下,无侧向力和力矩作用。

经验表明,表示纵向运动的气动力系数 C_X、C_Z、C_m(或 C_L、C_D、C_m),其静稳定性主要与变量 M、α、δ_e、δ_{bf}、δ_{sb} 有关,动稳定性主要与 $\dot{\alpha}$、q 有关,而横向气动力系数 C_Y、C_l、C_n(或 C_{Y_a}、C_l、C_n) 主要与静态变量 β、δ_a、δ_r 以及动态变量 p、r 有关。

气动力数据库的建立主要由风洞试验和数值模拟完成,数据获得的状态为气动控制面固定安装角,飞行马赫数为常数,只改变迎角 α(侧滑角 β 为常值) 或侧滑角 β(α 为常值)。这就使得气动力系数与所有这些独立变量的依赖关系很复杂,不能采用解析法描述。也就是说,飞行器沿规定轨迹飞行过程中的特定飞行状态点的气动力系数必须在气动力数据库内通过多维插值来确定,而这通常是一项极为复杂且费时的任务。

为了奠定确定用于飞行力学计算的气动力系数的工作基础,必须建立气动力模型。根据军民用飞机以及航天飞行器研制过程中取得的经验,可得到两个假设:① 独立变量纵向作用的气动影响可与横向作用的气动影响解耦。对于小迎角和小侧滑角时解耦显然是有效的。② 气动影响可分段进行线性近似。

从这个意义上来看,可得到下列"气动导数":

a) 纵向稳定性导数为

$$\frac{\partial C_X}{\partial Ma},\quad \frac{\partial C_Z}{\partial Ma},\quad \frac{\partial C_L}{\partial Ma},\quad \frac{\partial C_D}{\partial Ma},\quad \frac{\partial C_m}{\partial Ma}$$

$$\frac{\partial C_X}{\partial Re},\quad \frac{\partial C_Z}{\partial Re},\quad \frac{\partial C_L}{\partial Re},\quad \frac{\partial C_D}{\partial Re},\quad \frac{\partial C_m}{\partial Re}$$

$$\frac{\partial C_X}{\partial \alpha},\quad \frac{\partial C_Z}{\partial \alpha},\quad \frac{\partial C_L}{\partial \alpha},\quad \frac{\partial C_D}{\partial \alpha},\quad \frac{\partial C_m}{\partial \alpha}$$

$$\frac{\partial C_X}{\partial \delta_{\mathrm{e}}},\quad \frac{\partial C_Z}{\partial \delta_{\mathrm{e}}},\quad \frac{\partial C_L}{\partial \delta_{\mathrm{e}}},\quad \frac{\partial C_D}{\partial \delta_{\mathrm{e}}},\quad \frac{\partial C_m}{\partial \delta_{\mathrm{e}}}$$

$$\frac{\partial C_X}{\partial \delta_{\mathrm{bf}}},\quad \frac{\partial C_Z}{\partial \delta_{\mathrm{bf}}},\quad \frac{\partial C_L}{\partial \delta_{\mathrm{bf}}},\quad \frac{\partial C_D}{\partial \delta_{\mathrm{bf}}},\quad \frac{\partial C_m}{\partial \delta_{\mathrm{bf}}}$$

$$\frac{\partial C_X}{\partial \delta_{\mathrm{sb}}}, \quad \frac{\partial C_Z}{\partial \delta_{\mathrm{sb}}}, \quad \frac{\partial C_L}{\partial \delta_{\mathrm{sb}}}, \quad \frac{\partial C_D}{\partial \delta_{\mathrm{sb}}}, \quad \frac{\partial C_m}{\partial \delta_{\mathrm{sb}}}$$

$$\frac{\partial C_X}{\partial \dot{\alpha}*}, \quad \frac{\partial C_Z}{\partial \dot{\alpha}*}, \quad \frac{\partial C_L}{\partial \dot{\alpha}*}, \quad \frac{\partial C_D}{\partial \dot{\alpha}*}, \quad \frac{\partial C_m}{\partial \dot{\alpha}*}$$

$$\frac{\partial C_X}{\partial q*}, \quad \frac{\partial C_Z}{\partial q*}, \quad \frac{\partial C_L}{\partial q*}, \quad \frac{\partial C_D}{\partial q*}, \quad \frac{\partial C_m}{\partial q*}$$

b) 横向稳定性导数为

$$\frac{\partial C_Y}{\partial \beta}, \quad \frac{\partial C_{Y_a}}{\partial \beta}, \quad \frac{\partial C_l}{\partial \beta}, \quad \frac{\partial C_n}{\partial \beta}$$

$$\frac{\partial C_Y}{\partial \delta_a}, \quad \frac{\partial C_{Y_a}}{\partial \delta_a}, \quad \frac{\partial C_l}{\partial \delta_a}, \quad \frac{\partial C_n}{\partial \delta_a}$$

$$\frac{\partial C_Y}{\partial \delta_{\mathrm{r}}}, \quad \frac{\partial C_{Y_a}}{\partial \delta_{\mathrm{r}}}, \quad \frac{\partial C_l}{\partial \delta_{\mathrm{r}}}, \quad \frac{\partial C_n}{\partial \delta_{\mathrm{r}}}$$

$$\frac{\partial C_Y}{\partial p*}, \quad \frac{\partial C_{Y_a}}{\partial p*}, \quad \frac{\partial C_l}{\partial p*}, \quad \frac{\partial C_n}{\partial p*}$$

$$\frac{\partial C_Y}{\partial r*}, \quad \frac{\partial C_{Y_a}}{\partial r*}, \quad \frac{\partial C_l}{\partial r*}, \quad \frac{\partial C_n}{\partial r*}$$

其中变量 $\dot{\alpha}$、p、q、r 用平均弦长 $\bar{c}$[①]和自由流速度 v_∞ 进行无量纲化，从而有 $\dot{\alpha}* = \dot{\alpha}\bar{c}/v_\infty, p* = p\bar{c}/v_\infty, q* = q\bar{c}/v_\infty, r* = r\bar{c}/v_\infty$。

还有下列导数[5,6]：

抗偏刚度 $\quad C_{n\beta}$ 航向稳定性，方向稳定性

偏航控制 $\quad C_{n\delta_{\mathrm{r}}}$

侧倾刚度 $\quad C_{l\beta}$ 上反角效应

滚转控制 $\quad C_{l\delta_a}$

滚转阻尼导数 $\quad C_{lp*}$

偏航阻尼导数 $\quad C_{np*}$

交叉导数 $\quad C_{np*}$ 由于滚转产生的偏航力矩

交叉导数 $\quad C_{lr*}$ 由于偏航产生的滚转力矩

俯仰阻尼导数 $\quad C_{mq*}$

俯仰阻尼导数 $\quad C_{m\dot{\alpha}*}$ 由于迎角变化产生的俯仰力矩

偏航侧向力导数 $\quad C_{Yr*}$

滚转侧向力导数 $\quad C_{Yp*}$

① 平均弦长的定义为 $\bar{c} = S/b$，其中，S 为机翼平面面积，b 为机翼翼展。

如前所述，气动力模型的建立取决于拟设计的航天飞行器、测量和数值模拟的气动力数据以及设计工程师的经验，由设计工程师来决定和评估哪些气动特性重要，哪些可以忽略不计。

通常，气动力模型可按如下步骤建立。首先，确定气动力系数与主要参数 Ma、Re 和 α 的相关性。然后，用增量考虑所有其他影响。由此得到第 k 项气动力系数的一般形式：

$$
\begin{aligned}
C_k = {} & C_k^0(Ma, Re, \alpha) + \Delta C_k^{\beta}(Ma, Re, \alpha, \beta) + \Delta C_k^{\delta_e}(Ma, \alpha, \delta_e) \\
& + \Delta C_k^{\delta_{\mathrm{bf}}}(Ma, \alpha, \delta_{\mathrm{bf}}) + \Delta C_k^{\delta_{\mathrm{sb}}}(Ma, \alpha, \delta_{\mathrm{sb}}) + \Delta C_k^{\delta_a}(Ma, \alpha, \delta_a) \\
& + \Delta C_k^{\delta_{\mathrm{r}}}(Ma, \alpha, \delta_{\mathrm{r}}) + \Delta C_k^{\dot{\alpha}}(Ma, Re, \alpha, \dot{\alpha}) + \Delta C_k^{q}(Ma, Re, \alpha, q) \\
& + \Delta C_k^{p}(Ma, Re, \alpha, p) + \Delta C_k^{r}(Ma, Re, \alpha, r)
\end{aligned}
$$

式中：$C_k^0(Ma, Re, \alpha)$ 为所有控制面处于中立位置且偏航角 $\beta = 0°$ 时的气动力系数。

当然，个别气动力系数的一些增量可以忽略不计，如下面的升力系数 C_L 和滚转力矩系数 C_l 这两个实例所示：

$$
\begin{aligned}
C_L = {} & C_L^0(Ma, Re, \alpha) + \Delta C_L^{\beta}(Ma, Re, \alpha, \beta) + \Delta C_L^{\delta_e}(Ma, \alpha, \delta_e) \\
& + \Delta C_L^{\delta_{\mathrm{bf}}}(Ma, \alpha, \delta_{\mathrm{bf}}) + \Delta C_L^{\dot{\alpha}}(Ma, Re, \alpha, \dot{\alpha}) + \Delta C_L^{q}(Ma, Re, \alpha, q) \\
C_l = {} & \Delta C_l^{\beta}(Ma, Re, \alpha, \beta) + \Delta C_l^{\delta_a}(Ma, \alpha, \delta_a) + \Delta C_l^{\delta_{\mathrm{r}}}(Ma, \alpha, \delta_{\mathrm{r}}) \\
& + \Delta C_l^{p}(Ma, Re, \alpha, p) + \Delta C_l^{r}(Ma, Re, \alpha, r)
\end{aligned}
$$

其增量由下式确定：

$$
\Delta C_k^{\Sigma}(Ma, Re, \alpha, \Sigma) = C_k^{\Sigma}(Ma, Re, \alpha, \Sigma) - C_k(Ma, Re, \alpha)
$$

式中：Σ 为上面给出的列表中指定的任一变量。

如果气动设计工程师对气动力数据进行检验后判定独立变量的影响很小，而且它们的特性一般为线性的，则可生成用泰勒级数形式表示的气动力模型。例如，由此得到的升力系数[1]为

$$
\begin{aligned}
C_L = {} & C_L^0(Ma) + \frac{\partial C_L}{\partial \alpha}\delta(\alpha) + \left(\frac{\partial C_L}{\partial \beta}\delta(\beta)\right) + \frac{\partial C_L}{\partial \delta_e}\delta(\delta_e) + \frac{\partial C_L}{\partial \delta_{\mathrm{bf}}}\delta(\delta_{\mathrm{bf}}) \\
& + \frac{\partial C_L}{\partial \delta_{\mathrm{sb}}}\delta(\delta_{\mathrm{sb}}) + \frac{\partial C_L}{\partial \dot{\alpha}*}\delta(\dot{\alpha}*) + \frac{\partial C_L}{\partial q*}\delta(q*)
\end{aligned}
$$

---

[1] 该实例中略去了雷诺数的相关性。

式中：括号内的项基本可以忽略不计，而滚转力矩系数为

$$C_l = \frac{\partial C_l}{\partial \beta}\delta(\beta) + \frac{\partial C_l}{\partial \delta_a}\delta(\delta_a) + \frac{\partial C_l}{\partial \delta_r}\delta(\delta_r) + \frac{\partial C_l}{\partial p*}\delta(p*) + \frac{\partial C_l}{\partial r*}\delta(r*)$$

2.4 气动力模型实例

2.4.1 SAENGER 飞行器

7.2 节主要论述 SAENGER 飞行器 (CAV) 的气动特性，SAENGER 飞行器概念是德国的一项技术计划。下面对该吸气式飞行器的气动力模型进行描述，文献 [7] 对该飞行器进行了介绍。图 2.1 所示为气动力模型中使用的符号。

$$C_L(Ma, \alpha, \delta_e) = C_L(Ma, \alpha) + \Delta C_L(Ma, \alpha, \delta_e) + \Delta C_{L,\text{book}}(Ma, \alpha)$$

$$\begin{aligned} C_D(Ma, \alpha, \delta_e, H) = &C_{D0,\text{pressure}}(Ma, \alpha) + C_{D0,\text{friction}}(Ma, H) \\ &+ \Delta C_{D,\text{induced}}(Ma, \alpha) + \Delta C_D(Ma, \alpha, \delta_e) \\ &+ \Delta C_{D,\text{book}}(Ma, \alpha) + \Delta C_{D,\text{friction,book}}(Ma, H) \end{aligned}$$

$$C_m(Ma, \alpha, \delta_e) = C_m(Ma, \alpha) + \Delta C_m(Ma, \alpha, \delta_e) + \Delta C_{m,\text{book}}(Ma, \alpha)$$

$$C_Y(Ma, \beta, \delta_r) = \frac{\partial C_Y}{\partial \beta}(Ma)\beta + \frac{\partial C_Y}{\partial \delta_r}(Ma)\delta_r$$

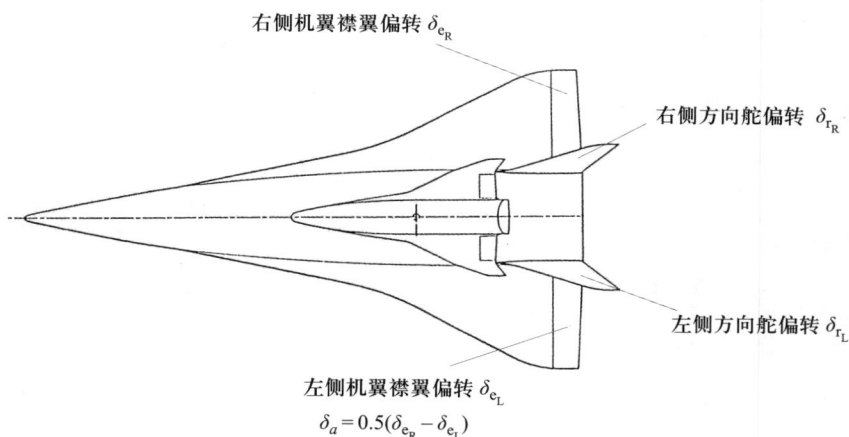

图 2.1　SAENGER 俯视图：气动控制面偏转的符号标示

$$C_l(Ma, \alpha, \beta, \delta_{\mathrm{r}}, \delta_a) = \frac{\partial C_l}{\partial \beta}(Ma, \alpha)\beta + \frac{\partial C_l}{\partial \delta_{\mathrm{r}}}(Ma)\delta_{\mathrm{r}} + \frac{\partial C_l}{\partial \delta_a}(Ma)\delta_a$$

$$C_n(Ma, \alpha, \beta, \delta_{\mathrm{r}}) = \frac{\partial C_n}{\partial \beta}(Ma, \alpha)\beta + \frac{\partial C_n}{\partial \delta_{\mathrm{r}}}(Ma)\delta_{\mathrm{r}}$$

式中：H 为飞行高度。纵向气动力系数采用增量法，而横向气动力系数采用导数法表示线性特性的估算。带有下标 book 的项主要包含推进系统 (包括进气道和膨胀喷管) 的影响[1]。

2.4.2 X-38 飞行器

X-38 飞行器 (RV-W) 是欧洲—美国的一个项目 (6.6 节)，旨在作为国际空间站 ISS 机组人员撤离的一个乘员救生飞行器 (CRV)。该飞行器是为机组人员受伤或生病以及国际空间站发生灾难的情况下准备的。很多欧洲机构 (宇航公司、研究所和大学) 参与了气动力数据库 (ADB) 的建立。该气动力数据库由法国达索航空公司负责。为此，在 NASA 一些工程人员的支持下，该公司建立了如下气动力模型[8]：

$$C_L = C_L^0(Ma) + \frac{\partial C_L}{\partial \alpha}\delta(\alpha) + \frac{\partial C_L}{\partial \delta_{\mathrm{e}}}\delta(\delta_{\mathrm{e}}) + \frac{\partial C_L}{\partial \delta_{\mathrm{sb}}}\delta(\delta_{\mathrm{sb}})$$

$$C_D = C_D^0(Ma) + \frac{\partial C_D}{\partial \alpha}\delta(\alpha) + \frac{\partial C_D}{\partial \delta_{\mathrm{e}}}\delta(\delta_{\mathrm{e}}) + \frac{\partial C_D}{\partial \delta_{\mathrm{sb}}}\delta(\delta_{\mathrm{sb}})$$

$$C_m = C_m^0(Ma) + \frac{\partial C_m}{\partial \alpha}\delta(\alpha) + \frac{\partial C_m}{\partial \delta_{\mathrm{e}}}\delta(\delta_{\mathrm{e}}) + \frac{\partial C_D}{\partial \delta_{\mathrm{sb}}}\delta(\delta_{\mathrm{sb}}) + \frac{\partial C_m}{\partial q*}\delta q*$$

$$C_Y = \frac{\partial C_Y}{\partial \beta}\delta(\beta) + \frac{\partial C_Y}{\partial \delta_a}\delta(\delta_a) + \frac{\partial C_Y}{\partial \delta_{\mathrm{r}}}\delta(\delta_{\mathrm{r}}) + \frac{\partial C_Y}{\partial \delta_{\mathrm{sb}}}\delta(\delta_{\mathrm{sb}})$$

$$C_l = \frac{\partial C_l}{\partial \beta}\delta(\beta) + \frac{\partial C_l}{\partial \delta_a}\delta(\delta_a) + \frac{\partial C_l}{\partial \delta_{\mathrm{r}}}\delta(\delta_{\mathrm{r}}) + \frac{\partial C_l}{\partial \delta_{\mathrm{sb}}}\delta(\delta_{\mathrm{sb}})$$
$$+ \frac{\partial C_l}{\partial p*}\delta(p*) + \frac{\partial C_l}{\partial r*}\delta(r*)$$

$$C_n = \frac{\partial C_n}{\partial \beta}\delta(\beta) + \frac{\partial C_n}{\partial \delta_a}\delta(\delta_a) + \frac{\partial C_n}{\partial \delta_{\mathrm{r}}}\delta(\delta_{\mathrm{r}}) + \frac{\partial C_n}{\partial \delta_{\mathrm{sb}}}\delta(\delta_{\mathrm{sb}})$$
$$+ \frac{\partial C_n}{\partial p*}\delta(p*) + \frac{\partial C_n}{\partial r*}\delta(r*)$$

如上所述，上述气动力模型是基于导数法的，即假设气动力系数与相关的独立变量基本上为线性关系。

请注意，如图 2.2 所示，升降副翼及副翼偏转是基于分裂式体襟翼，而减速板偏转是由于相应的方向舵偏转。

———————
① 对于含有下标 book 的气动力和推力，参见文献 [1]。

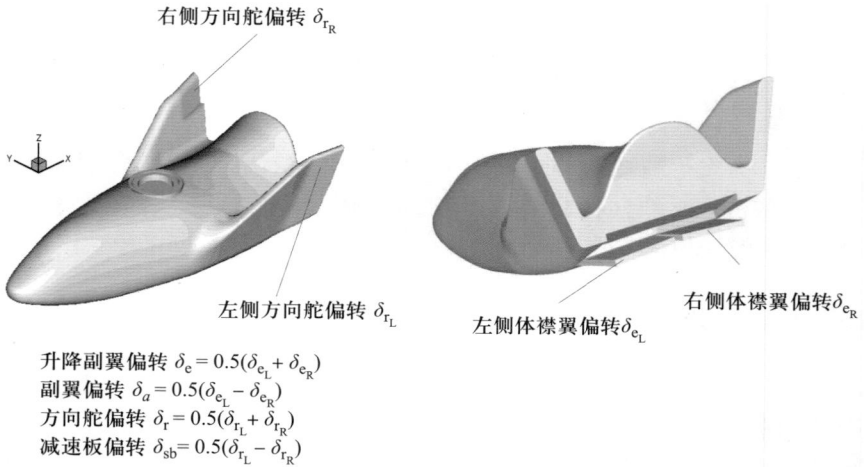

右侧方向舵偏转 δ_{r_R}

左侧方向舵偏转 δ_{r_L}

左侧体襟翼偏转 δ_{e_L}

右侧体襟翼偏转 δ_{e_R}

升降副翼偏转 $\delta_e = 0.5(\delta_{e_L} + \delta_{e_R})$
副翼偏转 $\delta_a = 0.5(\delta_{e_L} - \delta_{e_R})$
方向舵偏转 $\delta_r = 0.5(\delta_{r_L} + \delta_{r_R})$
减速板偏转 $\delta_{sb} = 0.5(\delta_{r_L} - \delta_{r_R})$

图 2.2 X-38 飞行器：气动力模型使用的符号名称标示

2.4.3 PRORA 飞行器

验证飞行器 PRORA(RV-W) 是意大利的一个项目，6.10 节对其气动特性进行了讨论。PRORA 主要是一个再入飞行器，但具备一定的爬升能力。下面介绍的气动力模型是一种增量法与导数法相结合的方法，气动力模型中只有随时间变化的变量 $\dot{\alpha}$、p、q、r 才使用导数项，并假定它们对气动力系数的影响是线性的[9]。

$$
\begin{aligned}
C_L &= C_L^{\mathrm{BL}}(Ma, Re, \alpha) + \Delta C_L^{\beta}(Ma, Re, \alpha, \beta) + \Delta C_L^{\delta_e}(Ma, \alpha, \delta_e) \\
&\quad + \Delta C_L^{\delta_r}(Ma, \alpha, \delta_r) + \frac{\partial C_L}{\partial \dot{\alpha}*}(Ma, Re, \alpha)\dot{\alpha}* + \frac{\partial C_L}{\partial q*}(Ma, Re, \alpha, \mathrm{cog})q* \\
C_D &= C_D^{\mathrm{BL}}(Ma, Re, \alpha) + \Delta C_D^{\beta}(Ma, Re, \alpha, \beta) + \Delta C_D^{\delta_e}(Ma, \alpha, \delta_e) \\
&\quad + \Delta C_D^{\delta_r}(Ma, \alpha, \delta_r) \\
C_m &= C_m^{\mathrm{BL}}(Ma, Re, \alpha) + \Delta C_m^{\beta}(Ma, Re, \alpha, \beta) + \Delta C_m^{\delta_e}(Ma, \alpha, \delta_e) \\
&\quad + \Delta C_m^{\delta_r}(Ma, \alpha, \delta_r) + \frac{\partial C_m}{\partial \dot{\alpha}*}(Ma, Re, \alpha)\dot{\alpha}* + \frac{\partial C_m}{\partial q*}(Ma, Re, \alpha, \mathrm{cog})q* \\
C_Y &= \Delta C_Y^{\beta}(Ma, Re, \alpha, \beta) + \Delta C_Y^{\delta_e}(Ma, \alpha, \delta_e) + \Delta C_Y^{\delta_r}(Ma, \alpha, \beta, \delta_r) \\
&\quad + \frac{\partial C_Y}{\partial p*}(Ma, Re, \alpha, \mathrm{cog})p* + \frac{\partial C_Y}{\partial r*}(Ma, Re, \alpha, \mathrm{cog})r* \\
C_l &= \Delta C_l^{\beta}(Ma, Re, \alpha, \beta) + \Delta C_l^{\delta_e}(Ma, \alpha, \delta_e) + \Delta C_l^{\delta_r}(Ma, \alpha, \beta, \delta_r)
\end{aligned}
$$

$$+\frac{\partial C_l}{\partial p*}(Ma, Re, \alpha, \text{cog})p* + \frac{\partial C_l}{\partial r*}(Ma, Re, \alpha, \text{cog})r*$$

$$C_n = \Delta C_n^\beta(Ma, Re, \alpha, \beta) + \Delta C_n^{\delta_e}(Ma, \alpha, \delta_e) + \Delta C_n^{\delta_r}(Ma, \alpha, \beta, \delta_r)$$

$$+\frac{\partial C_n}{\partial p*}(Ma, Re, \alpha, \text{cog})p* + \frac{\partial C_n}{\partial r*}(Ma, Re, \alpha, \text{cog})r*$$

很明显，该气动力模型与雷诺数和重心 (cog) 有关，但没有考虑副翼影响。图 2.3 表示出了气动力模型中使用的各符号。

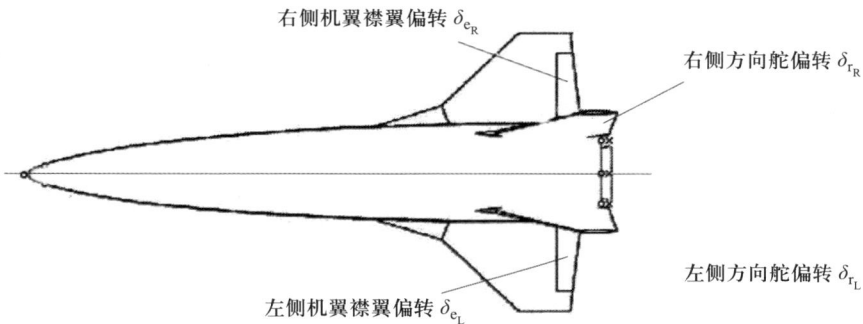

右侧机翼襟翼偏转 δ_{e_R}

右侧方向舵偏转 δ_{r_R}

左侧方向舵偏转 δ_{r_L}

左侧机翼襟翼偏转 δ_{e_L}

图 2.3　PRORA：气动力模型使用的符号名称标示

参考文献

[1] Hirschel, E.H., Weiland, C.: Selected Aerothermodynamic Design Problems of Hypersonic Flight Vehicles, vol. 229. Springer, Heidelberg; Progress in Astronautics and Aeronautics. AIAA, Reston (2009)

[2] Hirschel, E.H.: Basics of Aerothermodynamics, vol. 204. Springer, Heidelberg; Progress in Astronautics and Aeronautics. AIAA, Reston (2004)

[3] Hirschel, E.H., Weiland, C.: Design of hypersonic flight vehicles: some lessons from the past and future challenges. CEAS Space Journal 1(1), 3-22 (2011)

[4] Weiland, C.: Computational Space Flight Mechanics. Springer, Heidelberg (2010)

[5] Etkin, B.: Dynamics of Atmospheric Flight. John Wiley & Sons, New York (1972)

[6] Brockhaus, R.: Flugregelung. Springer, Heidelberg (2001)

[7] Kraus, M.: Aerodynamische Datensätze für die Konfiguration SÄNGER 4-92. Deutsche Aerospace, DASA-LME211-TN-HYPAC-290 (1992)

[8] Preaud, J.-P.: Dassault preliminary ADB in Gemass Format, Formulation and Description. Industrial Communication (1998)

[9] Rufolo, G.C., Roncioni, P., Marini, M., Votta, R., Palazzo, S.: Experimental and Numerical Aerodynamic Data Integration and Aerodatabase Development for the PRORA-USV-FTB-1 Reusable Vehicle. AIAA-Paper 2006-8031 (2006)

第 3 章
航天飞行器的分类与工程数据

航天飞行器的研制与人类研制的许多其他物体及仪器一样，是一个循序渐进的过程。最初的航天飞行器——返回舱和探测器 (RV-NW)，外形非常简单。接着出现了有翼再入飞行器——航天飞机轨道器和"暴风雪"(BURAN) 号轨道器，其外形较为复杂。后来的飞行器大多数是为了克服纯火箭基推进系统的困难的设想方案，即采用吸气式推进系统进入空间的空间运输飞行器 (至少部分是)。遗憾的是，上述系统的一些研究方案，如单级入轨和两级入轨方案 (CAV)，迄今为止仅开展了技术和系统研究工作。

3.1 概述

本书介绍了大量航天飞行器的气动力系数。这些飞行器包括：有一定成熟度、已经实用的飞行器，如 APOLLO、SOYUZ、航天飞机轨道器等；已经取消但已经建立了大量气动力数据的工业项目，如 HERMES、X-34 等；演示验证飞行器项目，如 PHOENIX、PRORA、OREX 等；还有一些纸面工作项目，如 SAENGER、ELAC、CARINA 等，所有这些项目都是由工业企业、研究机构和大学共同参与完成的。此外，还考虑过执行外太空使命的航天飞行器，如 VIKING、HUYGENS 等。

将上述飞行器分为以下三类 (文献 [1, 2] 已对这三类飞行器进行了定义)：

- 无翼飞行器，细分为返回舱、探测器以及单锥和双锥；
- 有翼再入飞行器；

● 巡航与加速飞行器。

大家知道,将有效载荷运输进入空间并返回到地球表面需要研制和建造合适的飞行器,它们要能够承受执行此类任务时遭遇的非常严重的热载荷和力 (压力和剪切应力[1]) 载荷。在早期的空间探索阶段,设计人员认为飞行器的外形应尽可能简单紧凑。因此,诞生了返回舱和探测器这类最重要的无翼再入飞行器。文献 [1] 对这类飞行器的气动热力学设计问题的基本特性和详细情况进行了阐述。

无翼再入飞行器通常包括弹道式进入探测器 (也可进入外大气层)、常规的返回舱、钝锥和双锥。而通常情况下,返回舱和探测器无气动控制面,单锥和双锥可能有一些气动控制面,特别是用于纵向配平的体襟翼。体襟翼有分裂式体襟翼,它们向横轴倾转,用于滚转控制和横向稳定①。第 4 章介绍返回舱和探测器的气动特性,第 5 章介绍单锥和双锥的气动特性。

返回舱和探测器只有在负迎角时才能获得正升阻比 L/D。其原因在文献 [1] 进行了详细叙述。与此相反,单锥和双锥的气动性能与常规飞机或有翼空天飞机一样,即正迎角时 L/D 为正。

有翼再入飞行器比无翼飞行器 (返回舱) 更重、更复杂,但大多是可重复使用飞行器。其相对较高的升阻比 L/D 使这类飞行器具有很大的横向机动能力。有翼再入飞行器的气动设计是由其宽范围的马赫数和高度确定,而结构设计是由再入大气层飞行轨迹的高速段出现的高热载荷②确定的。

有翼再入飞行器在从轨道或亚轨道返回地球表面的过程中,基本上以制动方式飞行。因此,特意将它们设计成钝而紧凑的飞行器。与吸气式 CAV 相比,有翼再入飞行器在其绝大部分轨迹上以大迎角飞行。

由于飞行器的迎风面几乎都是扁平的,大迎角增大了其"有效"钝度,从而进一步增加了飞行器的阻力 (波阻)。另一方面,大钝度可进行高效表面辐射冷却[2]。

如所有的高超声速飞行器一样,有翼再入飞行器的展弦比小,导致低速控制 (如进场着陆阶段) 困难。第 6 章给出了有翼再入飞行器全部轨迹 (包括低速段) 的气动力系数。

迄今为止,没有一个具备水平或垂直起飞和水平着陆能力的完全

---

① 当然,无翼再入飞行器的制导和飞行控制在很多领域也可采用反作用控制系统 (RCS)。

② 通常为冷主结构和热防护系统 (TPS)。

可重复使用航天运输系统。如前所述，航天飞机轨道器在捆绑于一次性外贮箱上的固体火箭助推器的帮助下，以火箭方式垂直发射。其进入地球大气层的再入过程包括无动力滑行和在常规跑道上水平着陆。

曾经和现在仍然载人往返于太空的所有返回舱都是一次性使用的飞行器，用火箭顶推垂直发射。无论是在海上溅落还是陆地上着陆，通常都借助于降落伞系统。

虽然上述系统代表了空间运输的可靠途径，但将有效载荷投送入空间的成本仍然过高，而且不可能实现即时发射。因此，在 20 世纪 80 年代末和 90 年代期间，世界各地开展了许多旨在研制可完全重复使用的空间运输系统的工作。这些系统将具有即时发射能力，而且具有水平起降能力。

概念设计研究涵盖单级入轨和两级入轨系统，文献 [3] 对这些研究进行了综述。

巡航与加速飞行器主要由高超声速航天器组成，它们以小迎角和最小阻力飞行。单级入轨概念飞行器飞行的部分上升和下降轨迹与巡航与加速飞行器定义的轨迹一致，轨迹的其余部分与有翼再入飞行器较为一致。两级入轨系统的下面级完全是高超声速飞行器，因此属于巡航与加速飞行器。例如，此类飞行器的代表有德国的 SAENGER 系统和法国的 STAR-H 系统。这两个系统在 20 世纪 90 年代中期被取消，之前只开展了初步的设计和技术研究工作。

这两个系统的部分气动力数据库可参见第 7 章。

下面 4 节以对比的方式列出了本书所研究的飞行器，简单总结了最相关的研发内容和任务特点以及飞行器外形。

3.2 无翼再入飞行器：空间探测器和返回舱

返回舱和探测器 (图 3.1 ～ 图 3.10) 一般升阻比为 $0.3 \leqslant L/D \leqslant 0.4$[1]。

上升段：

返回舱和探测器通常由火箭顶推发射，火箭将其加速至在不同地球轨道停留所需的速度，而执行外太空任务情况时将其加速至离开地球引力场的速度。有关空间飞行的速度定律的更多信息请参见文献 [4]。

下降和着陆段：

沿弹道或低 L/D 再入轨迹飞行后，用降落伞系统减速，最终在水中溅落或陆地着陆。

"阿波罗"号返回舱：4.2 节

- 美国的飞行计划；
- 研制并制造了几个飞行器；
- 登月任务，"阿波罗"计划；
- 于 1966 — 1973 年期间进行了飞行；
- 提供了稳态运动的纵向气动力数据；
- 轴对称外形；
- 提供了动稳定性数据。

详细的气动特性见第 35 页。

图 3.1　无翼再入飞行器

"联盟"号返回舱：4.3 节

- 苏联太空计划；
- 研制并制造了几个飞行器；
- 低地球轨道任务；
- 飞行：1965 年至今；
- 提供了稳态运动的纵向气动力数据；
- 轴对称外形；
- 提供了动稳定性数据。

详细的气动特性见第 42 页。

图 3.2　无翼再入飞行器

ARD 返回舱：4.4 节

- 欧洲演示验证计划；
- 研制并制造了一个飞行器；
- 亚轨道飞行；
- 计划持续时间：1993 — 1998 年，1998 年进行了一次飞行；
- 提供了稳态运动的纵向飞行数据；
- 轴对称外形；
- 提供了动稳定性数据。

详细的气动特性见第 49 页。

图 3.3　无翼再入飞行器

HUYGENS 探测器：4.5 节

- 欧洲探索土卫六的空间飞行计划；
- 研制并制造了一个飞行器；
- 由飞行器携载经过空间飞行后抵达土卫六；
- 1997 年 10 月发射，2004 年 7 月抵达土星；2005 年 1 月在土卫六上着陆；
- 无稳态运动的纵向气动力数据；
- 轴对称外形；
- 无动稳定性数据。

详细的气动特性见第 56 页。

图 3.4　空间探测器

BEAGLE2 探测器：4.6 节

- 英国计划；
- 研制并制造了一个飞行器；
- 由飞行器携载经过空间飞行后抵达火星；
- 2003 年 6 月发射，2003 年 12 月登陆火星表面，着陆失败；
- 提供了粗略的稳态运动的纵向气动力数据；
- 轴对称外形；
- 无动稳定性数据。

详细的气动特性见第 60 页。

图 3.5　空间探测器

OREX 验证飞行器：4.7 节

- 日本 Hope-X 计划；
- 研制并制造了一个飞行器；
- 低地球轨道 (LEO) 飞行；
- 1994 年发射，完成了一个完整的轨道周期飞行；
- 提供了弹道式再入飞行的阻力系数；
- 轴对称外形；
- 无动稳定性数据。

详细的气动特性见第 64 页。

图 3.6　技术验证飞行器

VIKING 类: 4.8 节

- 乘员救生飞行器计划中由欧洲设计研究的布局;
- 提供了大量理论和试验数据;
- 低地球轨道任务;
- 没有进行过飞行;
- 提供了稳态运动的纵向气动力数据;
- 轴对称外形;
- 提供了动稳定性数据。

详细的气动特性见第 68 页。

图 3.7　布局研究

CARINA 探测器: 4.9 节

- 意大利计划;
- 提供了一些理论和试验数据;
- 低地球轨道任务;
- 没有进行过飞行;
- 提供了粗略的稳态运动的纵向气动力数据;
- 轴对称外形;
- 无动稳定性数据。

详细的气动特性见第 83 页。

图 3.8　返回舱系统研究

AFE 探测器: 4.10 节

- 美国 (AOTV) – 欧洲 (MSRO) 联合计划;
- 提供了详细的理论和试验数据;
- 轨道转移任务;
- 没有进行过飞行;
- 提供了稳态运动的纵向气动力数据;
- 提供了稳态运动的横向气动力数据;
- 无动稳定性数据。

详细的气动特性见第 87 页。

备注: AOTV ⇒ 气动辅助轨道转移飞行器,
　　　MSRO ⇒ 火星样品返回轨道器。

图 3.9　返回舱系统研究

VIKING：4.11 节

- 美国火星探测计划；
- 研制并制造了 VIKING 1 和 VIKING 2 两个飞行器；
- 由飞行器携载，经过飞行抵达火星；
- 1975 年 8 月 VIKING 1 发射，于 1976 年 6 月到达火星，1975 年 9 月 VIKING 2 发射，1976 年 8 月到达火星；
- 提供了稳态运动的纵向气动力数据；
- 轴对称外形；
- 提供了动稳定性数据。

详细的气动特性见第 96 页。

图 3.10　空间探测器

3.3　无翼再入飞行器：单锥和双锥

通常，单锥和双锥 (图 3.11 ～ 图 3.16) 的升阻比为 $0.6 \leqslant L/D \leqslant 1.2$。实际上，尽管单锥和双锥的优势明显，但过去和现在都没有采用单锥或双锥的空间飞行计划，见文献 [1]。

上升段：

单锥和双锥一般由火箭顶推发射，火箭将其加速至它们对应的任务速度。更多有关空间飞行的速度定律参见文献 [4]。

下降和着陆段：

单锥和双锥的再入过程与返回舱和探测器非常类似，不同之处在于它们的横向机动能力更高，能够更精确地飞抵着陆区。

最后的减速借助降落伞或滑翔伞系统，在水中溅落或陆地着陆。

钝双锥：5.2 节

- 在欧洲乘员救生飞行器计划框架下由德国进行设计研究；
- 提供了详细理论和试验数据；
- 低地球轨道任务；
- 没有进行过飞行；

图 3.11　布局研究

- 提供了稳态运动的纵向气动力数据；
- 轴对称外形；
- 无动稳定性数据。

详细的气动特性见第 109 页。

细长体双锥: 5.3 节

- 由俄罗斯设计研究；
- 提供了详细理论和试验数据；
- 低地球轨道任务；
- 没有进行过飞行；
- 提供了稳态运动的纵向气动力数据；
- 轴对称外形；
- 无动稳定性数据。

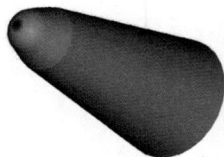

图 3.12　布局研究

详细的气动特性见第 116 页。

弯体双锥: 5.4 节

- 由美国设计研究；
- 提供了一些理论和试验数据；
- 低地球轨道任务；
- 没有进行过飞行；
- 提供了稳态运动的纵向气动力数据；
- 无稳态运动的横向气动力数据；
- 无动稳定性数据。

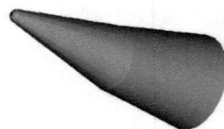

图 3.13　布局研究

详细的气动特性见第 121 页。

COLIBRI: 5.5 节

- 由德国设计研究；
- 提供了理论和试验数据；
- 低地球轨道任务；
- 没有进行过飞行；
- 提供了稳态运动的纵向气动力数据；
- 提供了稳态运动的横向气动力数据；

图 3.14　布局研究

- 无动稳定性数据。

详细的气动特性见第 124 页。

IRDT：5.6 节

- 俄罗斯 – 德国空间飞行计划；
- 提供了理论和试验数据；
- 亚轨道飞行；
- 2000 年 2 月进行了鉴定飞行；
- 提供了稳态运动的纵向气动力数据；
- 轴对称外形；
- 提供了一些动稳定性数据。

详细的气动特性见第 130 页。

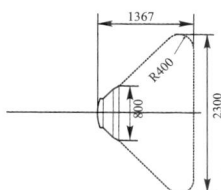

图 3.15　飞行演示验证飞行器

EXPERT：5.7 节

- 欧洲飞行试验平台计划；
- 提供了理论和试验数据；
- 亚轨道飞行；
- 计划进行 3 次弹道再入飞行；
- 提供了稳态运动的纵向气动力数据；
- 无稳态运动的横向气动力数据；
- 无动稳定性数据。

详细的气动特性见第 137 页。

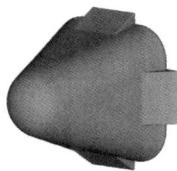

图 3.16　技术演示验证飞行器

3.4　有翼再入飞行器

有翼再入飞行器 (图 3.17 ~ 图 3.26) 高马赫数范围的未配平升阻比一般为 $L/D \approx 2.0$。进场着陆过程中，有翼再入飞行器低亚声速范围的升阻比 L/D 大小必须至少为 4.5。

上升段：

有翼再入飞行器的一种发射方式是用火箭垂直发射，而两级入轨系统由运载器 (系统下面级) 水平发射。还研究过其他发射方式，即从滑车水平发射[1,2]。

下降和着陆段：

任何情况下，有翼再入飞行器返回地球表面都是无动力滑翔飞行，然后在跑道上水平着陆。

航天飞机轨道器：6.2 节

- 美国空间飞行计划；
- 提供了详细的气动力数据库；
- 低地球轨道飞行；
- 1981 — 2011 年期间进行了 135 次飞行；
- 提供了稳态运动的 (纵横向) 气动力数据；
- 提供了动稳定性数据。

详细的气动特性见第 151 页。

图 3.17 空间再入飞行器

X-33 航天飞行器：6.3 节

- 美国技术和飞行演示验证飞行器计划；
- 提供了高超声速飞行的试验和数值模拟数据；
- 亚轨道飞行；
- 项目于 1996 年开始，2001 年取消；
- 提供了稳态运动的 (纵横向) 气动力数据；
- 无动稳定性数据。

详细的气动特性见第 174 页。

图 3.18 验证飞行器

X-34 航天飞行器：6.4 节

- 美国技术和飞行演示验证计划；
- 提供了试验和数值模拟数据；
- 以 $Ma_\infty = 8$ 飞行，高度达 76 km；
- 计划于 1996 年开始，2001 年取消；
- 提供了稳态运动的 (纵横向) 气动力数据；
- 无动稳定性数据。

详细的气动特性见第 181 页。

图 3.19 验证飞行器

X-37 航天飞行器：6.5 节

- 美国技术和飞行演示验证飞行器计划；
- 没有获得气动力数据；
- 计划于 1999 年开始；
- 2010 年首飞，2011 年和 2012 年又进行了两次飞行；
- 无稳态运动的 (纵横向) 气动力数据；
- 无动稳定性数据。

详细的气动特性见第 190 页。

图 3.20　验证飞行器

X-38 再入大气层飞行器：6.6 节

- 欧洲 – 美国乘员救生飞行器计划；
- 提供了整个马赫数范围的试验和数值模拟数据；
- 两次用于翼伞着陆演示验证的飞行；
- 计划于 1996 年开始，2002 年 6 月取消；
- 提供了稳态运动的 (纵横向) 气动力数据；
- 提供了一些动稳定性数据。

详细的气动特性见第 192 页。

图 3.21　基于升力体的再入飞行器

PHOENIX 再入验证飞行器：6.7 节

- 德国空间飞行演示验证飞行器计划；
- 提供了整个马赫数范围详细的试验和数值模拟数据；
- 完成了一些用于验证自动着陆能力的飞行；
- 计划于 2000 年开始，2004 年结束；
- 提供了稳态运动的 (纵横向) 气动力数据；
- 无动稳定性数据。

详细的气动特性见第 205 页。

图 3.22　空间飞行验证飞行器

HOPE-X 再入飞行器：6.8 节

- 日本空间飞行计划；
- 提供了气动力数据库中的一些试验和数值模拟数据；

- 没有进行过飞行；
- 计划于 20 世纪 80 年代开始，2003 年取消；
- 提供了稳态运动的 (纵横向) 气动力数据；
- 无动稳定性数据。

详细的气动特性见第 221 页。

图 3.23　空间再入飞行器

多平面 DS6 构型: 6.9 节

- 德国的布局研究项目；
- 提供了一些试验和数值模拟数据；
- 演示验证飞行: 2005 年 SHEFEX Ⅰ飞行, 2012 年 SHEFEX Ⅱ 飞行, DS6 没有进行过飞行；
- 项目于 20 世纪 90 年代开始；
- 提供了一些稳态运动的 (纵向) 气动力数据；
- 无动稳定性数据。

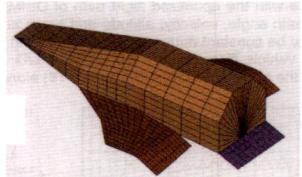

图 3.24　技术验证飞行器

详细的气动特性见第 230 页。

PRORO-USV 验证飞行器: 6.10 节

- 意大利的飞行演示验证计划；
- 提供了跨声速飞行的试验和数值模拟数据；
- 2007 年 2 月进行了一次跨声速演示验证飞行；
- 计划开始于 2000 年；
- 提供了稳态运动的 (纵横向) 气动力数据；
- 无动稳定性数据。

图 3.25　技术验证飞行器

详细的气动特性见第 234 页。

HERMES 再入飞行器: 6.11 节

- 再入飞行器，作为欧洲进入空间项目的一部分；
- 提供了整个马赫数范围详细的试验和数值模拟数据；

- 没有进行过验证飞行；
- 计划开始于 1984 年，1993 年取消；
- 提供了稳态运动的 (纵横向) 气动力数据；
- 无动稳定数据性。

详细的气动特性见第 243 页。

图 3.26 再入飞行器

3.5 巡航与加速飞行器

巡航与加速飞行器与飞机类飞行器一样，升阻比 L/D 较高。如两级入轨系统 SAENGER 下面级，高超声速马赫数时升阻比 L/D 约为 4.5~5.0，低亚声速范围的升阻比 $L/D \approx 11$。

上升段：

最复杂的是单级入轨飞行器[①]，这类飞行器所采用的推进系统有如下几种：

(1) 仅采用常规火箭发动机 ⇒HOPPER；

(2) 仅采用线性塞式火箭发动机 ⇒X-33；

(3) 在第一阶段 (高度达 15~18 km) 的气动辅助飞行[②]采用涡轮喷气发动机，在第二阶段飞行采用火箭发动机 ⇒ HOTOL[③]第一种概念；

(4) 在第一阶段 (高度达 42~46 km) 采用涡轮喷气冲压发动机/超燃冲压发动机推进相结合，在第二阶段飞行采用火箭发动机 ⇒HOTOL 第二种概念[3]。

单级入轨概念的第 3 种和第 4 种情形，其上升轨迹的第一阶段期间飞行采用气动辅助，飞行器性能与 CAV[④]类似。

下降和着陆段：

两级入轨系统的上面级和下面级的任务有明显的区别。下面级为

---

①欧洲航天局 (ESA) 启动了名为"未来欧洲空间运输研究计划"(1994 — 1998 年)。该计划研究了大量各种不同的 SSTO 和 TSTO 概念，得到了各种概念的潜能[3,5]。

②气动辅助飞行即采用吸气式推进系统飞行，升力由诸如机翼、翼尖小翼和机身产生。

③"水平起飞着陆"概念 HOTOL 为一项英国计划，是 1982 — 1991 年研究过的概念[3]。

④还有其他 CAV 类概念研究，如美国 NASP 概念、法国的 STAR-H 和 PREPHA 概念以及俄罗斯的 MIGAKS 概念。所有这些研究均被取消了，作者没有获得这些飞行器的气动力数据。

巡航与加速飞行器,采用吸气式推进系统,将上面级运送至级间分离高度。上面级为火箭推进,特性像有翼再入飞行器。

单级入轨系统的下降如同有翼再入飞行器,以连续减速模式无动力滑行到跑道。而两级入轨系统的下降是分开的,下面级如有动力高超声速飞行器一样飞行,飞回其目的地,上面级如有翼再入飞行器一样进行再入和着陆过程。

SAENGER 两级入轨系统下面级:7.2 节

图 3.27　高超声速飞行器

- 德国的高超声速技术计划;
- 提供了整个马赫数范围下面级详细的试验和数值模拟数据;
- 没有进行过验证飞行;
- 计划于 1986 年开始,1993 年取消;
- 提供了稳态运动的 (纵横向) 气动力数据;
- 无动稳定性数据。

详细的气动特性见第 265 页。

ELAC 技术验证飞行器下面级:7.3 节

图 3.28　高超声速飞行器

- 由三个德国 DFG 卓越中心进行的两级入轨设计研究;
- 提供了整个马赫数范围的试验和数值模拟数据;
- 没有进行过验证飞行;
- 计划开始于 1989 年,2003 年结束;
- 提供了稳态运动的 (纵横向) 气动力数据;
- 无动稳定性数据。

详细的气动特性见第 279 页。

参考文献

[1] Hirschel, E.H., Weiland, C.: Selected Aerothermodynamic Design Problems of Hypersonic Flight Vehicles, vol. 229. Springer, Heidelberg; Progress in

Astronautics and Aeronautics. AIAA, Reston (2009)

[2] Hirschel, E.H.: Basics of Aerothermodynamics, vol. 204. Springer, Heidelberg; Progress in Astronautics and Aeronautics. AIAA, Reston (2004)

[3] Kuczera, H., Sacher, P.: Reusable Space Transportation Systems. Springer, Heidelberg (2011)

[4] Weiland, C.: Computational Space Flight Mechanics. Springer, Heidelberg (2010)

[5] FESTIP System Concept Team. Concept Selection Workshop. Conclusions and recommendations handout distributed to all participants, Lenggries, Germany, September 15-16 (1998)

第 4 章

无翼再入飞行器 —— 返回舱和
探测器的气动力数据

苏联 (现俄罗斯) 和美国是首先研制返回舱和探测器并发射进入太空的国家。后来,其他国家或国家联盟 (德国、日本、英国、法国、意大利、欧盟等) 研制并发射了一些类似飞行器作为验证器,用来提高在空间运输技术方面的能力。

这些飞行器的外形都非常简单,为轴对称构型,再入过程的防热罩由烧蚀材料组成。再入过程为弹道式或低升力式飞行轨迹。这类飞行器的飞行控制无一例外地均由反作用控制系统 (RCS) 执行。

4.1 概述

为了理解返回舱和探测器的气动特性,下面对这类飞行器一些固有的现象进行介绍。

- 迎角:

像返回舱和探测器这类钝构型只有在负迎角时升力才为正。这是由于钝头体轴向力系数 C_X 较大,而法向力系数 C_Z 较小。因此,当 $C_X \sin\alpha$ 大于 $C_Z \cos\alpha$ 时,升力系数 (式 (8.7)) 符号改变,其更详细的解释说明参见文献 [1]。因此本章中的所有气动力系数的曲线都是关于负迎角的。

- 轴对称体绕流流场:

不论迎角 α 和侧滑角 β 的值为多少,轴对称体绕流流场总可以找到一个对称平面。也就是说,这类飞行器的气动力数据集仅包括纵向气动力系数,而不必包括横向气动力系数。

- **飞行倾斜:**

飞行器飞行倾斜角度为 μ,意味着飞行器绕自由流速度矢量滚转。其结果是,流动不改变,而升力作用于转动角度为 μ 的升阻平面内。欲了解更多信息,请参见文献 [2] 第 6 章。

- **配平线:**

由气动力、力矩、压心的通用公式以及配平条件 (其推导见文献 [1] 第 7 章),得到其关系为

$$C_{mj} = C_{mref} - C_Z(x_{ref} - x_j) + C_X(z_{ref} - z_j) \tag{4.1}$$

$$当 x_{ref} = z_{ref} = z_{cp} = 0 \text{ 时,} \ x_{cp} = -\frac{C_{mj}}{C_Z} \tag{4.2}$$

$$z_{cog} - z_{cp} = \frac{C_Z}{C_X}(x_{cog} - x_{cp}) \tag{4.3}$$

式中:下标 cp 和 cog 表示压心和重心。

利用式 (4.1) 将俯仰力矩系数从名义参考点变换到飞行器头部参考点。利用式 (4.2) 计算压心沿 x 轴的坐标 ($z_{cp} = 0$)。然后由式 (4.3),可确定飞行器配平飞行状态的重心线位置。配平线参见图 4.20、图 4.60、图 4.61、图 5.21。

- **重心 z 向偏移值对轴对称外形配平飞行的影响:**

重心的 z 向偏移值 (z_{cog}) 对轴对称外形的配平条件非常重要。由于轴向力系数 C_X 比法向力系数 C_Z 大得多,与 x_{cog} 值的变化影响相比,重心 z 向偏移值很小的变化对配平角 α_{trim} 影响很大。欲了解更多信息,请参见文献 [1] 第 5 章。

4.2 "阿波罗"号 (美国)

启动"阿波罗"计划的目标是最晚于 20 世纪 60 年代末使美国航天员登录月球,该计划是 NASA 继"水星"(MERCURY) 和"双子座"(GEMINI) 计划后继续进行太空探索的一部分。1968 年 10 月,"阿波罗"7 号飞船第一次成功进行载人太空飞行 (在"阿波罗"计划框架下)。此次任务是一次低地球轨道飞行,旨在测试再入过程。10 个月后,即 1969 年 7 月,"阿波罗"11 号飞船首次飞抵月球,这是一个巨大的成功。首次成功登月后,继续进行登月任务 ("阿波罗"12、14、15、16、17)。1972

年 12 月"阿波罗"17 号飞船成功飞行，至此登月计划结束。

毫无疑问，"阿波罗"返回舱的气动特性是了解得最清楚的飞行器之一。由于在 20 世纪六七十年代进行了大量低地球轨道飞行或登月飞行，所以获得了大量的自由飞行数据库。在"阿波罗"返回舱设计期间，大部分气动力数据由风洞试验获得[3-7]。

根据"阿波罗"返回舱的配平特性，其名义迎角范围为 $-30° < \alpha < 0°$。在该迎角范围，返回舱构型的后部位于流动的"高超声速阴影区"内。"高超声速阴影区"的概念类似于高超声速流动的牛顿法，即无自由来流直接撞击的飞行器表面单元，其压力系数 C_p 为 0，对气动力无贡献(见文献 [8])。当然，对真实流动而言，这并不完全正确，但根据经验，在高超声速流动中，这类表面单元对气动力的贡献确实相当小。

这就是为什么"阿波罗"返回舱的气动力和力矩主要由构型的前部 (防热罩) 所产生的原因。当然，由于再入过程中的不确定性，可能存在返回舱以非名义迎角值进入大气层的情形。因此，有必要研究在其他迎角范围是否存在配平点。事实上，返回舱通常存在寄生配平点，它们与名义配平点一样，通常与马赫数有关。4.2.4 节 (配平特性) 给出了阿波罗返回舱有关这一特性的一个实例。

4.2.1 构型特征

图 4.1 所示为"阿波罗"计划的典型事件和图像，图 4.2 所示为"阿波罗"返回舱外形的三维视图，而图 4.3 是其几何关系[3,4]。构型前部的防热罩由球形外壳组成，而外形后部组成部分为正圆锥，圆锥顶部用一个半径很小的球体钝化。

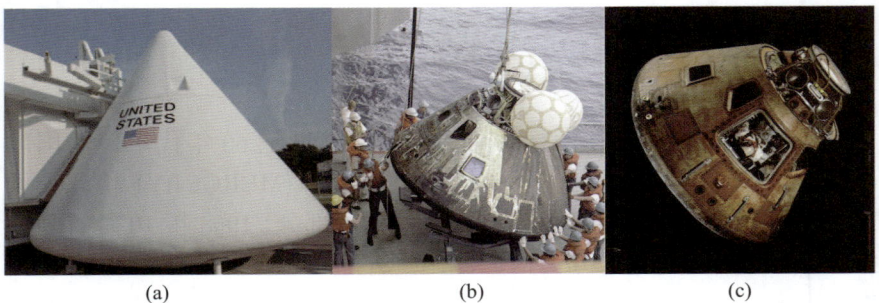

(a)　　　　　　　　　　(b)　　　　　　　　　　(c)

图 4.1　"阿波罗"实物模型 (a)；海上回收时的"阿波罗"13 号 (b)；登月任务后的"阿波罗"11 号 (c) (图片来自 NASA 画廊)

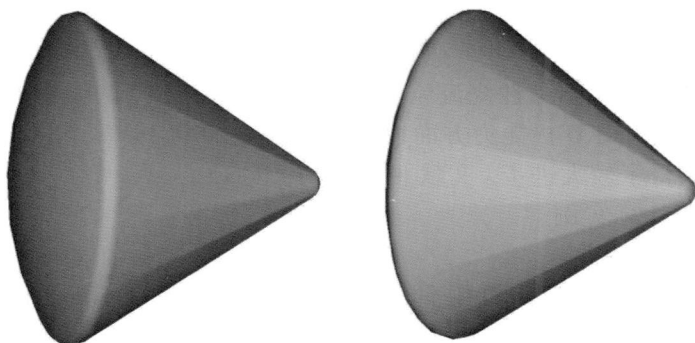

图 4.2 "阿波罗"返回舱的三维外形

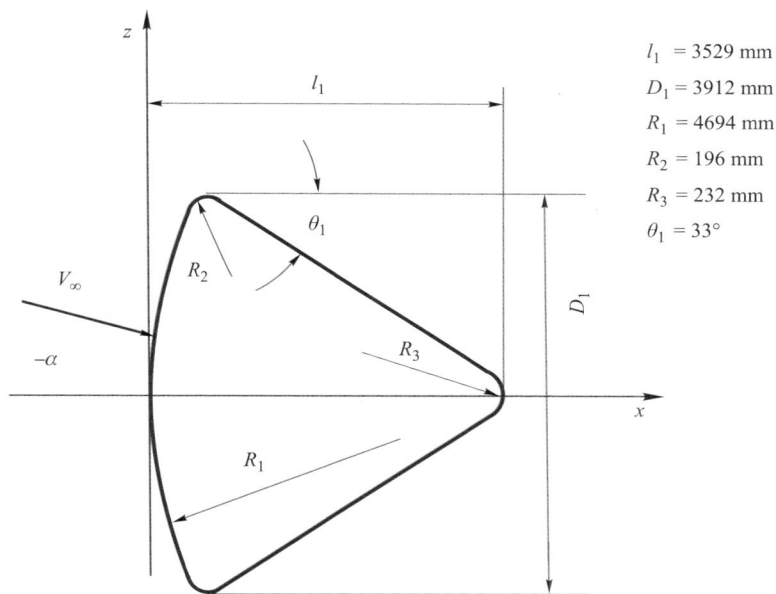

$l_1 = 3529$ mm
$D_1 = 3912$ mm
$R_1 = 4694$ mm
$R_2 = 196$ mm
$R_3 = 232$ mm
$\theta_1 = 33°$

图 4.3 "阿波罗"返回舱的外形定义[3,4]

4.2.2 稳态气动力数据

一般而言，此处介绍的气动性能数据是由风洞试验获得的。在 20世纪 60 年代，积分控制方程的数值模拟方法还无法得到真实构型三维无黏或黏性绕流流场的可靠结果。在 20 世纪 80 年代，随着鲁棒的计

算流体动力学 (CFD) 代码的出现, 这种情况得以改变, CFD 结果的质量逐年增加。当时, 这些代码可成功应用于如返回舱和探测器这类简单三维外形无黏和黏性绕流流场的可靠计算。当然, 同时还需要在网格生成策略和计算机能力方面取得进步, 在 20 世纪 80 年代这两个方面的确取得了较大进步。文献 [9] 给出了 "阿波罗" 返回舱三维绕流流场的一个计算实例。

纵向气动特性

对于轴向力 C_X 和俯仰力矩 C_m(图 4.4 和图 4.7), 有马赫数 $Ma_\infty = 0.5$、0.8、0.95、1.35、2.12、5、10 的值, 而对于法向力 C_Z 以及由此得到的升阻比特性 L/D(图 4.5 和图 4.6), 没有获得 $Ma_\infty = 0.95$ 的值。

由图可看出, 一般给出了整个马赫数范围关于规定的力矩参考点的静稳定性。高超声速流动区域的配平迎角 $\alpha_{\text{trim}} \approx -23°$, 而在马赫数 $Ma_\infty = 2$ 附近, 配平迎角增至 $\alpha_{\text{trim}} \approx -27°$(图 4.8(a)), 对应的配平升阻比范围为 $0.275 \leqslant L/D_{\text{trim}} \leqslant 0.325$(图 4.8(b))。

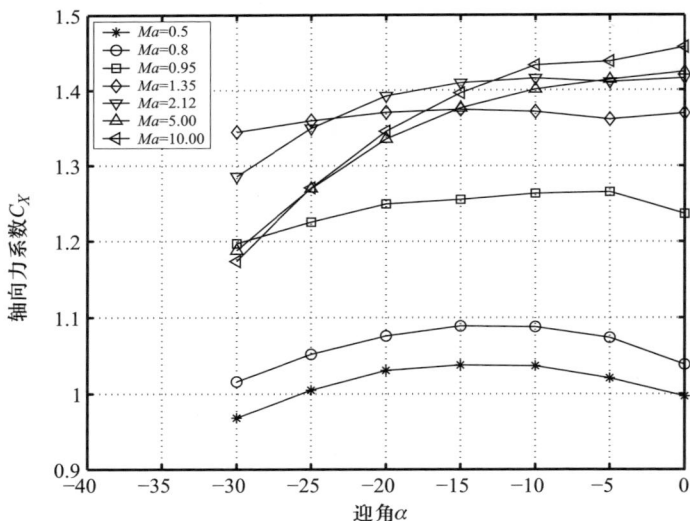

图 4.4　轴向力系数 C_X 随迎角 α 的变化[4,7]

横向气动特性

"阿波罗" 返回舱为轴对称构型, 所以不存在横向气动特性。

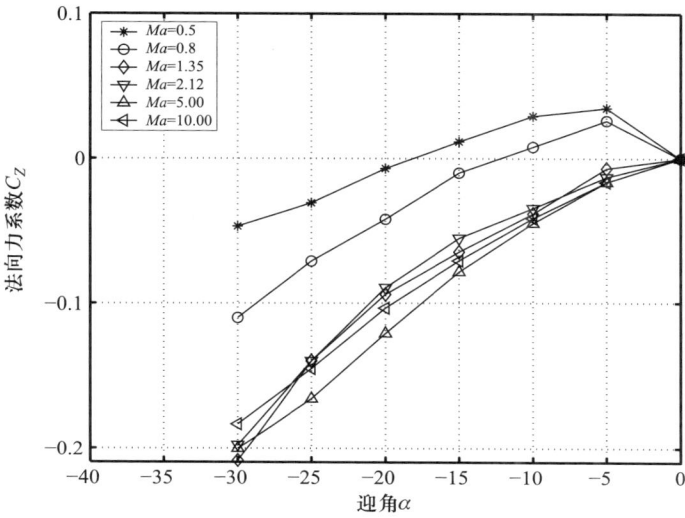

图 4.5 法向力系数 C_Z 随迎角 α 的变化[4,7]

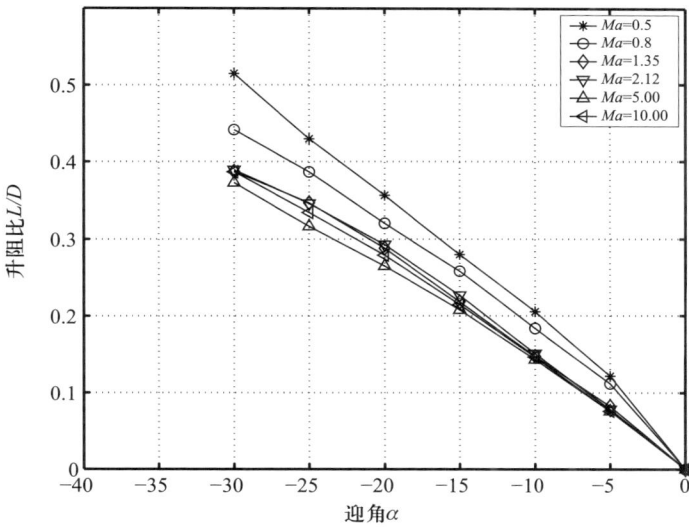

图 4.6 升阻比 L/D 随迎角 α 的变化[4,7]

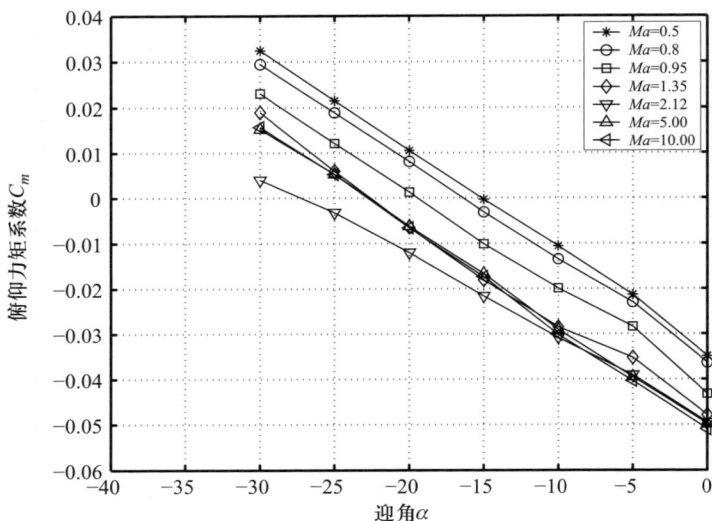

图 4.7 俯仰力矩系数 C_m 随迎角 α 的变化。力矩参考
点：$x_{\mathrm{ref}} = 0.265D_1, z_{\mathrm{ref}} = 0.035D_1^{[4,7]}$

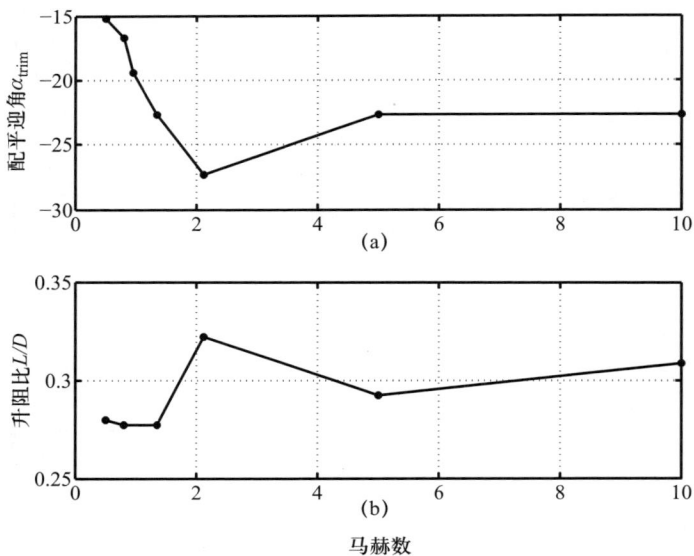

图 4.8 配平迎角随马赫数的变化 (a)，数据取自图 4.7；配平升阻比 (L/D) 随马赫数
的变化 (b)，数据取自图 4.6

4.2.3 动态气动力数据

俯仰动态特性

图 4.9 中的数据是采用自由翻滚试验方法[1] 测量得到的作用在"阿波罗"指令舱上的数据,用突起模拟脐带式管线整流罩、通气管路和残存的天线。马赫数 $Ma_\infty = 0.8$ 时,在迎角 $-3° \geqslant \alpha \geqslant -30°$ 范围内,飞行器是动稳定的;而在该迎角范围内,$Ma_\infty = 0.5$ 时,飞行器为俯仰动不稳定。

其他动态特性

"阿波罗"返回舱为轴对称构型,所以只有俯仰动导数有实质意义。

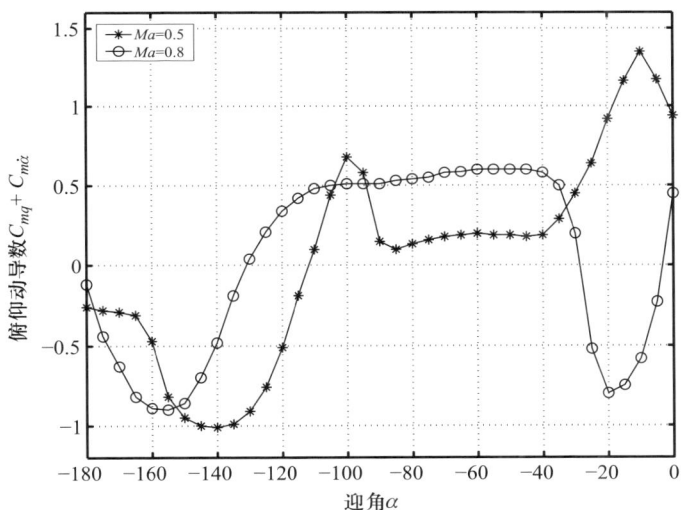

图 4.9   俯仰动导数 $C_{mq} + C_{m\dot\alpha}$ 随迎角 α 的变化[4]

4.2.4 配平特性

在"阿波罗"返回舱研制和测试期间,发现俯仰力矩 C_m 除了在设计配平点能配平外,在其他非设计配平点也能满足配平和稳定性条件 $(C_m = 0, \partial C_m/\partial \alpha < 0)$,这些点称为"寄生配平点"[1]。必须阻止飞行器进入到此类非设计配平位置,原因至少有以下三点:

— 为了应付力热载荷,只有防热罩指向前方才能成功完成再入过程。

— 只有在飞行器端头整流罩可正确投弃时,降落伞着陆系统才可展开,在这种情况下,可能会使飞行器端头曝露于高压区域,因此,也要求防热罩指向前方。

— 在发射中止情况下,逃逸过程要求返回舱防热罩的姿态必须指向前方。

这一问题的最佳解决方案是改变飞行器外形,防止寄生配平点的存在。但是,这似乎是一项极为艰巨的设计挑战。"阿波罗"返回舱没能很好地解决这个问题[10]。

在整个马赫数范围,"阿波罗"返回舱有一个寄生配平点,在亚 - 跨 - 低超声速范围,该配平点的位置稍微有点变动。更高马赫数时该配平点与马赫数无关 (图 4.10)。对重心位置为 $x_{cog}/D_1 = 0.657$(距顶点)和 $z_{cog}/D_1 = 0.035$ 的寄生配平点进行了估算。

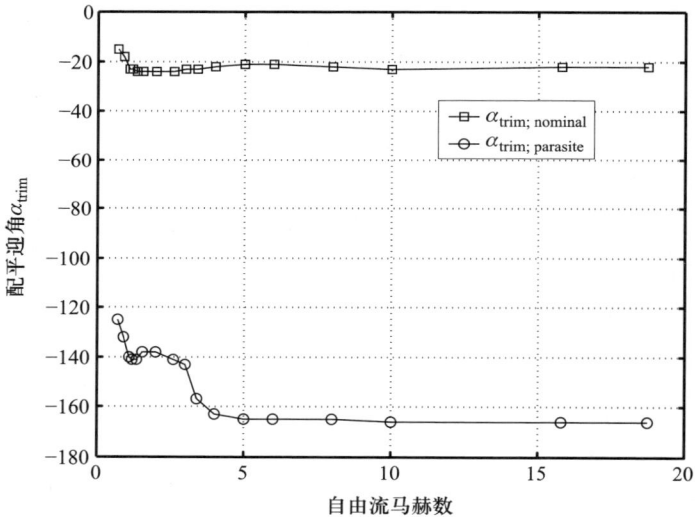

图 4.10   "阿波罗"返回舱设计和寄生配平点随马赫数的变化 (重心: $x_{cog}/D_1 = 0.657, z_{cog}/D_1 = 0.035$)。数据源自文献 [4]

4.3   "联盟"号 (俄罗斯)

20 世纪 60 年代,在苏联的太空计划框架下研制了"联盟"号飞船。过去,其任务是载人往返于苏联"礼炮"(SALYUT) 号和"和平"(MIR) 号空间站之间。当前,"联盟"号飞船还是国际空间站的乘员运载器。此外,最初规划是预期"联盟"号飞船为苏联载人登月计划的一部分,但该目标未能实现。继 1967 年载人飞行后,"联盟"号飞船于 1968 年 10

月首次成功进行了载人飞行，而 1967 年的载人飞行，飞船在着陆时发生爆炸，航天员牺牲。其后，"联盟"号飞船非常成功完成了从低地球轨道以及从 ISS 的载人再入任务。

"联盟"号飞船质量约为 3000 kg。全部"联盟"号飞船都是由"联盟"号火箭发射，自 20 世纪 60 年代以来，该型火箭的运输能力和发射安全性不断提高。

4.3.1 构型特征

图 4.11 显示的是"联盟"号返回舱作为"联盟"号飞船组成部分的一些图片，图 4.12 显示了"联盟"号返回舱外形的三维图，而图 4.13 是其几何关系[11]。"联盟"号飞船由三部分组成：轨道舱、再入舱 ("联盟"号返回舱) 和服务舱。"联盟"号返回舱外形由球冠前部和钝锥后段组成 (图 4.12)。再入大气层后，"联盟"号返回舱下降的最后阶段借助于降落伞系统下降，随后在哈萨克斯坦的沙漠着陆，这与"阿波罗"设计成水中溅落不同。

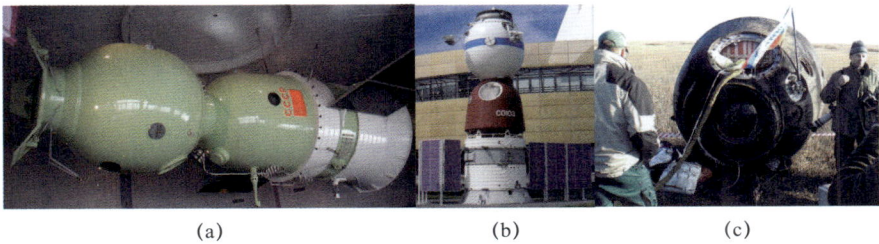

(a)　　　　　　　　(b)　　　　　　　　(c)

图 4.11　"联盟"号飞船，再入舱位于飞船结构中部 (a)；"联盟"号飞船实物模型 (b)；"联盟"号返回舱在哈萨克斯坦的沙漠着陆 (c)(图片源自 NASA 和 ESA 画廊)

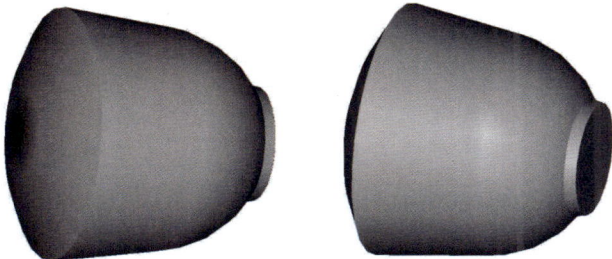

图 4.12　"联盟"号返回舱的三维外形图

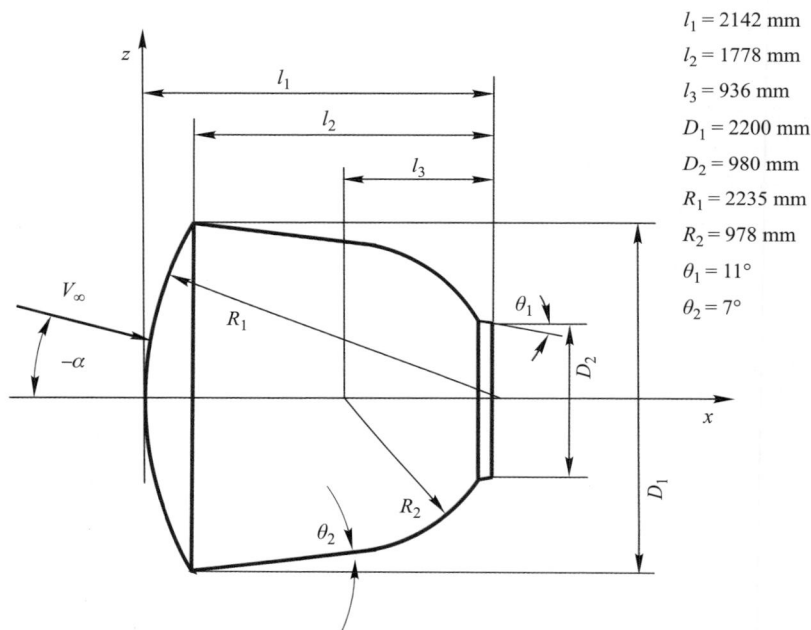

$l_1 = 2142\ \text{mm}$
$l_2 = 1778\ \text{mm}$
$l_3 = 936\ \text{mm}$
$D_1 = 2200\ \text{mm}$
$D_2 = 980\ \text{mm}$
$R_1 = 2235\ \text{mm}$
$R_2 = 978\ \text{mm}$
$\theta_1 = 11°$
$\theta_2 = 7°$

图 4.13　"联盟"号返回舱外形定义[11]

4.3.2　稳态气动力数据

大部分气动性能数据是在中央机械制造研究院 (TSNIIMASH) 和中央流体动力研究院 (TSAGI) 的风洞试验中获得，TSNIIMASH 和 TSAGI 这两个机构都位于俄罗斯莫斯科附近。当然，一些数据是采用直径为 1 m 的大尺寸模型自由飞测量获得。

纵向气动特性

图 4.14 ~ 图 4.17 给出了马赫数 $Ma_\infty = 0.60$、0.95、1.10、1.78、2.52、5.96 的气动力系数 C_X、C_Z、C_m 和 L/D。设计目标是在高超声速飞行范围内，对于规定的配平角 $\alpha_{\text{trim}} \approx -25°$，配平升阻比值达到 $L/D = 0.3$，而飞行器也确实达到了所要求的升阻比 (图 4.16 和图 4.17)。在所给出的全部马赫数范围和迎角范围 $-30° \leqslant \alpha \leqslant 0°$，飞行器是静稳定的。显然，对图中所有绘制的马赫数，在 $\alpha = 0°$ 处轴向力系数 C_X 值最大，并随着负迎角的增加轴向力系数 C_X 值减小。这种特性与"阿波罗"号返回舱不同，"阿波罗"号返回舱的轴向力系数最大值与

马赫数有关，最小马赫数的最大轴向力系数 C_X 值对应迎角为负 ($Ma_\infty = 0.5 \Rightarrow C_{X\max}(\alpha \approx -15°)$，参见图 4.4)。图 4.18 示出了配平迎角随马赫数的变化情况，配平迎角显示出与"阿波罗"相同的特性 (图 4.8)，即从马赫数为亚声速起，随着马赫数增大配平迎角增大，到 $Ma_\infty \approx 1.8 \sim 2$ 时配平迎角达到局部最大值，接着配平迎角逐渐减小，直至马赫数 $Ma_\infty \approx 4$，当马赫数接近高超声速时，配平迎角缓慢增大。

横向气动特性

"联盟"号返回舱为轴对称构型，所以不存在横向气动特性。

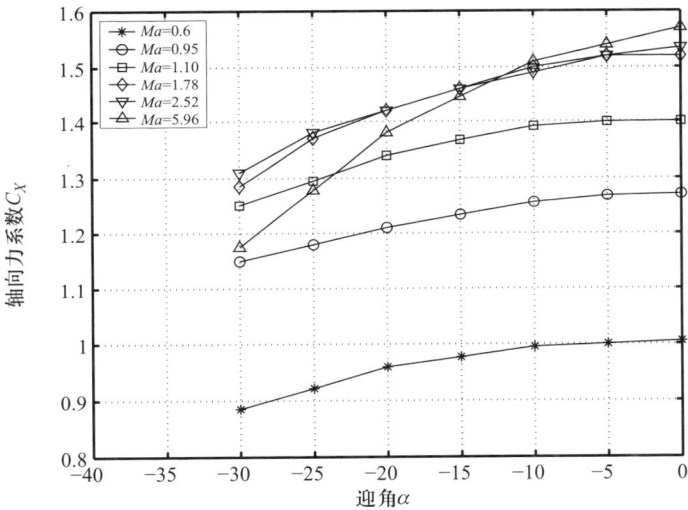

图 4.14　轴向力系数 C_X 随迎角 α 的变化[11]

4.3.3　动态气动力数据

俯仰动态特性

图 4.19 示出的是俯仰动导数[①]$m_z^{\overline{\omega}z}$ 随迎角 ($-180° \leqslant \alpha \leqslant 0°$) 的变化。通常，迎角 $-83° \leqslant \alpha \leqslant -3°$ 时飞行器是动稳定的，但中间有一小段 ($-23° \leqslant \alpha \leqslant -17°$) 飞行器是不稳定的，这个范围恰好是"联盟"号返回舱在 $Ma_\infty = 0.9$ 进行配平飞行的范围 ($\alpha_{\text{trim}}^{Ma_\infty=0.9} \approx -18.1°$)。

---

① 在俄罗斯的文献资料中，俯仰动导数用 $m_z^{\overline{\omega}z}$ 表示，与 $C_{mq} + C_{m\dot\alpha}$ 成正比。

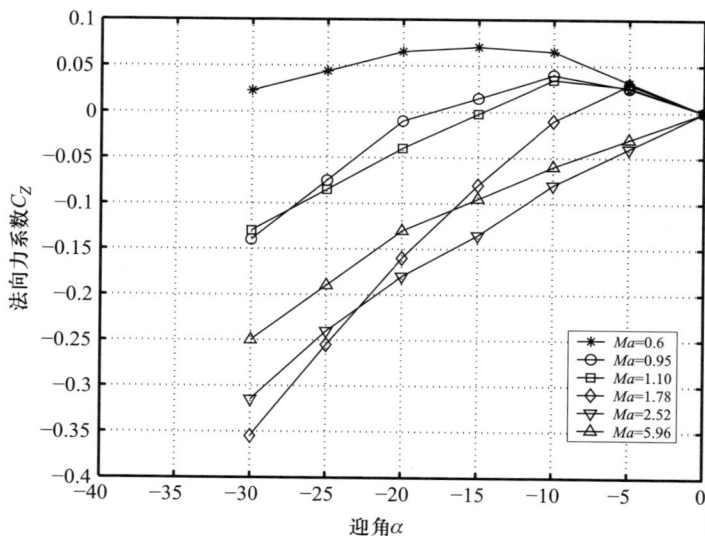

图 4.15　法向力系数 C_Z 随迎角 α 的变化[11]

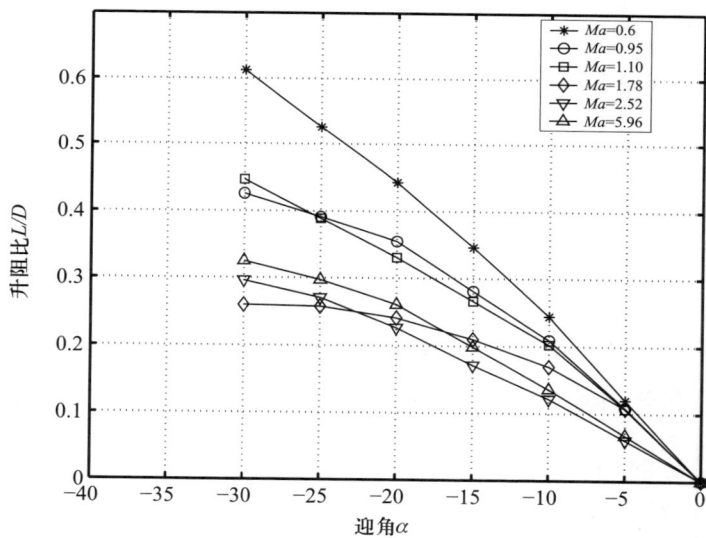

图 4.16　升阻比 L/D 随迎角 α 的变化[11]

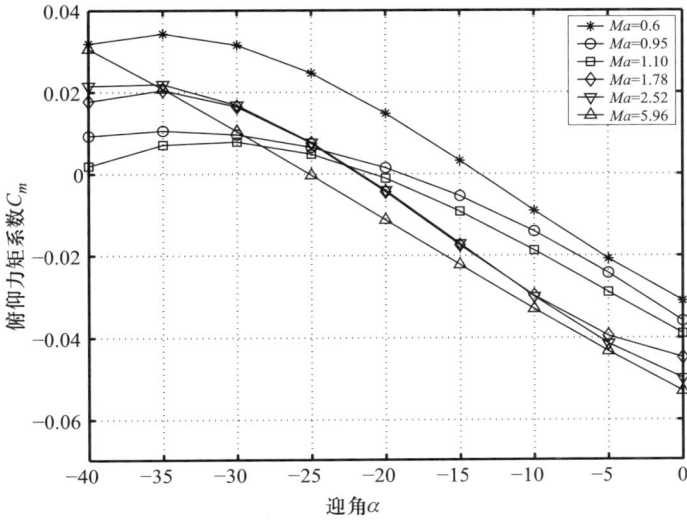

图 4.17 俯仰力矩系数 C_m 随迎角 α 的变化[11] (力矩参考点: $x_{\mathrm{ref}} = 0.37D_1, z_{\mathrm{ref}} = 0.039D_1$)

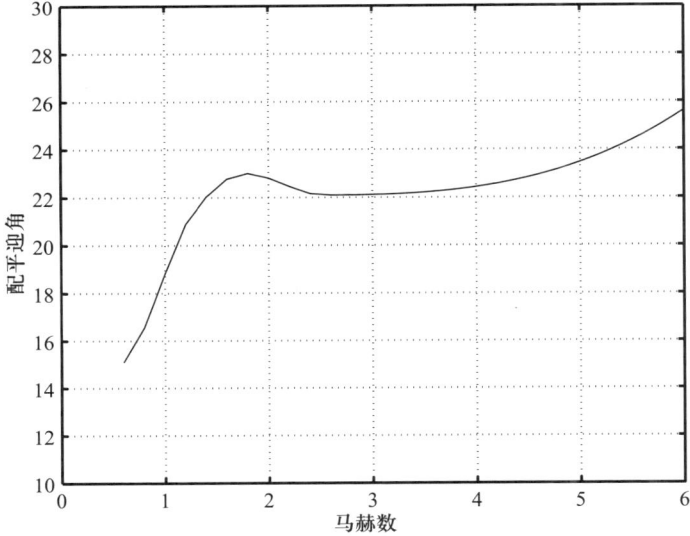

图 4.18 配平迎角 α_{trim} 随马赫数的变化

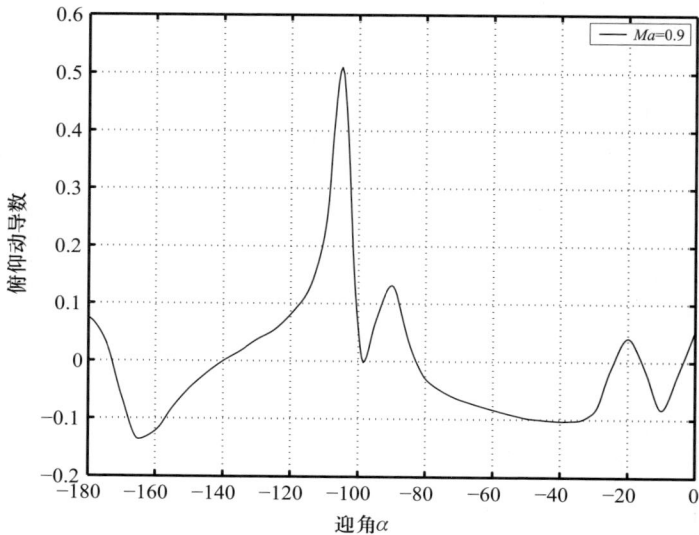

图 4.19　马赫数 $Ma_\infty = 0.9$ 时，俯仰动导数 $m_z^{\overline{\omega}z}$ 随迎角 α 的变化[11]

其他动态特性

"联盟"号返回舱为轴对称构型，所以只有俯仰动导数是有意义的。

4.3.4　配平特性

下面说明采用 4.1 节中提到的方法确定配平线。对于给定的弹道点，压心坐标 x_{cp}、z_{cp} 可由一组联立的控制方程的数值解①计算得到，该方程组描述了压心的一般形式，可参见文献 [1]。如果对所有重心位置均满足式 (4.3)，则给定弹道点的配平飞行是可行的。

以图 4.14 和图 4.15 的高超声速飞行 ($Ma_\infty = 5.96$) 为例，$\alpha_{trim} = -25°$ 时，轴向力系数和法向力系数分别为 $C_{X,trim} = 1.28$ 和 $C_{Z,trim} = 0.20$。此外，采用文献 [11] 报告的压心，压心设为 $x_{cp} = 0.60D_1$，$z_{cp} = 0.0D_1$。对于上述压心值，由式 (4.3) 估算的配平飞行时重心线如图 4.20 所示。

---

① 当然，压心也是风洞试验测量对象。

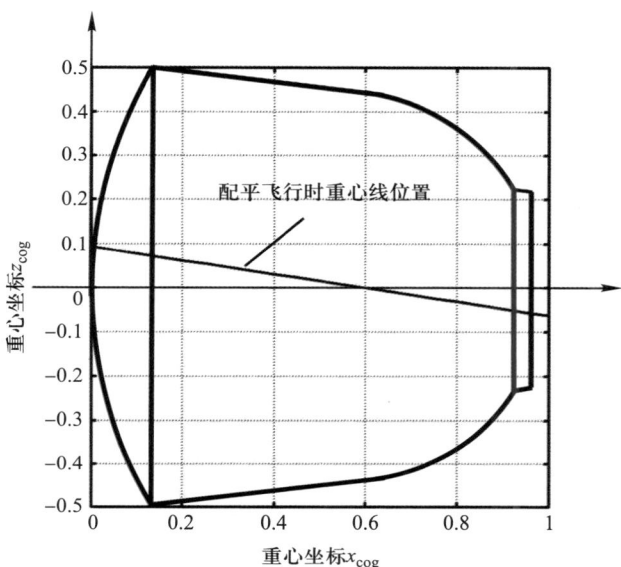

图 4.20　高超声速马赫数范围内配平飞行的重心位置 ($\alpha_{\text{trim}} = -25°$, $Ma_\infty = 5.96$ 的数据源自图 4.14 和图 4.15)

4.4　大气层再入验证飞行器 (欧洲)

　　1993 年, 由于预算制约和政治上的不确定性, 取消了欧洲 HERMES 项目[1], 其后, 欧洲航天局决定研制一种无翼航天飞行器, 其目的是验证在 HERMES 计划框架下通过大量技术研究活动所获得的技术, 表明欧洲已掌握了大气层再入飞行的能力。为了支持这一目标, 明确了下一步的技术研究工作, 并在欧洲航天局的 MSTP 计划[2]以及无翼航天飞行器项目框架下开展研发工作。

　　由于预算低, 选定的航天飞行器外形为一缩小版的"阿波罗"号返回舱[12]。预计该返回舱由"阿里安"5(ARINANE V) 运载器顶推发射, 进行亚轨道飞行。随后的再入飞行的一个主要任务是尽可能测量并获得可靠的气动热力学和热流飞行数据, 用于理论和数值设计及预测方法的验证与校准。因此, 该返回舱得名大气层再入验证飞行器

---

　　①HERMES 项目是欧洲的一项空间计划, 其目的是由"阿里安"5 火箭顶推发射有翼再入飞行器, 实现欧洲自主进入太空[14]。

　　②MSTP: 载人空间运输计划。

(ARD)。ARD 返回舱的总质量达 2717 kg[13]。1998 年 10 月 21 日进行了一次飞行，这也是它唯一的一次 (成功的) 飞行。

4.4.1 构型特征

图 4.21 示出了 ARD 计划的典型事件和图像。如前所述，由于预算有限，ARD 返回舱的构型是一个缩小的"阿波罗"号外形 (图 4.22)，其尾部存在一些构型差异 (比较图 4.3 和图 4.23)。

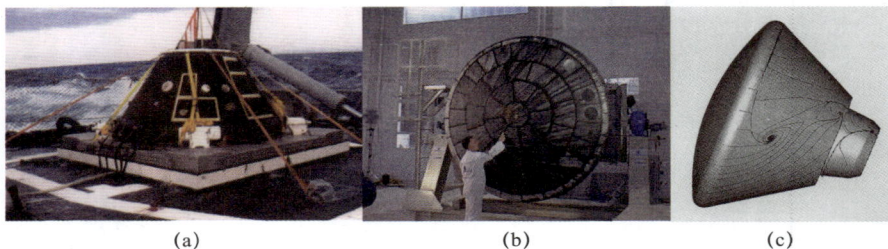

(a)　　　　　　　　　　(b)　　　　　　　　(c)

图 4.21　ARD: 1998 年 10 月 21 日在太平洋溅落后进行返回舱回收 (a)；飞行后的防热罩 (b)[15]；Navier-Stokes 数值解的表面摩擦力线 (c)[16]

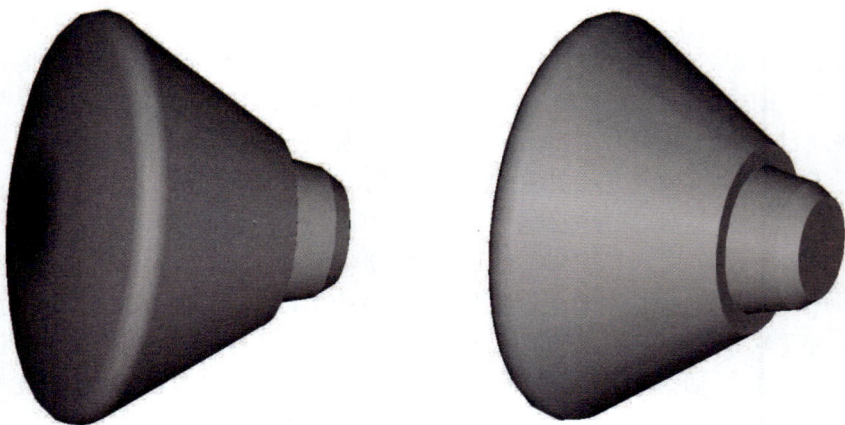

图 4.22　ARD 返回舱的三维外形

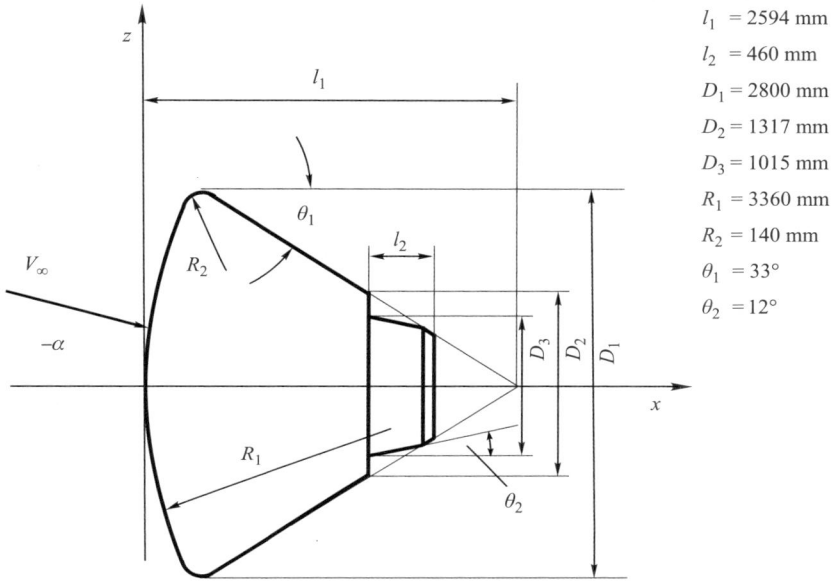

l_1 = 2594 mm

l_2 = 460 mm

D_1 = 2800 mm

D_2 = 1317 mm

D_3 = 1015 mm

R_1 = 3360 mm

R_2 = 140 mm

θ_1 = 33°

θ_2 = 12°

图 4.23　ARD 返回舱外形定义[18,19]

4.4.2　稳态气动力数据

ARD 返回舱选择"阿波罗"号类外形的原因之一是，两种情况的气动特性非常相似，预计至少在迎角 $\alpha \geqslant -33°$ 时是如此，因为在此迎角范围，返回舱的后部位于自由流的"高超声速阴影区"，参见 4.2 节。

图 4.4 ~ 图 4.7 给出了基本的气动力数据库。由"阿波罗"计划已获知，飞行过程中所测得的高超声速流动区域的配平迎角比预测的约小 3°。在 MSTP 计划框架下的技术研究表明，这种特性主要是由于飞行器周围加热的气流的真实气体效应所致[17]。欧拉和 N-S 方程的数值解也证明了这一点，数值解包括真实气体的平衡以及非平衡热力学物理模型。此外，在法国国家航空航天研究中心 (ONERA) 的高焓设备 F4 和德国宇航中心 (DLR) 的 HEG 风洞中有限的几项研究也证明了这一点。利用这些结果对"阿波罗"气动力数据库进行了更新[12,19]。

纵向气动特性

图 4.24 是马赫数为高超声速时，俯仰力矩随迎角的变化情况。在该图中，将 $Ma_\infty = 5$ 和 10 时"阿波罗"的数据与 $Ma_\infty = 10$ 和 29 时更新的"阿波罗"数据库 (即 ARD 数据库) 的值进行了比较[19]。其中三

条曲线给出的配平角基本相同，而 $Ma_\infty = 29$ 时的负配平角稍小。这表明，随着高超声速马赫数的增大，负配平角减小。

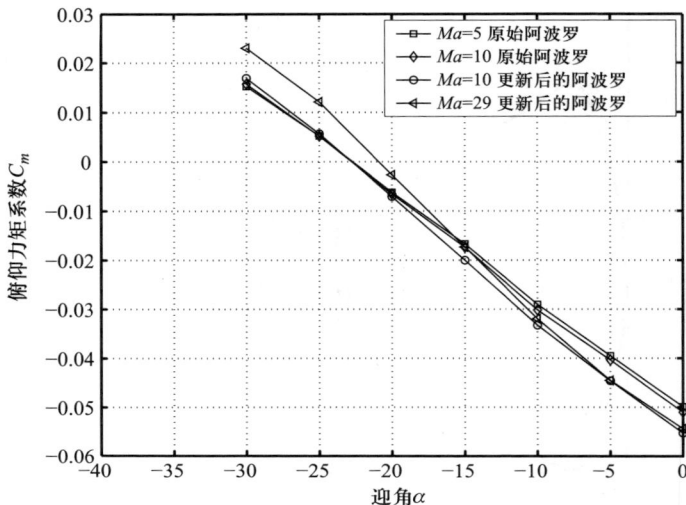

图 4.24　原始"阿波罗"数据库 ($Ma_\infty = 5$ 和 10) 与更新后的"阿波罗"数据库 ($Ma_\infty = 10$ 和 29) 的俯仰力矩比较 (力矩参考点：$x_{\mathrm{ref}} = 0.26D_1$, $z_{\mathrm{ref}} = 0.0353D_1$)

图 4.25 是沿再入轨迹测量的自由飞数据，该数据从文献 [12, 13] 和文献 [19] 给出的图表中提取。图 4.25(a) 显示的是配平迎角 α_{trim} 随马赫数的变化，而其余两幅图是轴向力系数 C_X 和法向力系数 C_Z 随马赫数的变化。需要指出的是，C_X 和 C_Z 的数据点是图 4.25(a) 给出的配平迎角下所对应的数据。纵向气动特性总的趋势是，随着负配平角的增大，气动力系数 C_X 和 C_Z 减小，这与图 4.4 和图 4.5 一致。

横向气动特性

ARD 返回舱为轴对称构型，所以不存在横向气动特性。

4.4.3　动态气动力数据

俯仰动态特性

图 4.26 绘制的是俯仰动导数 $C_{mq} + C_{m\dot\alpha}$ 随马赫数的变化，所对应的迎角为配平迎角 α_{trim}，图中数据取自文献 [19]。由图可见，马赫数略低于 $Ma_\infty = 1$ 时，飞行器变成动不稳定 ($C_{mq} + C_{m\dot\alpha} > 0$)，且一直到 $Ma_\infty \approx 0.5$，不稳定度增大。

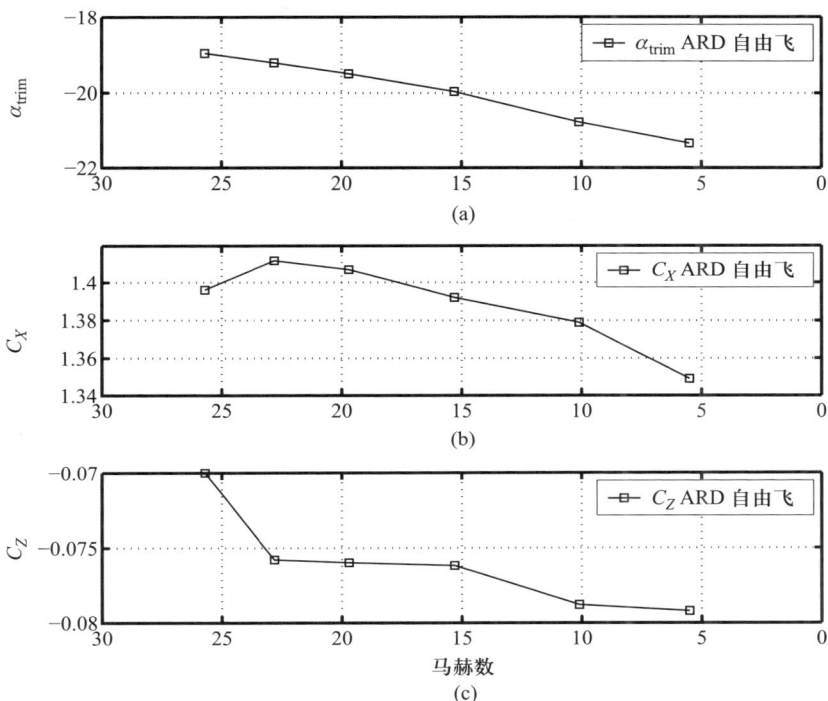

图 4.25 ARD 自由飞数据[12,13]。配平迎角 α_{trim}(a)、轴向力系数 C_X(b) 和法向力系数 C_Z(c) 随马赫数的变化 (力矩参考点：$x_{\text{ref}} = 0.26D_1, z_{\text{ref}} = 0.0353D_1$)(注：横坐标马赫数值从左到右减小，因为再入过程是从最高马赫数开始的，这样更好理解)

这一特性与"阿波罗"数据有点不一致。以 $Ma_\infty = 0.8$ 的情况为例，在该马赫数下其配平迎角 $\alpha_{\text{trim}} \approx -15.5°$ (图 4.27(b))，而由图 4.26 知 $Ma_\infty = 0.8$ 时 ARD 返回舱的 $C_{mq} + C_{m\dot{\alpha}} \approx 0.2$，这意味着飞行器处于动不稳定，而由图 4.9 知"阿波罗"的 $C_{mq} + C_{m\dot{\alpha}} \approx -0.7$，显示出较强的动稳定性。此处不对此进行解释。

4.4.4 配平特性

前面已提及，再入飞行过程中测量的配平迎角比预测的要低。图 4.27 中 ARD 高超声速流动区域的自由飞数据与更新后的"阿波罗"数据库 (图 4.27(a)) 配平迎角值的比较[13] 证明了这一点。如预期的一样，自由飞的配平迎角值比更新后的"阿波罗"数据库约低 2°，这显然是流

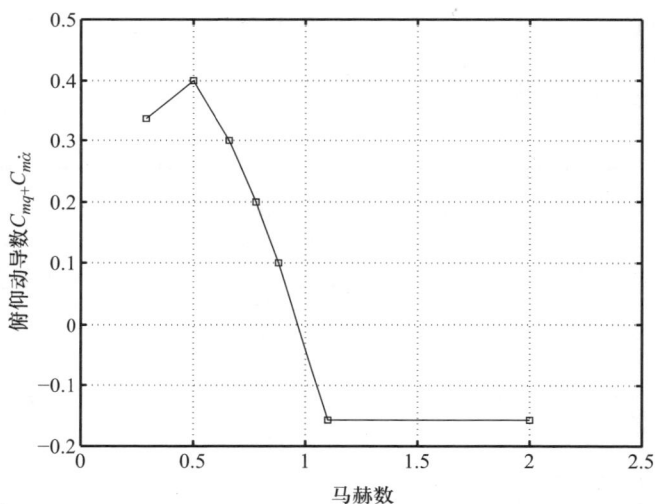

图 4.26 俯仰动导数 $C_{mq} + C_{m\dot{\alpha}}$ 随马赫数变化 (对应迎角为 α_{trim})(力矩参考点：$x_{\text{ref}} = 0.26D_1$，$z_{\text{ref}} = 0.0353D_1$)

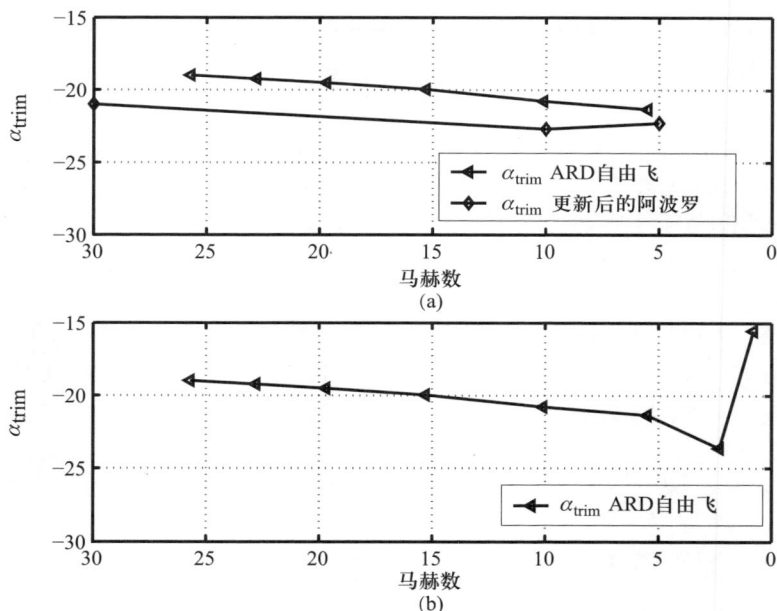

图 4.27 ARD 自由飞配平迎角[13]。高超声速区域与更新后的"阿波罗"数据的比较 (a)，整个马赫数范围的配平迎角 (b)(力矩参考点：$x_{\text{ref}} = 0.26D_1, z_{\text{ref}} = 0.0353D_1$)

动中的真实气体效应影响所致[12,17]。图 4.27(b) 给出了 ARD 自由飞配平迎角，包括超声速和亚声速配平迎角值，低超声速流动时达到最大负配平迎角。

根据图 4.27 示出的 ARD 自由流配平角，对 ARD 测量的气动力系数 C_X 和 C_Z 与取自图 4.4 和图 4.5 的原始"阿波罗"数据值①进行了比较。

ARD 自由飞的轴向力系数 C_X 比原始"阿波罗"数据库的值要大 (图 4.28(a))，这是真实气体效应影响的一个非常明显的特征。为了证实这一假设，在 MSTP 计划框架下以及 ARD 飞行后的分析研究中，采用理想气体、平衡和非平衡真实气体热动力学方程，进行了 120 多个欧拉和 N-S 数值求解。如图 4.29 所示，基于真实气体热力学的数值解，无论是平衡还是非平衡数值解，与自由飞数据的关联性都远好于理想气体解[17,20]。法向力系数 C_Z (ARD 自由飞) 比原始"阿波罗"数据低 (为负值)(图 4.28(b))，在这种情况下，与高温气体热力学关系不是很明确。

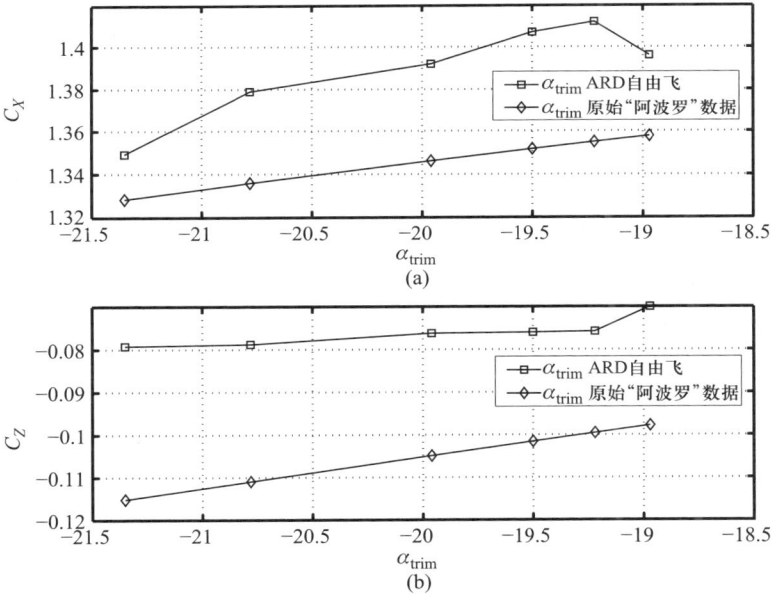

图 4.28 ARD 自由飞气动力系数 (与取自图 4.4 和图 4.5 的原始"阿波罗"数据的比较)

---

① 对 $Ma_\infty = 10$ 的曲线进行迎角插值。根据高超声速流动的气动变量与马赫数无关原理 (文献 [1])，迎角插值在一定程度上是合理的。

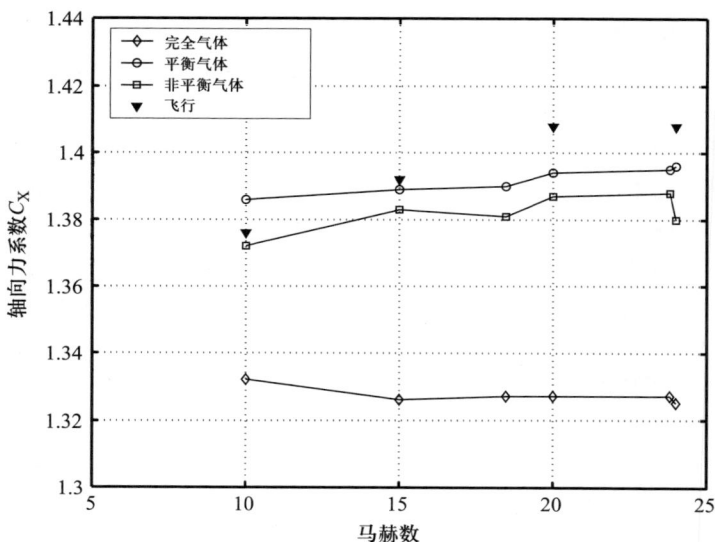

图 4.29 高超声速流动中真实气体效应对轴向力系数 C_X 的影响 (ARD 自由飞数据与高温气体热力学欧拉和 N-S 方程数值结果比较[17,20])

4.5 "惠更斯"号 ("卡西尼"号轨道器)(欧洲)

欧洲 – 美国 (ESA/NASA) 合作开展了的一项利用"第二代'水手'号 (Mariner-Mark Ⅱ) '卡西尼'号轨道器"前往土星的太空探索计划。该航天飞行器由两部分组成：

- "卡西尼"实验室，用于进行土星特征 (包括土星光环) 的研究；
- "惠更斯"号探测器，它是"卡西尼"号轨道器的子探测器 (图 4.30)，其任务是研究土星的最大卫星土卫六 (Titan) 的大气成分，包括登陆土卫六表面[21,22]。

"卡西尼"号轨道器于 1997 年 10 月发射升空，利用引力助推技术①，历经 6.7 年的飞行后，于 2004 年 7 月抵达土星轨道。2004 年 12 月，"卡西尼"号轨道器将携带的子探测器"惠更斯"号释放，2005 年 1 月，"惠更斯"号利用降落伞成功在土星卫星土卫六表面着陆 (图 4.31)。

"惠更斯"号登陆土卫六的目的之一是增进对有关土卫六大气成

---

① 引力助推是指利用有关行星的引力，探测器飞越几个行星以获得足够的轨道能量，沿着这些轨迹飞行，实现进入深空之旅。为了前往土星，"卡西尼"号轨道器 2 次飞越金星，1 次飞越地球，1 次飞越木星。

分的了解。在 1997 年"卡西尼"号轨道器发射升空之前，人们认为土卫六大气由氩 (Ar)、甲烷 (CH_4) 和氮气 (N_2) 组成，其中相关的摩尔分数与大气层高度有关。Yelle[23] 认为其标称大气成分是：Ar 为 2%，CH_4 为 3%，N_2 为 95%。

目前，我们知道土卫六平流层的大气成分为：$Ar \approx 0\%$，$CH_4 \approx 1.4\%$，$N_2 \approx 98.4\%$，随着高度降低而变化。例如 32 km 处大气成分变为：$Ar \approx 0\%$，$CH_4 \approx 4.9\%$，$N_2 \approx 95.0\%$[24]。

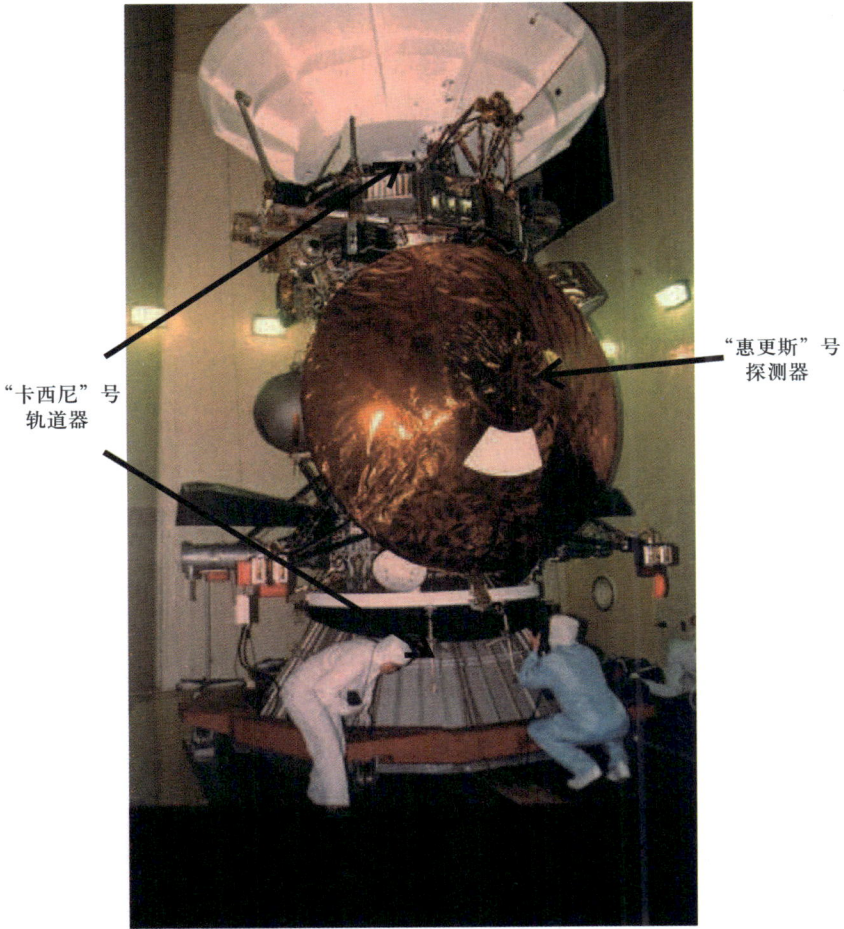

"卡西尼"号轨道器

"惠更斯"号探测器

图 4.30 "惠更斯"号探测器为"卡西尼"号轨道器的子探测器[24]

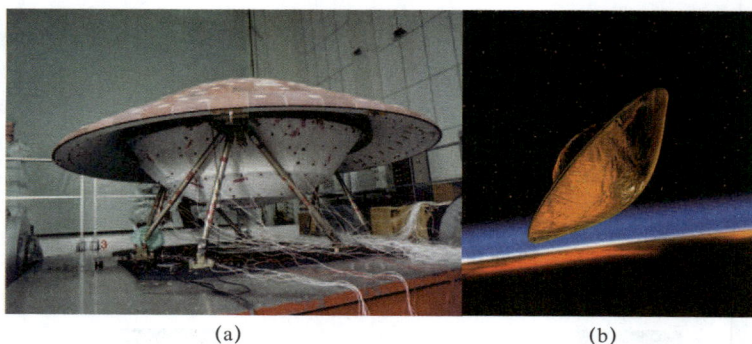

(a)　　　　　　　　(b)

图 4.31　在安装大厅的"惠更斯"号探测器 (a),"惠更斯"号探测器进入土卫六大气层过程想象图 (b)[24]

4.5.1　构型特征

"惠更斯"号探测器由一个钝锥构成,钝锥半顶角为 60°,头部半径为 1.25 m,底部直径为 2.7 m。图 4.32 给出了所有几何数据,图 4.33 为构型的三维视图。

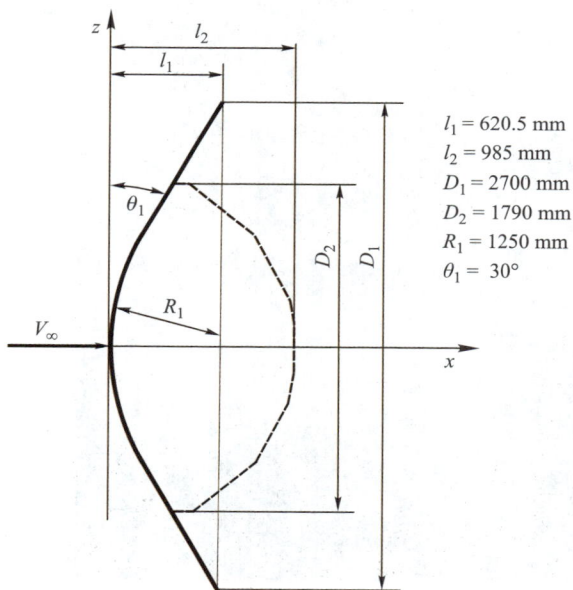

l_1 = 620.5 mm
l_2 = 985 mm
D_1 = 2700 mm
D_2 = 1790 mm
R_1 = 1250 mm
θ_1 = 30°

图 4.32　"惠更斯"号探测器外形定义[21,22]

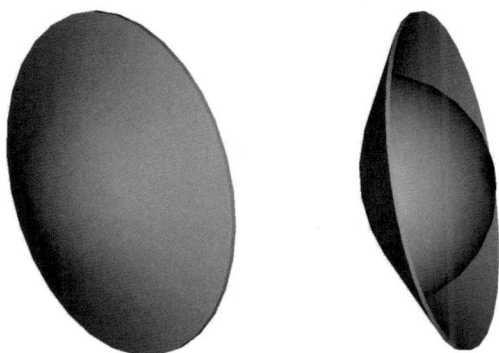

图 4.33   "惠更斯"号探测器的三维外形

4.5.2   稳态气动力数据

"惠更斯"号探测器旨在以弹道式进入土卫六大气层。对于这种形式的进入,弹道系数 (ballistic factor) $\beta_m = \dfrac{m}{S_{\text{ref}} C_D}$ 具有独特的作用,其中,m 为飞行器质量,S_{ref} 为参考面积,C_D 为阻力[1]。弹道系数是对探测器以规定的着陆误差弹道式进入大气层方式的一种表征。弹道式探测器的优点是不需要制导和控制装置,这与升力式返回舱或探测器不同。因此,此类探测器比升力式探测器成本低,但它们要求弹道系数低。

为了确保稳定的弹道飞行,并在进入尚未了解的大气层过程中控制热载荷,是这一任务所面临的气动热力学挑战。弹道系数 $\beta_m \approx 30$ 时可实现适当的弹道式进入[1,22]。"惠更斯"号的质量为 $m_{\text{HUYGENS}} = 318.62\,\text{kg}$,参考面积 $S_{\text{ref}} = 5.725\,\text{m}^2$,可假设高马赫数时的阻力系数大约为 $1.45 \leqslant C_D \leqslant 1.50$,该阻力系数范围是由 BEAGLE 2(4.6 节) 和 OREX(4.7 节) 的数据估算的。最终得到"惠更斯"号探测器的弹道系数范围为 $39.38 \geqslant \beta_m \geqslant 37.10$,这似乎是一合理的值。

纵向气动特性
作者没有获得静稳定性数据。

横向气动特性
"惠更斯"号探测器是轴对称构型,所以不存在横向气动特性。

4.5.3   动态气动力数据

作者没有获得该探测器的动稳定性数据。

4.6　BEAGEL2(英国)

2003 年 6 月 2 日，一个名为"火星快车"(Mars Express) 的空间探测器由俄罗斯的"联盟-FG"(SOYUZ Fregat) 运载火箭顶推发射升空，飞往火星。除了其他一些设备，该探测器还携带了一个小型的火星登陆车 —— BEAGLE2。BEAGLE2 的任务是：首先自主进入火星大气层，随后无控 (无动力) 着陆，最后要在火星表面进行两项科学实验。BEAGLE2 由英国大学和一个工业公司组成的联合团队设计、研制和建造。预计 BEAGLE2 于 2003 年 12 月 24 日在火星表面登陆，不幸的是登陆失败，登陆车失踪。

尽管如此，仍获得了一个简单的气动力数据库，数据库是基于 37 个弹道点 (部分考虑了火星 CO_2 大气的特殊属性) 的数值流场计算以及基于对相应的其他探测器，如"惠更斯"号和"星尘"号的气动力数据的内插及外插[25,26] 进行估算与缩比而建立的。

图 4.34 显示的是建立气动力数据库的数值模拟和试验的一些实例。

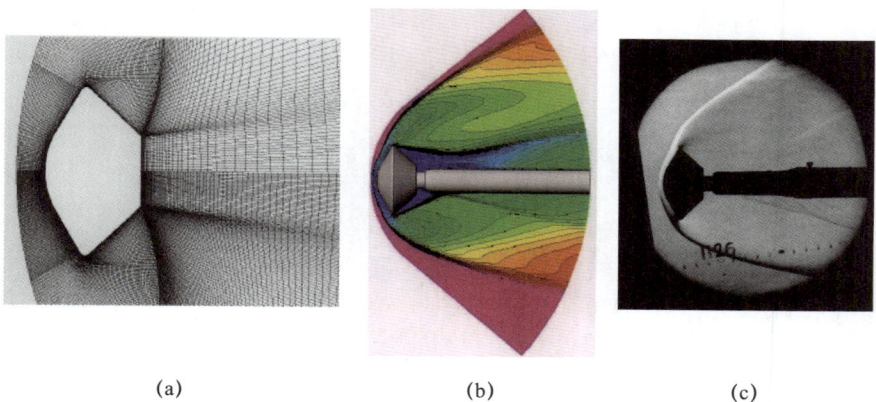

(a)　　　　　　　　　　　(b)　　　　　　　　　　　(c)

图 4.34　BEAGLE2 外形：$Ma_\infty = 3$，$\alpha = 0°$ 时数值流场计算网格 (a)，$Ma_\infty = 6$，$\alpha = 8°$ 时流场对称面内计算的等马赫数图 (b)，在牛津大学的炮风洞进行的与数值计算流动条件相同的纹影照片 (c)[25,27]

4.6.1　构型特征

BEAGLE2 前部由一个半顶角为 60° 的锥构成，用球体钝化。构型后部由一个截锥构成，倒置与前部连在一起，该截锥的半顶角达

46.25°(图 4.35 和图 4.36)。BEAGLE2 前部与"惠更斯"号 (4.5 节) 和"星尘"号两个外形有一些相似之处,这就是为什么 BEAGLE2 研发小组建立该构型气动力数据库时,部分数据是对"惠更斯"号和"星尘"号两个构型的气动力数据库通过缩比过程获得的原因。

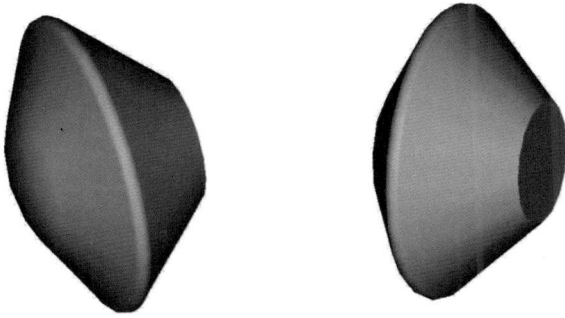

图 4.35　BEAGLE2 探测器的三维外形

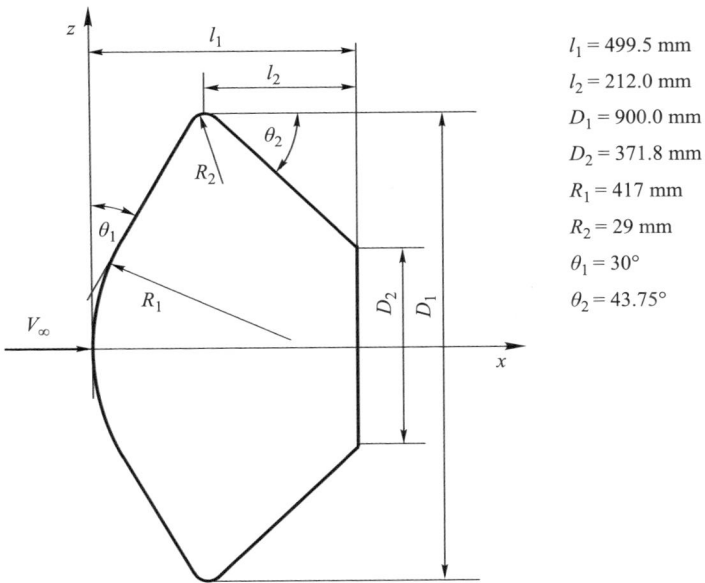

$l_1 = 499.5$ mm
$l_2 = 212.0$ mm
$D_1 = 900.0$ mm
$D_2 = 371.8$ mm
$R_1 = 417$ mm
$R_2 = 29$ mm
$\theta_1 = 30°$
$\theta_2 = 43.75°$

图 4.36　BEAGLE2 探测器外形定义[25,27]

4.6.2 稳态气动力数据

以下 4 幅图 (图 4.37 ~ 图 4.40) 显示的气动力数据均源自文献 [25]。给出了 $2.5 \leqslant Ma_\infty \leqslant 15$ 的轴向力系数 C_X,迎角范围大多数情况为 $-5° \leqslant \alpha \leqslant 0°$,$Ma_\infty = 15(-12° \leqslant \alpha \leqslant 0°)$ 除外 (图 4.37)。给出的法向力系数 C_Z,有两个马赫数 ($Ma_\infty = 6$ 和 15) 的迎角达 $-30°$,而对其他所有马赫数,只获得了一个点 ($\alpha = -5°$) 的 C_Z(图 4.38)。由于 C_X 和 C_Z 的数据参差不齐,只可确定几个点的升阻比 (图 4.39)。$Ma_\infty = 15$ 的俯仰力矩的迎角范围是 $-30° \leqslant \alpha \leqslant 0°$,而其他马赫数值 $Ma_\infty = 2.5$、5、7.0 仅给出了 $-5° \leqslant \alpha \leqslant 0°$ 的俯仰力矩 (图 4.40)。

纵向气动特性

一般而言,BEAGLE2 探测器的气动力系数的特性与本章介绍的其他返回舱,如 VIKING 类、"阿波罗"号、"联盟"号、"惠更斯"号或"星尘"号构型的气动特性相似。其升阻比似乎比其他返回舱或探测器略低,在高超声速飞行区域,$\alpha = -30°$ 时 L/D 能否达到 0.3 还很难说 (图 4.39)。最后,俯仰力矩系数图显示,尽管力矩参考点位于头部,其 $\partial C_m/\partial\alpha < 0$,外形表现为静稳定。由 VIKING2 外形获得的经验是,通过沿正 x 轴和负 z 轴两次移动力矩参考点 (重心)(图 8.1、图 8.2),该构型可配平,而且仍然保持静稳定 (与图 4.56 ~ 图 4.59 相比)。

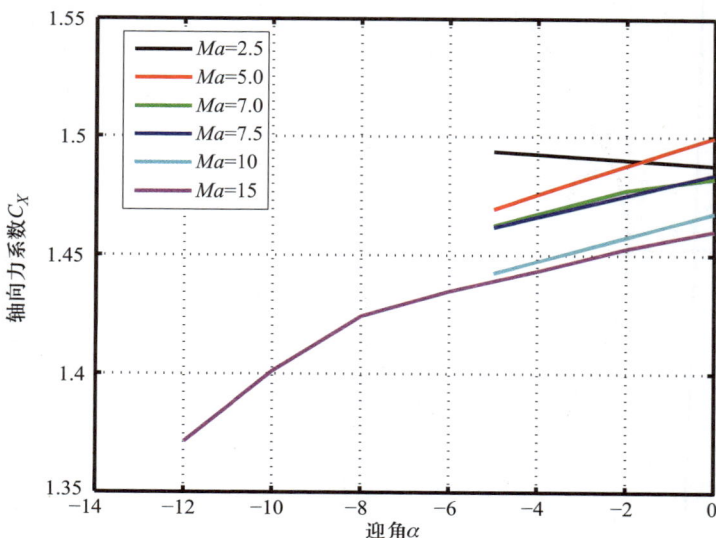

图 4.37 轴向力系数 C_X 随迎角 α 的变化[25]

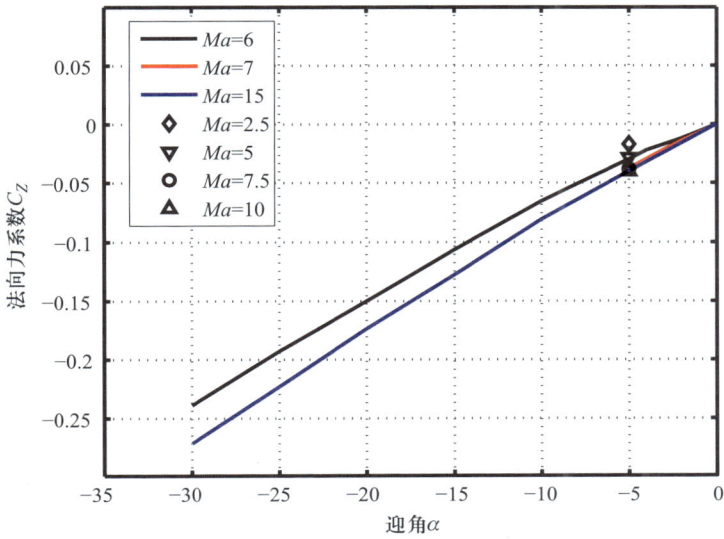

图 4.38 法向力系数 C_Z 随迎角 α 的变化[25]

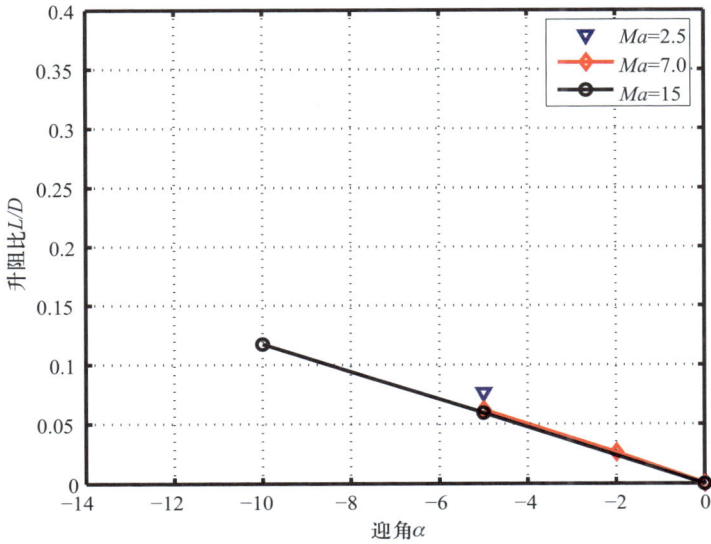

图 4.39 升阻比 L/D 随迎角 α 的变化[25]

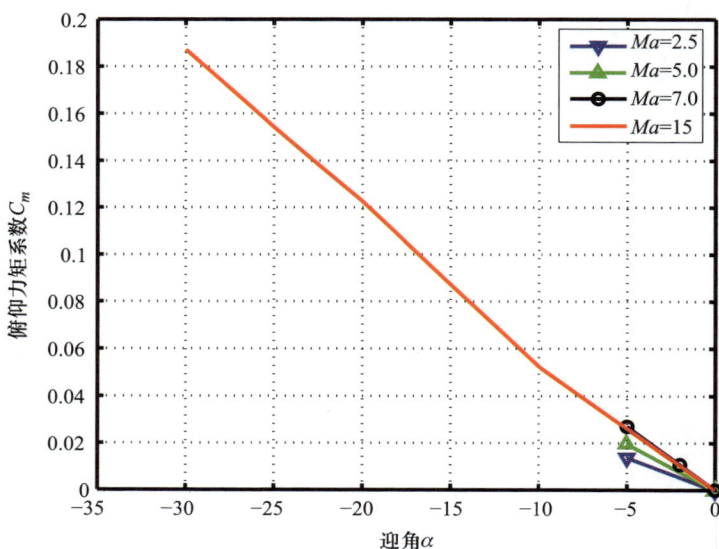

图 4.40　俯仰力矩系数 C_m 随迎角 α 的变化[25] (力矩参考点：$x_{ref} = 0.0$，$z_{ref} = 0.0$)

横向气动特性

BEAGLE2 探测器是轴对称构型，所以不存在横向气动特性。

4.6.3　动态气动力数据

没有获得可利用的动稳定性数据。

4.7　OREX (日本)

20 世纪 80 年代后半期，正当欧洲开展自主进入太空计划时，日本政府为了实现自主进入太空，决定启动一项计划。该计划的主要目标是研制一个无人有翼航天飞行器，用日本的 H-Ⅱ 火箭顶推发射。该航天飞行器名为 HOPE (H-Ⅱ 轨道飞机)。在该计划下，日本计划开发几个验证飞行器，利用它们对沿再入轨迹飞行过程的特定飞行阶段和影响进行分析。

第一个验证飞行器是 OREX，它是一个探测器，在完成了一个完整的轨道飞行后，沿着弹道式再入轨迹飞行。这次飞行的目的是为 HOPE 热防护系统 (TPS) 的设计提供气动热数据 (壁面温度和热流)[28]。

利用第二个试验飞行器 ALFLEX (自动着陆飞行试验) 模拟了 HOPE 自动着陆过程,特别是模拟了与亚声速气动特性辨识有关的制导、导航与控制系统。ALFLEX 外形是 HOPE 飞行器的一个缩小版。1996 年 7 月和 8 月,在澳大利亚的麦拉进行了两次投放试验。试验中,ALFLEX 由一架直升机提升到约 1500 m 的高度,然后投放。

设计并建造第三个验证飞行器的目的是对 HOPE 高超声速飞行段进行试验。该飞行器名为 HYFLEX (高超声速飞行试验)。HYFLEX 由一个细长升力体外形组成,侧面加装了两个翼梢小翼用于飞行控制。该飞行器进行了一次亚轨道飞行,最大飞行高度达 110 km。这次飞行的目的是验证高超声速飞行段的横向机动能力、高超声速气动力数据的传输以及沿条件复杂的飞行轨迹运行的制导与控制技术的验证。1996 年 2 月,HYFLEX 成功地进行了一次飞行,但落入太平洋后没能成功回收。

1994 年 2 月,用 H-II 火箭将 OREX 成功顶推发射升空。绕轨道飞行一圈后,通过推进系统的离轨推进,开始再入大气层飞行。图 4.41 显示的是在安装大厅的原始 OREX 探测器 (图 4.41(a))、穿过地球大气层的高超声速飞行想象图 (图 4.41(b)) 以及呈现后盖一些细节的工程图 (图 4.41(c))。

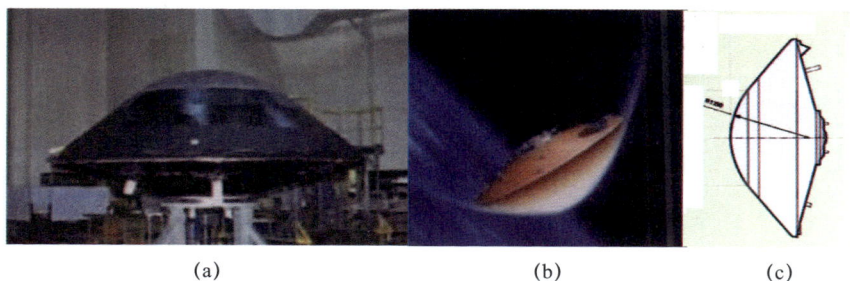

(a)   (b)   (c)

图 4.41　OREX 探测器:在安装大厅的飞行器 (a),再入过程中的飞行器想象图 (b),后盖的一些结构细节工程图 (c)[29]

4.7.1　构型特征

OREX 由一个半顶角为 50° 的锥构成,其头部用一个半径为 1350 mm 的球头钝化处理。OREX 的直径达 3400 mm。图 4.42 是 OREX 的三维视图,图 4.43 示出的是标有尺寸的工程图[30,31]。

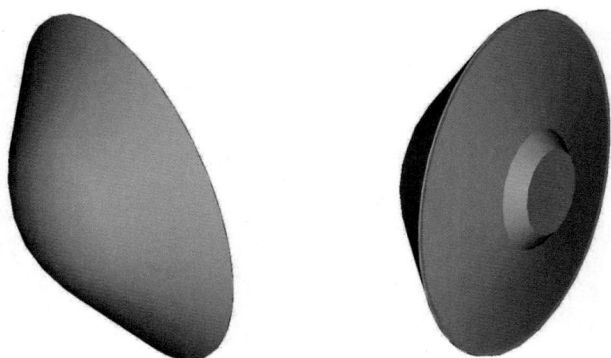

图 4.42　OREX 探测器的三维外形

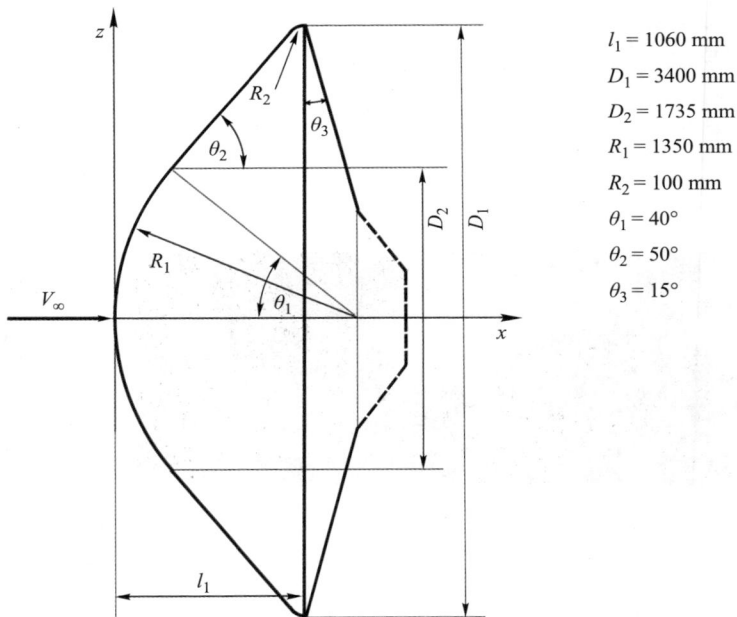

$l_1 = 1060$ mm

$D_1 = 3400$ mm

$D_2 = 1735$ mm

$R_1 = 1350$ mm

$R_2 = 100$ mm

$\theta_1 = 40°$

$\theta_2 = 50°$

$\theta_3 = 15°$

图 4.43　定义 OREX 探测器外形的工程图[30,31]

4.7.2　稳态气动力数据

如前所述，OREX 的任务是对再入阶段承受载荷最大的轨迹部分防热罩的温度和热流进行测量。文献 [1, 30, 32] 对测量结果进行了评估，并与数值模拟结果进行了比较。

纵向气动特性

因为 OREX 曾进行过一次弹道飞行，这意味着飞行时无升力，飞行轨迹仅由气动阻力决定。所采用的阻力数据来自对不同探测器外形的数值研究，其中也包括 OREX 构型研究[28]①。图 4.44 给出了阻力系数随马赫数的变化情况。

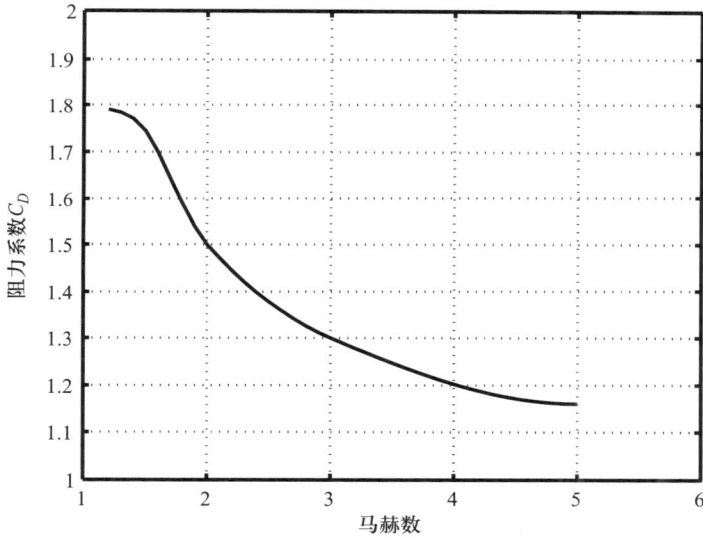

图 4.44　阻力系数 C_D 随马赫数 Ma_∞ 的变化[33]

横向气动特性

OREX 探测器为轴对称构型，主要进行弹道飞行，这意味着其设想的飞行不是借助升力飞行。因此，飞行轨迹无侧倾，而且预计无侧向力影响。正因为如此，不存在横向气动特性。

4.7.3　动态气动力数据

没有获得可利用的动稳定性数据。

---

① 文献 [28] 给出的 OREX 的阻力值相对较大，而且文献指出该阻力值为前体阻力。遗憾的是，给定的阻力值是否包含底阻不是非常明确，而文献 [28] 所提及的其他外形 (APOLLO、ARD、BEAGLE2 等) 阻力值明显是总阻力。

4.8 VIKING 类 (欧洲)

欧洲实现自主进入太空的一部分研究是研制有翼再入飞行器 HERMES(6.11 节)。20 世纪 90 年代初，欧洲航天权威机构欧洲航天局已经意识到，由于技术和预算原因，无法实现 HERMES 项目的目标，因此取消了该项目。由于当时仍然追寻自主进入太空这一目标，而且该目标也与欧洲致力于为国际空间站服务做贡献的目标一致，因此，启动了一个新的计划①，旨在寻找成本更低、技术更可靠的自主进入太空的途径。

该计划青睐于返回舱方案。因此，1995 年，在由欧洲航天局发起的这一计划阶段 A 框架下，法国宇航公司 (Aerospatiale) 和德国 Dasa 公司开始着手研究 VIKING 类构型的返回舱。VIKING 类飞行器的外形特征是，前锥非常钝 (半顶角 θ_1 约为 $80°$)，尾锥的半顶角 θ_2 各不相同。前部形状不同于大家熟知的返回舱"阿波罗"和"联盟"号的球冠。

对于 CRV/CTV②飞行器，Dasa 公司研究了③尾锥半顶角为 $\theta_2 = 14°$、$16°$、$18°$、$20°$、$23°$、$25°$、$27°$ 的 VIKING 类外形的气动特性[34,35,36]。法国宇航公司对 $\theta_2 = 20°$ 的 VIKING 类外形进行了深入细致的研究[37]。研究的 $\theta_2 = 25°$ 的 VIKING 类外形称为 VIKING1，而 $\theta_2 = 20°$ 的 VIKING 类外形称为 VIKING2。

除了风洞试验，很大一部分研究采用的是数值模拟。图 4.45 ～ 图 4.47 示出了不同轨迹点的一些数值模拟结果。

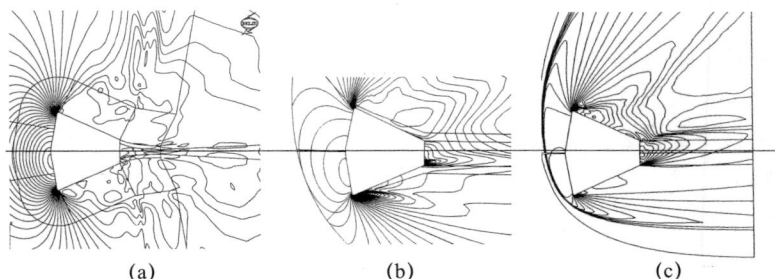

(a)　　　　　　　　(b)　　　　　　　　(c)

图 4.45　VIKING1 外形绕流的数值解

(a) $Ma_\infty = 0.9$, $\alpha = -10°$ 时的 N-S 解[35,36]；(b) $Ma_\infty = 1.5$, $\alpha = -20°$ 时的欧拉解[38,39]；

(c) $Ma_\infty = 3$, $\alpha = -25°$ 时的 N-S 解[35,40] (图中显示的是等压线 $\log(p/p_\infty)$)。

①MSTP：载人空间运输计划。
②CRV：乘员救生飞行器；CTV：乘员运输飞行器。
③部分是与荷兰国家航空航天研究室 (NLR) 共同完成。

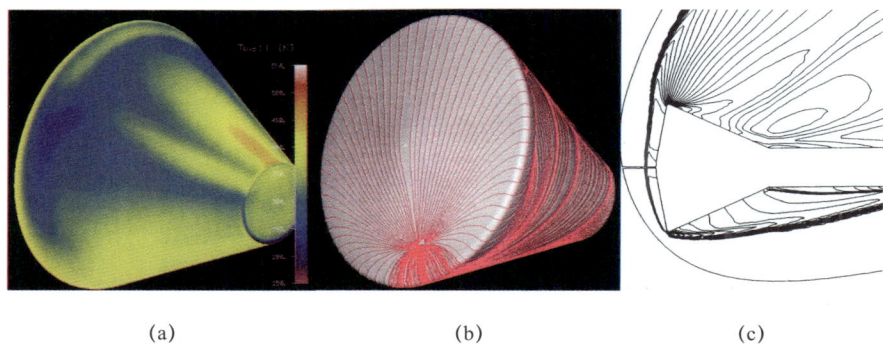

(a)　　　　　　　　(b)　　　　　　　　(c)

图 4.46　VIKING1 外形绕流的数值解

(a) $Ma_\infty = 3$，$\alpha = -25°$ 时的 N-S 解，表面温度后视图；(b) 表面摩擦力线前视图；

(c) $Ma_\infty = 18.5$，$\alpha = -25°$ 时带风洞支撑的 VIKING1 外形的 N-S 解 $(\log(p/p_\infty))$[35]。

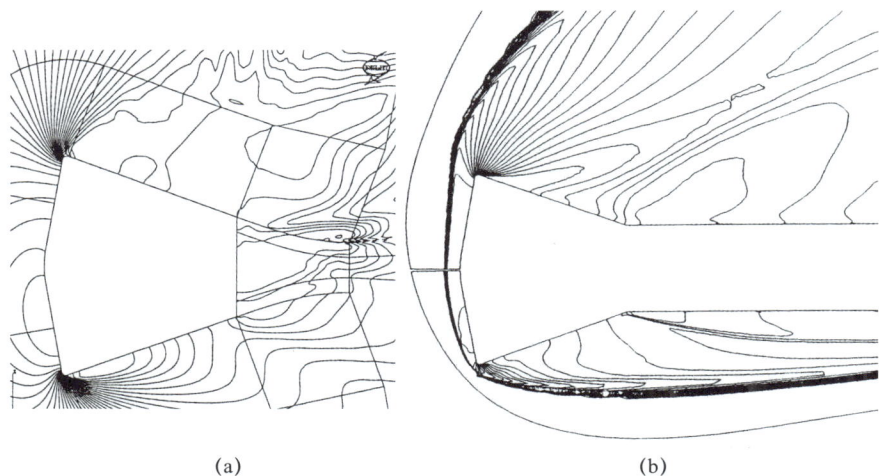

(a)　　　　　　　　　　(b)

图 4.47　VIKING2 外形绕流的数值解

(a) $Ma_\infty = 1.15$，$\alpha = -20°$ 时的 N-S 解[35,36]；(b) $Ma_\infty = 19.5$，$\alpha = -17.3°$ 时带风洞支撑的 VIKING2 外形的 N-S 解[35,40] (图中显示的是等压线 $\log(p/p_\infty)$)。

4.8.1　构型特征

　　VIKING 类外形构成：一个半顶角为 $\theta_1 = 80°$ 的锥，该锥顶部用一小球钝化，其后是一个球体半径为 $0.02D_1$ 的环面段；后锥是不同半顶

角 θ_2 的倒锥体。图 4.48 显示的是 VIKING1 外形的三维图。图 4.49 给出了 VIKING1 和 VIKING2 外形的具体尺寸。

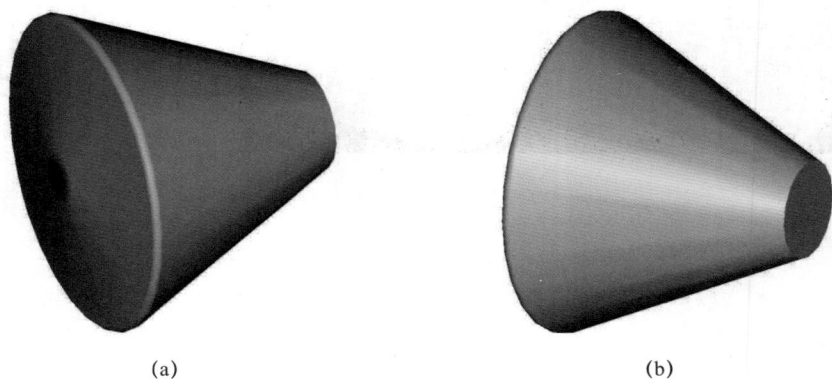

(a)   (b)

图 4.48   VIKING1 返回舱的三维外形

$l_1 = 3740$ mm
$D_1 = 4400$ mm
$R_1 = 2200$ mm
$R_2 = 88$ mm
$\theta_1 = 80°$
$\theta_2 = 25°$

$l_1 = 3740$ mm
$D_1 = 4400$ mm
$R_1 = 2200$ mm
$R_2 = 88$ mm
$\theta_1 = 80°$
$\theta_2 = 20°$

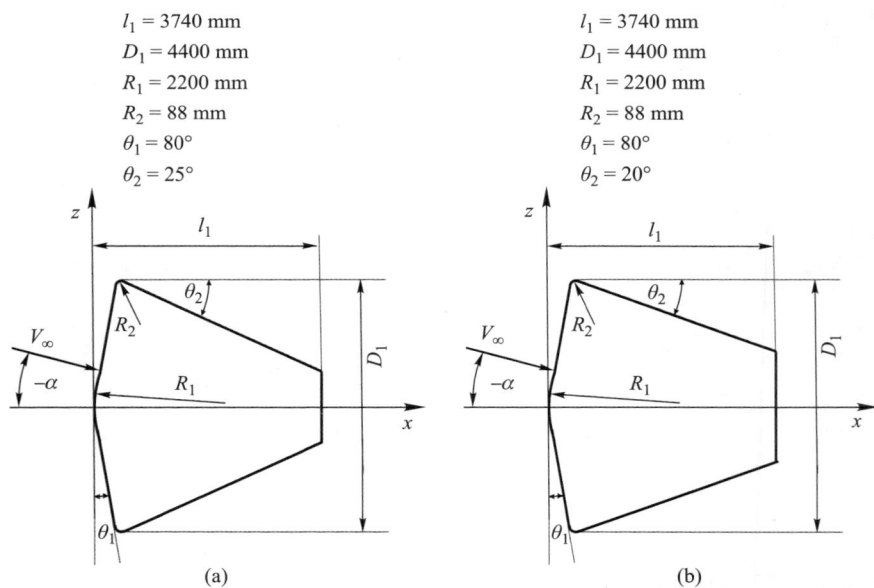

(a)   (b)

图 4.49   VIKING1(a) 和 VIKING2(b) 的外形定义[35]

4.8.2 稳态气动力数据

在比利时布鲁塞尔冯·卡门研究院 (VKI) 的 S1 风洞以及荷兰阿姆斯特丹国家航空航天实验室的 HST 和 SST 风洞，对 VIKING2 外形在马赫数范围 $0.45 \leqslant Ma_\infty \leqslant 3.95$ 的气动特性进行了研究。而高超声速马赫数的气动力数据是通过求解欧拉方程的数值模拟得到的，其中一个算例还采用了求解 N-S 方程的数值模拟[37]。

VIKING1 外形的气动力数据库的建立采用的方法有：超声速 – 高超声速范围采用当地倾角法之类的近似设计方法 (例如，修正牛顿法[8])，亚声速范围采用面元法以及基于全 N-S 方程的数值模拟。数值模拟涵盖的马赫数范围为 $0.5 \leqslant Ma_\infty \leqslant 2$[36] 和 $3.0 \leqslant Ma_\infty \leqslant 19.5$[35]。

以下 10 幅图 (图 4.50 ～ 图 4.59) 给出了 VIKING2 外形纵向气动力系数。后锥半顶角 θ_2 对气动力系数 (此处考虑的迎角范围为 $-30° \leqslant \alpha \leqslant 0°$) 的影响不是很大。为了量化 θ_2 对气动力系数的影响，在 VIKING2 的结果图中绘制了 VIKING1 外形在一些离散轨迹点的气动力系数 (图 4.63 ～ 图 4.66)。

纵向气动特性

图 4.50 和图 4.51 显示的分别为亚 – 跨声速和超 – 高超声速马赫数

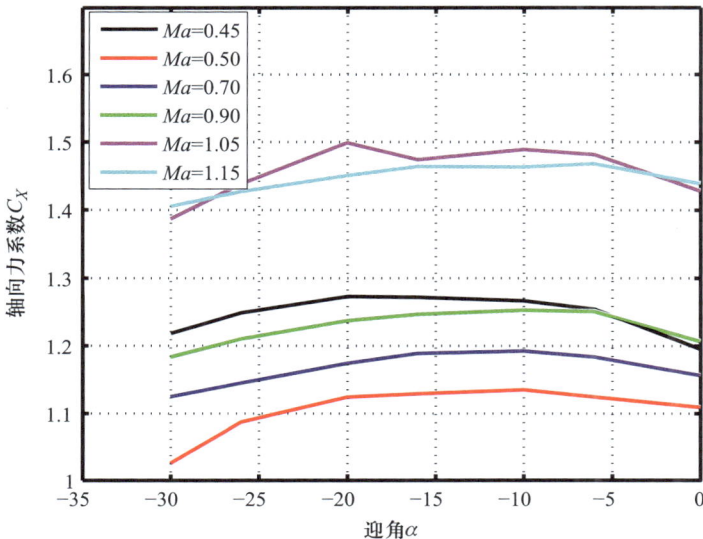

图 4.50 亚 – 跨声速马赫数时轴向力系数 C_X 随迎角 α 的变化[37]

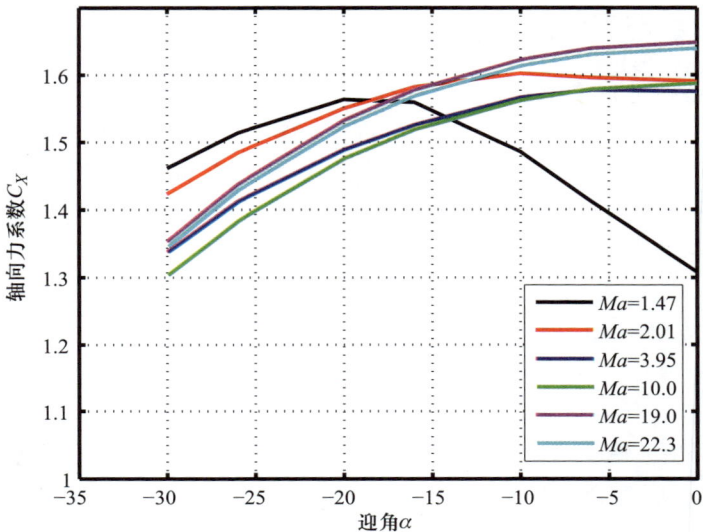

图 4.51 超 – 高超声速马赫数时轴向力系数 C_X 随迎角 α 的变化[37]

范围的轴向力系数 C_X。亚 – 跨声速马赫数时 C_X 总的趋势是：随负迎角增加 C_X 值略有增大 (在 $\alpha \approx -10°$ 时存在局部最大值)，而后 C_X 减小。超 – 高超声速马赫数时，$\alpha = 0°$ 的 C_X 最大，然后随着负 α 的增大单调下降[①]。上述 C_X 特性几乎是返回舱的典型特性，通过与"阿波罗"数据 (4.2 节) 的对比就可以看出这一典型特性。

显然，从物理意义上，$\alpha = 0°$ 时法向力系数 C_Z 为 0，较大负迎角 $\alpha(\alpha < 0°)$，特别是 $\alpha \approx -90°$ 时 C_Z 为负。但 C_Z 的变化情况与马赫数有关，$0.45 \leqslant Ma_\infty \leqslant 1.47$，$\alpha \leqslant -30°$ 时，随着迎角减小 C_Z 开始为正，到后来变为负值 (图 4.52 和图 4.53)。对于较高马赫数 $(Ma_\infty \geqslant 1.5)C_Z$ 总是为负。

升阻比 L/D 的特性如预期，亚声速马赫数 $(Ma_\infty = 0.45$ 和 $0.50)$ 时 L/D 较大，较高马赫数时 L/D 较小。有趣的是，$|\alpha| \geqslant 25°$ 时，与其他超 – 高超声速相比，马赫数 $Ma_\infty = 1.47$ 和 2.01 的 L/D 最小 (图 4.54、图 4.55)。一般情况下，VIKING2 返回舱的升阻比 L/D 似乎比"阿波罗"返回舱稍大。

俯仰力矩系数 C_m 的数据由文献 [37] 给出，其参考位置位于头部

[①] $Ma_\infty = 1.47$ 的曲线是非典型情况，无法从物理角度进行解释。

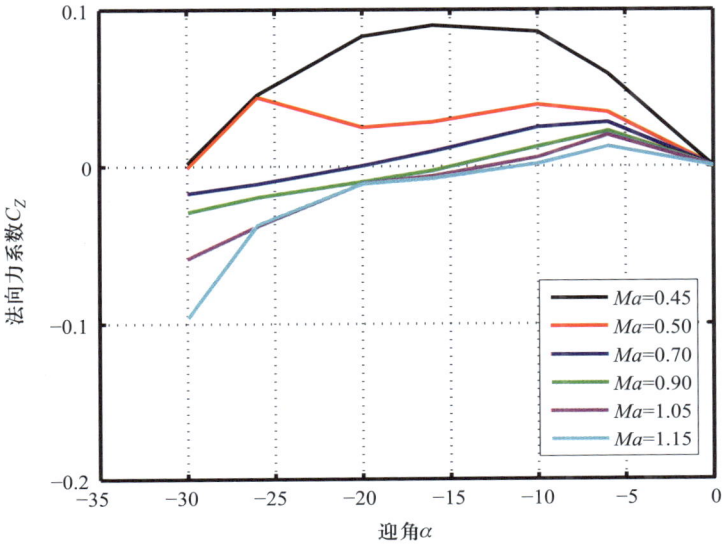

图 4.52 亚 – 跨声速马赫数时法向力系数 C_Z 随迎角 α 的变化[37]

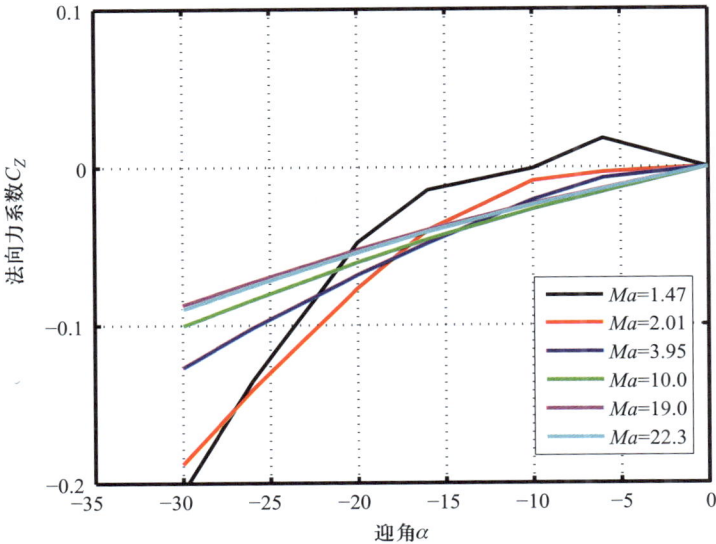

图 4.53 超 – 高超声速马赫数时法向力系数 C_Z 随迎角 α 的变化[37]

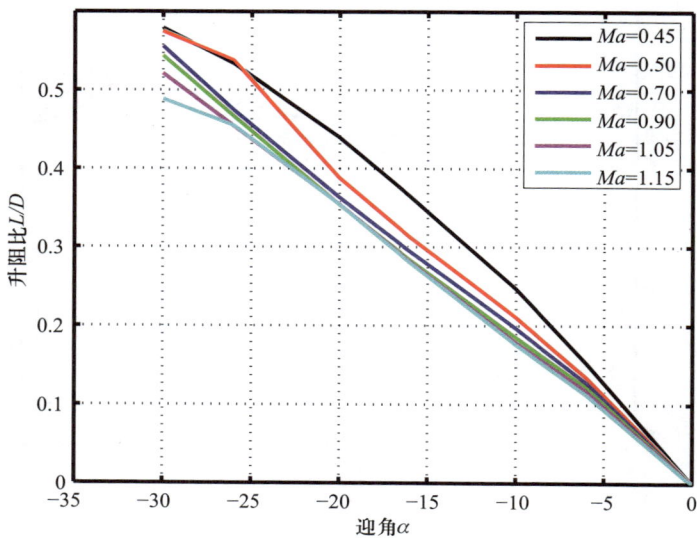

图 4.54 亚 – 跨声速马赫数时升阻比 L/D 随迎角 α 的变化[37]

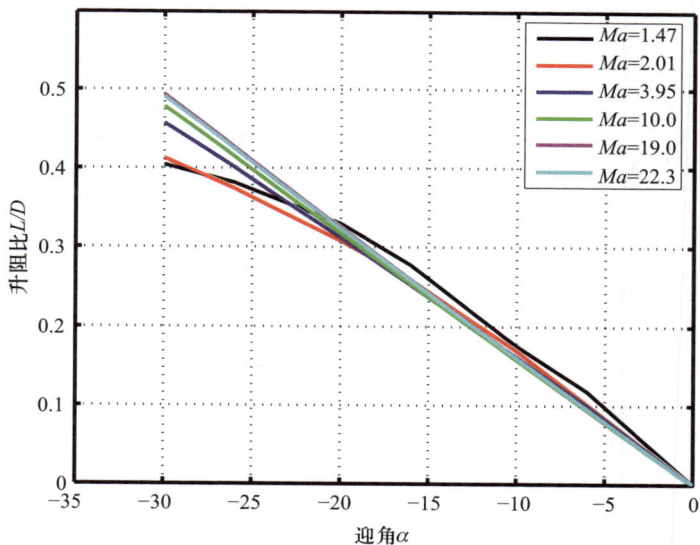

图 4.55 超 – 高超声速马赫数时升阻比 L/D 随迎角 α 的变化[37]

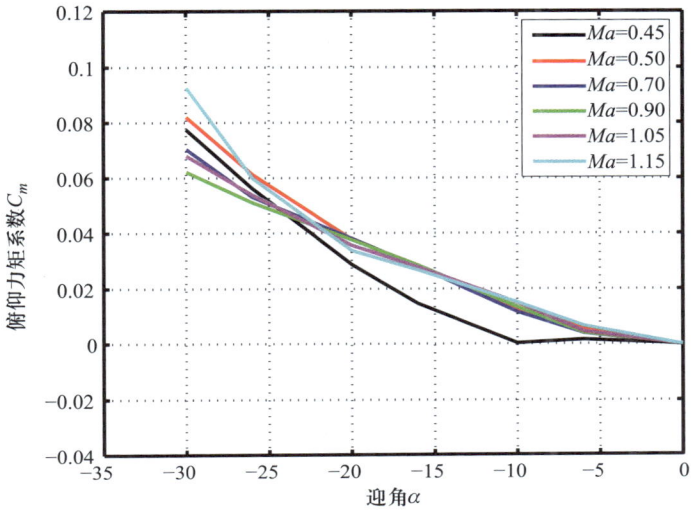

图 4.56   亚 – 跨声速马赫数时俯仰力矩系数 C_m 随迎角 α 的变化[37] (力矩参考
点：$x_{\mathrm{ref}} = 0$，$z_{\mathrm{ref}} = 0$)

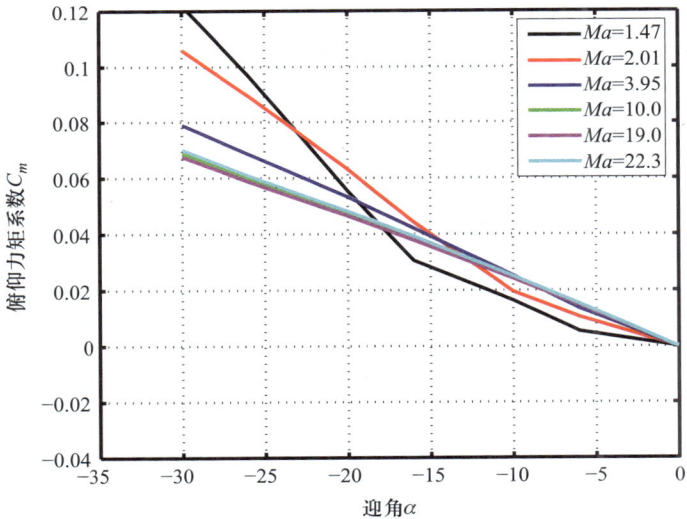

图 4.57   超 – 高超声速马赫数时俯仰力矩系数 C_m 随迎角 α 的变化[37] (力矩参
点：$x_{\mathrm{ref}} = 0$，$z_{\mathrm{ref}} = 0$)

端点 $(x_{\text{ref}} = z_{\text{ref}} = 0)$(图 4.56 和图 4.57)。尽管如此,这两幅图表明该飞行器均是静稳定的,但因 z 向偏移为 0 $(z_{\text{ref}} = 0)$,飞行器无法配平。实际确定的重心位置为 $x_{\text{cog}} = x_{\text{ref}} = 0.34D_1$,$z_{\text{cog}} = z_{\text{ref}} = -0.0218D_1$,显然,将俯仰力矩数据变换到该参考位置,飞行器仍保持静稳定,而且此时在整个马赫数范围飞行器都是可配平的 (图 4.58 和图 4.59)。配平角范围从亚声速马赫数的 $\alpha_{\text{trim}} = -10°$ 到高超声速范围的 $\alpha_{\text{trim}} = -25°$。

如前所述,对内部布局的设计人员来说,往往很难精确满足事先设定的重心位置。因此,他们关注的是了解如 4.1 节定义的配平线,配平线在某种程度上提供了保持配平状态时重心位置 $(x_{\text{cog}}, z_{\text{cog}})$ 坐标移动的可能性。

从图 4.58 和图 4.59 提取了三个马赫数下的配平迎角,即 $Ma_{\infty} = 0.5$、$\alpha_{\text{trim}} \approx -10°$,$Ma_{\infty} = 0.9$、$\alpha_{\text{trim}} \approx -16°$ 和 $Ma_{\infty} = 3.95$、$\alpha_{\text{trim}} \approx -22°$。利用相关的 C_X、C_Z 和 x_{cp} 值,可计算得到配平线。马赫数 $Ma_{\infty} = 0.5$ 和 0.9 的配平线显示 z_{cog} 总为负值,但 $Ma_{\infty} = 3.95$ 时的配平线与 $z_{\text{cog}} = 0$ 这条线相交于 $x_{\text{cog}} \approx 0.75$,这表明 z 向偏移量为正 (图 4.60)。为了对配平线位置有一个较为准确的印象,在 VIKING2 外形工程图中标出了上述三个马赫数的配平线 (图 4.61)。

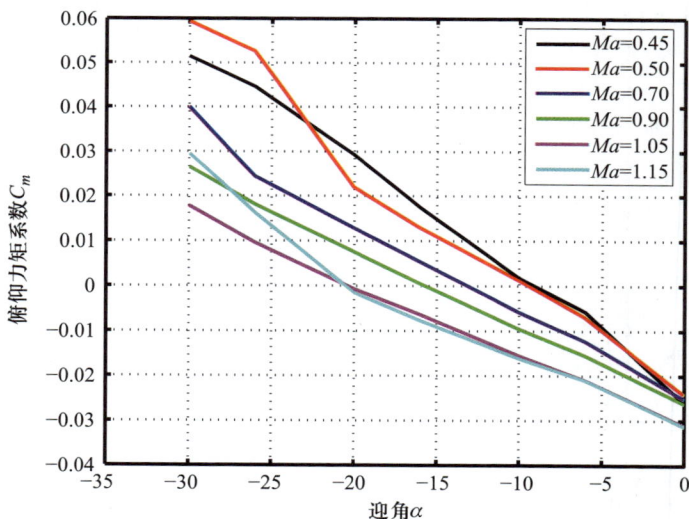

图 4.58　亚 – 跨声速马赫数时俯仰力矩系数 C_m 随迎角 α 的变化[37] (力矩参考点:$x_{\text{ref}} = 0.34$, $z_{\text{ref}} = -0.0218$)

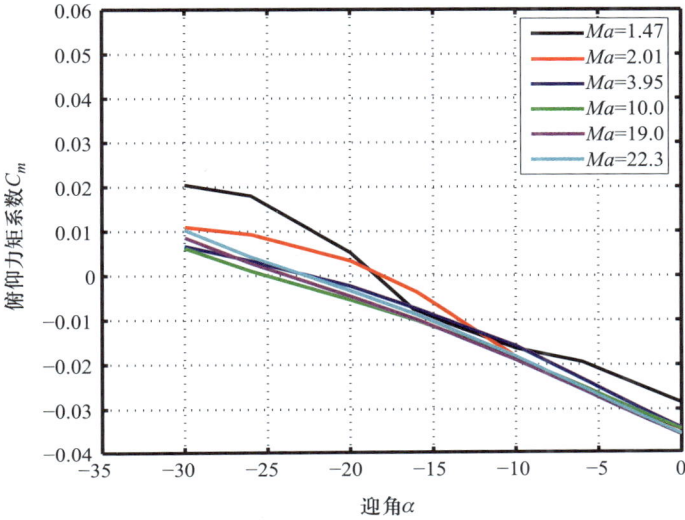

图 4.59 超 – 高超声速马赫数时俯仰力矩系数 C_m 随迎角 α 的变化[37] (力矩参考点：$x_{\mathrm{ref}} = 0.34$，$z_{\mathrm{ref}} = -0.0218$)

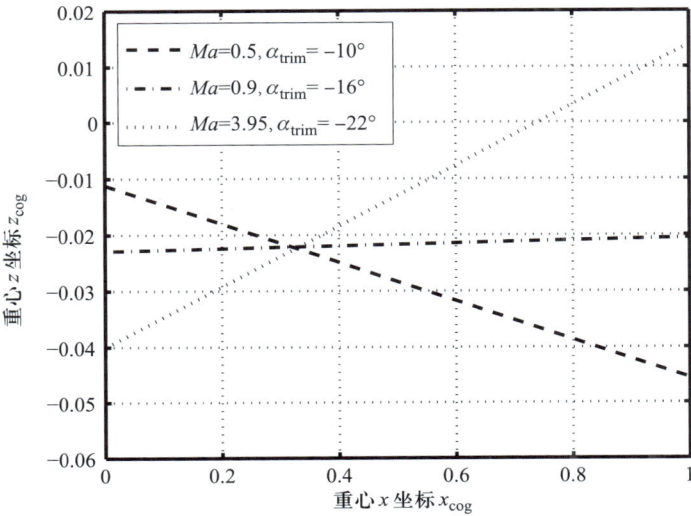

图 4.60 配平飞行的重心线位置，三个轨迹点为 $Ma_\infty = 0.5$、$\alpha_{\mathrm{trim}} = -10°$，$Ma_\infty = 0.9$、$\alpha_{\mathrm{trim}} = -16°$，$Ma_\infty = 3.95$、$\alpha_{\mathrm{trim}} = -22°$ (数据取自图 4.58 和图 4.59)

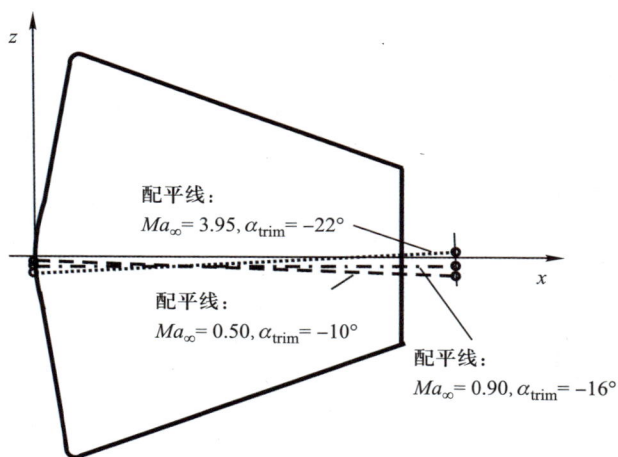

图 4.61 VIKING2 外形的配平飞行重心线位置，三个轨迹点为 $Ma_\infty = 0.5$、$\alpha_{trim} = -10°$，$Ma_\infty = 0.9$、$\alpha_{trim} = -16°$，$Ma_\infty = 3.95$、$\alpha_{trim} = -22°$ (图 4.60)

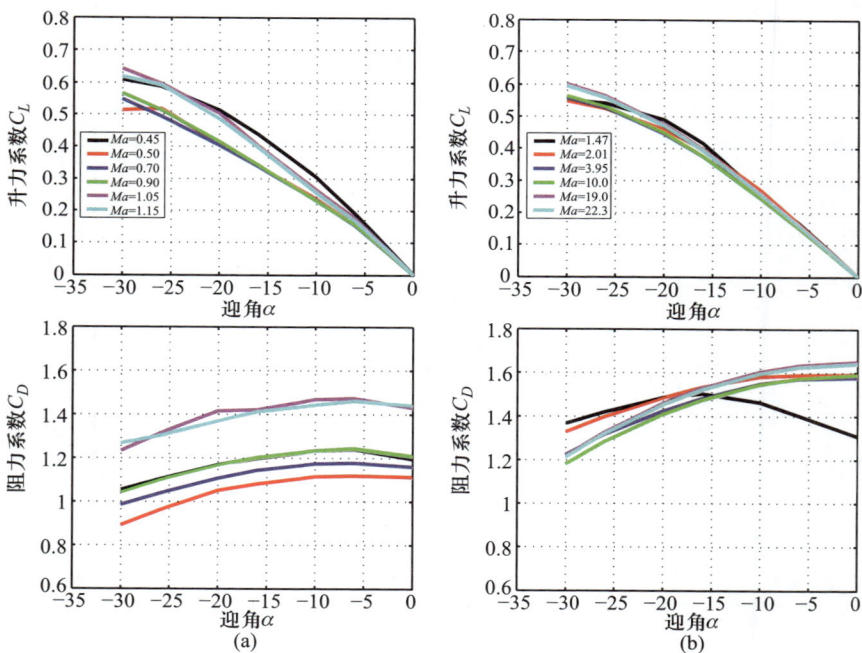

图 4.62 升力系数和阻力系数随迎角 α 的变化[37]

(a) 亚 – 跨声速范围；(b) 超 – 高超声速范围。

当然, 通常是在体轴系中给出返回舱的气动力系数 (即轴向力系数 C_X 和法向力系数 C_Z), 但有时在风轴系中描述气动力 (即升力系数 C_L 和阻力系数 C_D) 同样极为有用。因此, 图 4.62 显示了升力系数 C_L 和阻力系数 C_D。

VIKING1 外形后锥的半顶角 $\theta_2 = 25°$(图 4.49)。将 VIKING1 的一些数值解 (主要是基于 N-S 方程的数值解) 与 VIKING2 数据进行了比较[35]。研究了四个轨迹点的气动力数据, 即 $Ma_\infty = 0.5$、$\alpha = -3°$, $Ma_\infty = 0.8$、$\alpha = -5°$, $Ma_\infty = 0.9$、$\alpha = -10°$, $Ma_\infty = 1.15$、$\alpha = -20°$。这些数据与 VIKING2 结果绘制在一起 (图 4.63、图 4.65 和图 4.67)。

VIKING1 在 $Ma_\infty = 0.5$ 和 1.15 的 C_X 值与 VIKING2 数据吻合不是很好, 而 $Ma_\infty = 0.8$ 和 0.9 的 C_X 值与 VIKING2 数据吻合较好。$Ma_\infty = 0.5$、0.9 和 1.15 的 C_Z, 与 VIKING2 数据的比较较为合理, 而 $Ma_\infty = 0.8$ 的 C_Z 与 VIKING2 数据比较偏差很大。$Ma_\infty = 0.5$、0.8 和 0.9 的俯仰力矩与 VIKING2 数据的比较, 其偏差较大, 而 $Ma_\infty = 1.15$ 的俯仰力矩数据则吻合较好。

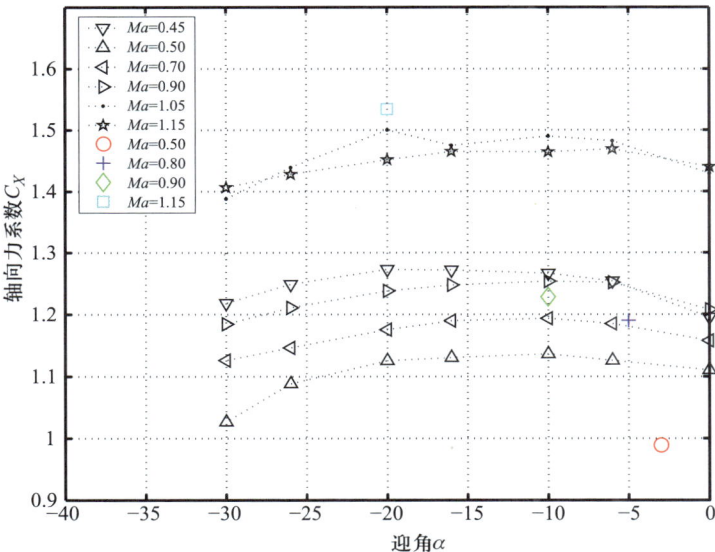

图 4.63　将 VIKING1 外形由数值模拟估算的一些轴向力系数插入图 4.50 的 C_X 图中[35] (马赫数为亚 - 跨声速)

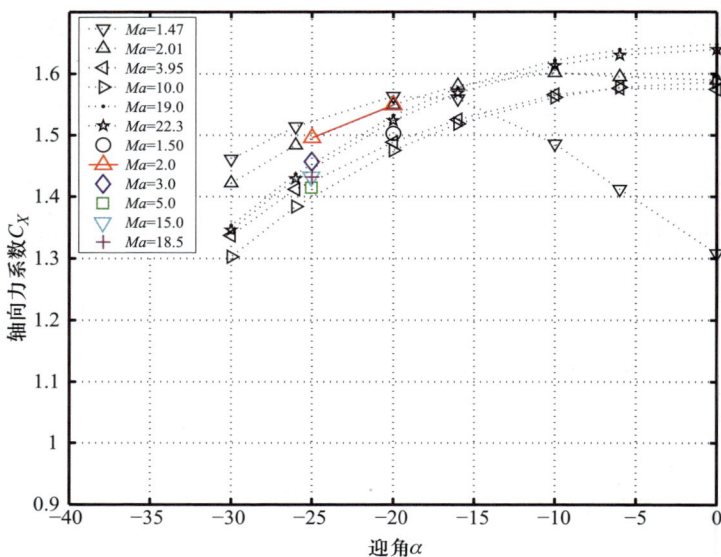

图 4.64 将 VIKING1 外形由数值模拟估算的一些轴向力系数插入图 4.51 的 C_X 图中[35] (马赫数为超 – 高超声速)

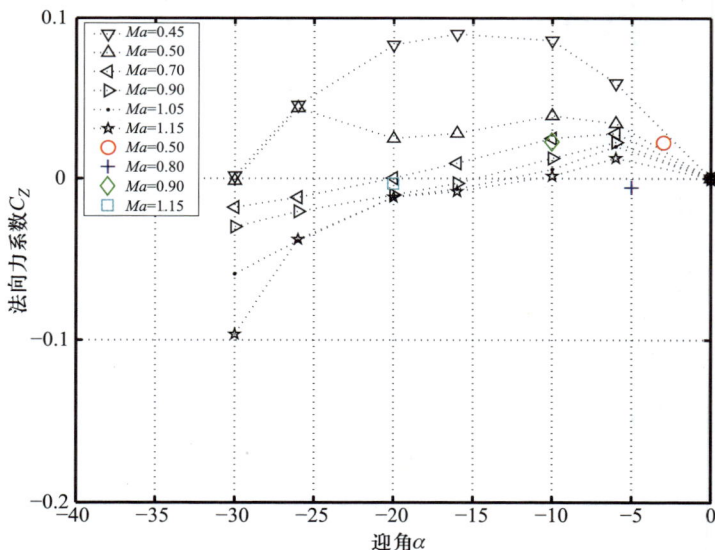

图 4.65 将 VIKING1 外形由数值模拟估算的一些法向力系数插入图 4.52 的 C_Z 图中[35] (马赫数为亚 – 跨声速)

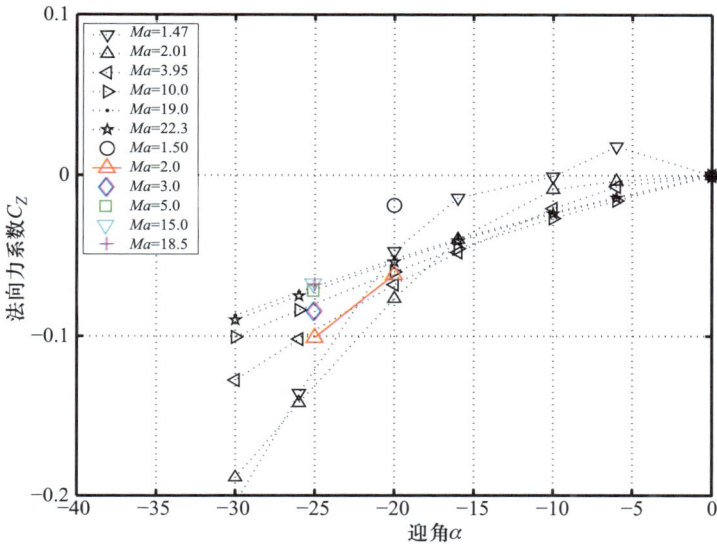

图 4.66 将 VIKING1 外形由数值模拟估算的一些法向力系数插入图 4.53 的 C_Z 图中[35] (马赫数为超 – 高超声速)

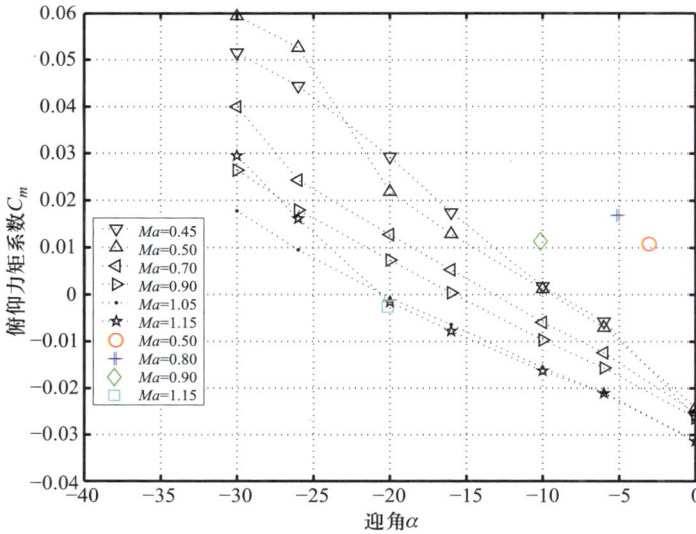

图 4.67 将 VIKING1 外形由数值模拟估算的一些俯仰力矩系数插入图 4.58 的 C_m 图中[35] (马赫数为亚 – 跨声速。力矩参考点：$x_{\mathrm{ref}} = 0.34$, $z_{\mathrm{ref}} = -0.0218$)

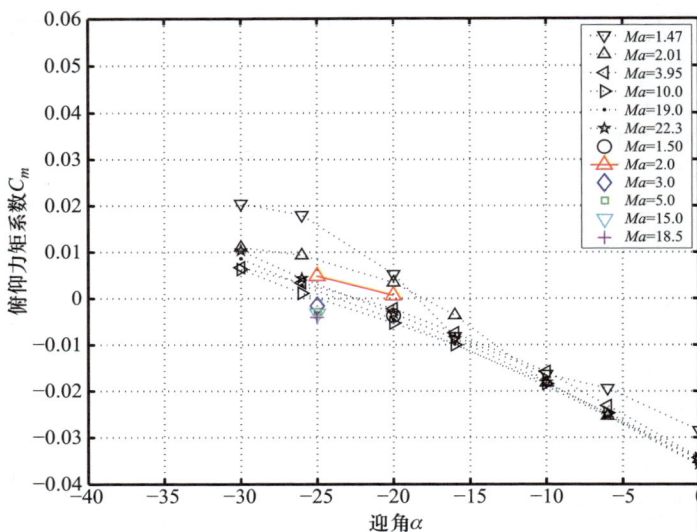

图 4.68 将 VIKING1 外形由数值模拟估算的一些俯仰力矩系数插入图 4.59 的 C_m 图中[35] (马赫数为超 – 高超声速。力矩参考点：$x_{ref} = 0.34, z_{ref} = -0.0218$)

对超 – 高超声速轨迹点 $Ma_\infty = 1.5$、$\alpha = -20°$，$Ma_\infty = 2$、$\alpha = -20°$ 和 $-25°$，$Ma_\infty = 3$、$\alpha = -25°$，$Ma_\infty = 5$、$\alpha = -25°$，$Ma_\infty = 15$、$\alpha = -25°$ 和 $Ma_\infty = 18.5$、$\alpha = -25°$，除了 $Ma_\infty = 1.5$ 这个轨迹点，其他都与 VIKING2 数据吻合非常好 (图 4.64、图 4.66 和图 4.68)。

要得出有关这些数据的结论很困难，因为一些数据偏差无疑是由于数值解精度不够而导致的。

横向气动特性

VIKING 类返回舱为轴对称构型，因此，无横向气动特性。

4.8.3 动态气动力数据

没有研究 VIKING 类外形的动稳定性。不过，文献 [37] 给出了 ARD 返回舱的俯仰阻尼值 ($C_{mq} + C_{m\dot{\alpha}}$)。之所以仅给出 ARD 的俯仰阻尼数据，是因为返回舱通常具有相似的动态特性。为了完整起见，图 4.69 绘制了这些数据曲线。

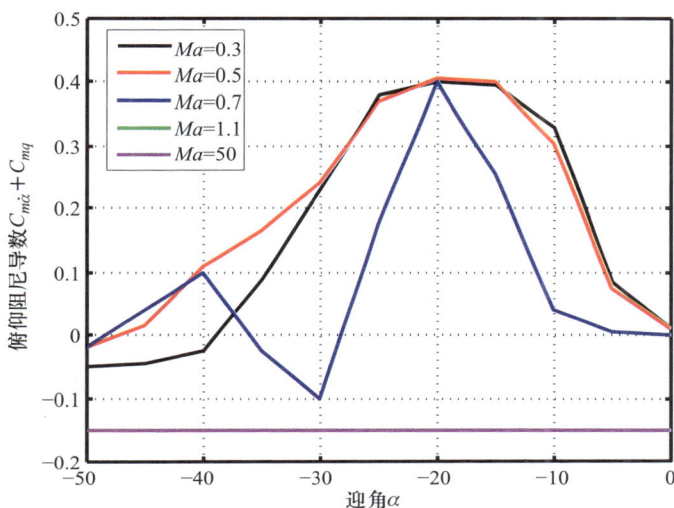

图 4.69 俯仰阻尼系数 $C_{m\dot{\alpha}} + C_{mq}$ 随迎角 α 的变化[37] (力矩参考
点：$x_{\text{ref}} = 0.34, z_{\text{ref}} = -0.0218$)

4.9 CARINA(意大利)

20 世纪 80 年代末和 90 年代初，全球再次掀起了对新型空间运输系统以及空间探索和利用的热潮。欧洲的 HERMES 计划、日本的 HOPE 项目和美国的 NASP 及 X-33 项目是关于新型空间运输系统的一些研究活动。而且，当时决定构建和组装国际空间站，利用国际空间站除了开展其他一些研究活动，还提供微重力条件下科学实验的可能。

一些欧洲国家感到：参加欧洲的空间计划，他们的经验和知识明显不足。因此，发起了几项国家研究活动，旨在为参与国际空间计划提高研究和研发基础。

其中一项活动是意大利的 CARINA 项目。CARINA 是一个小型系统，由一个再入舱和一个服务舱组成[41]。计划由小型运载火箭发射，或作为更大航天飞行器搭载的有效载荷发射。CARINA 是一个了解更多再入技术和微重力状态下处理的试验平台。然而，20 世纪 90 年代中期该项目被取消。

4.9.1　构型特征

意大利阿莱尼亚宇航公司 (ALENIA SPAZIO) 为 CARINA 项目的主承包商[41,42]。CARINA 的再入舱选择了类 GEMINI 的外形 (图 4.70)，图 4.71 是再入舱的工程图，图 4.72 是由再入舱和服务舱组成的 CARINA 构型。CARINA 构型的总重约 450 kg。

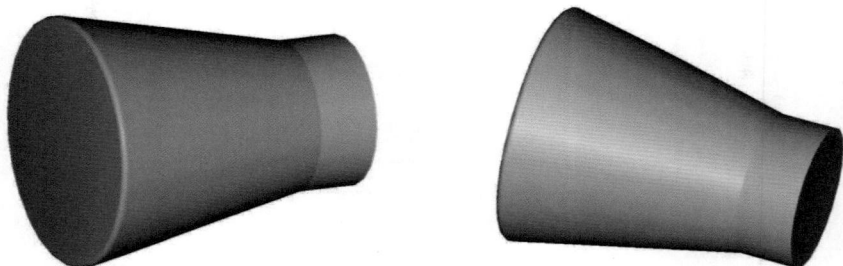

图 4.70　CARINA 返回舱三维外形 (再入舱)

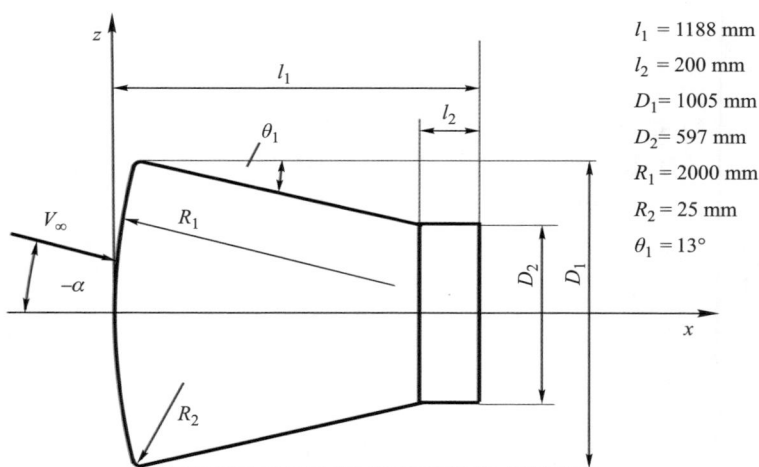

$l_1 = 1188$ mm
$l_2 = 200$ mm
$D_1 = 1005$ mm
$D_2 = 597$ mm
$R_1 = 2000$ mm
$R_2 = 25$ mm
$\theta_1 = 13°$

图 4.71　CARINA 返回舱的外形定义 (再入舱)[41]

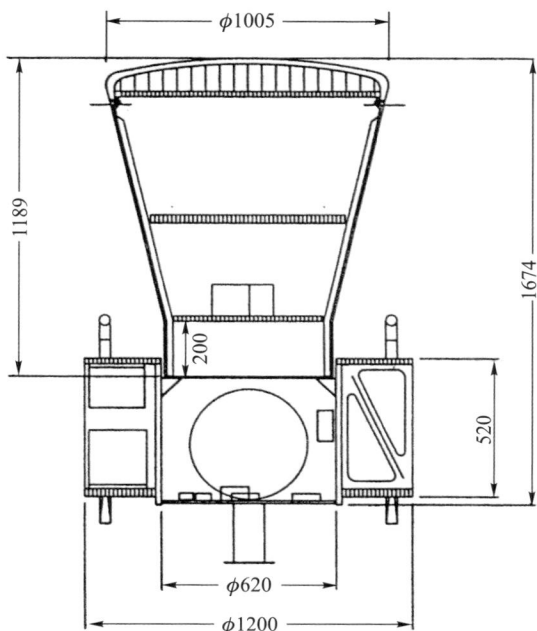

图 4.72   CARINA 构型：再入舱和服务舱[41]

4.9.2   稳态气动力数据

纵向气动特性

气动力系数通过风洞试验 (AEDC (美国) 和 Lavochkin (俄罗斯))以及数值流场模拟得到，流场计算采用欧拉和 N-S 方程。

由文献得知，获得了 $0.8 \leqslant Ma_\infty \leqslant 1.6$ 以及 $Ma_\infty = 8$ 的数据[41,42]，但公开发布的只有其中少量数据，这些数据绘制在图 4.73 ~ 图 4.75 中。图 4.73 所示为 $Ma_\infty = 1.2$ 的轴向力系数 C_X。该曲线的总趋势与其他返回舱数据的趋势一致，法向力系数 C_Z 的总趋势同样与其他返回舱数据一致 (图 4.74)，图中绘制了获得的 $Ma_\infty = 1.2$ 和 8 的数据。显示的 $Ma_\infty = 0.9$ 和 8 的俯仰力矩系数 C_m 表明，当给定的力矩参考点为重心时飞行器是静稳定的[①]。

横向气动特性

CARINA 返回舱为轴对称构型，因此，不存在横向气动特性。

---

① 遗憾的是，无法准确获得重心的位置，但因为迎角 $\alpha = 0°$ 时 C_m 为 0，由此至少可知重心的 z 向偏移量必定为 0，即 $z_{cog} = 0$。

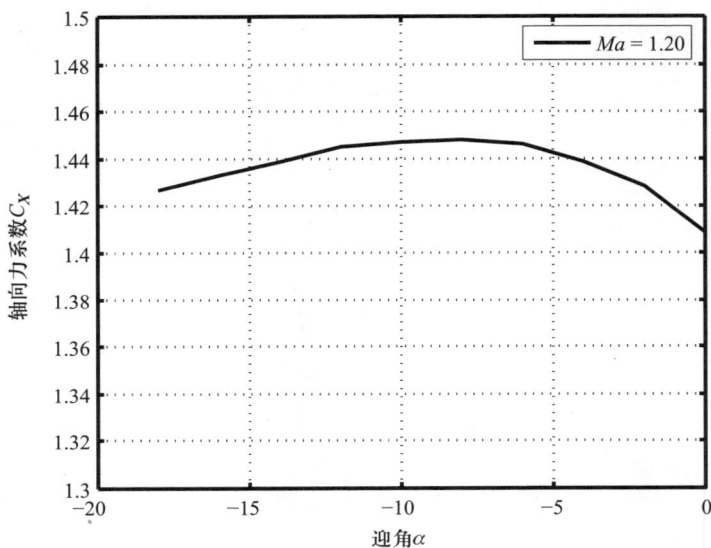

图 4.73 轴向力系数 C_X 随迎角 α 的变化 $(Ma_\infty = 1.2)$[42]

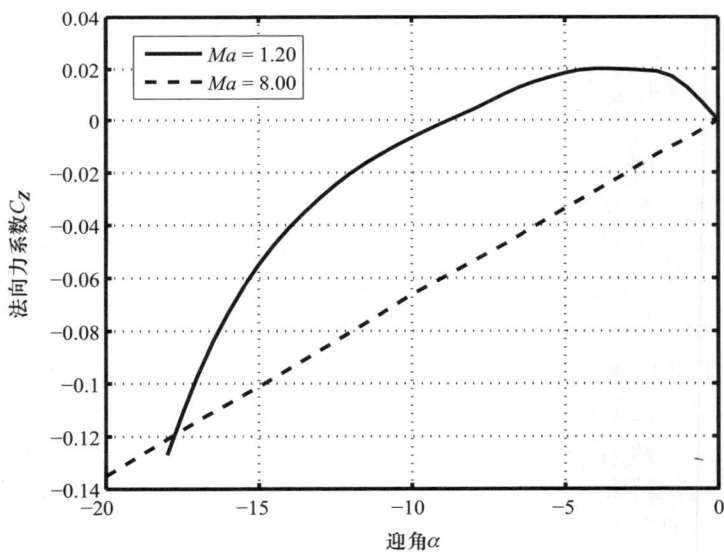

图 4.74 法向力系数 C_Z 随迎角 α 的变化 $(Ma_\infty = 1.2$ 和 $8)$[41,42]

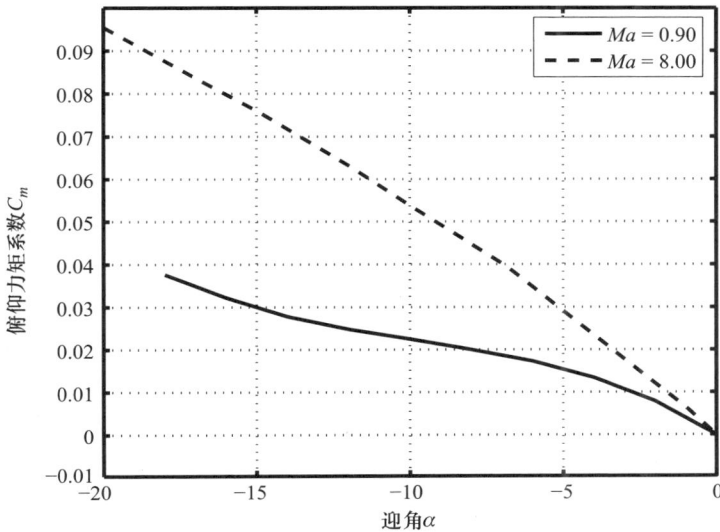

图 4.75 俯仰力矩系数 C_m 随迎角 α 的变化 $(Ma_\infty = 0.90$ 和 8)[41,42] (力矩参考点
为重心)

4.9.3 动态气动力数据

不清楚动稳定性研究情况。

4.10 AFE(美国 – 欧洲)

20 世纪 80 年代末和 90 年代初, NASA 提出了设计能够在不同轨
道之间运输货物的航天飞行器的设想。该设想是想研发一种经济运行
的飞行器, 其必须满足两个基本要求:

首先, 应能在不使用任何推进系统的情况下, 能从高地球轨道转移
到低地球轨道。此类航天飞行器称为气动辅助轨道转移飞行器①[43,44],
即建造具有气动捕获能力②的飞行器。其次, 为了防止高热载荷, 应使位
于后部 (防热罩后) 的装置和设备不被防热罩驻点区的高焓流直接冲刷。

通常, 轴对称升力式返回舱在高超声速范围的配平迎角约为 20°,
这可能导致飞行器后部较高的热载荷。在这种情况下, 需要特别的布

①后来称为 ASTV⇒ 气动辅助空间转移飞行器。
②关于气动捕获概念的有关信息参见文献 [1]。

局以对这些部件进行热防护。为了避免这类布局，NASA 研发了一个构型，在高超声速范围的配平迎角接近 $\alpha \approx 0°$。该外形称为气动辅助飞行试验飞行器 (AFE)。

大约 10 年后，在火星样品返回轨道器的研究活动框架下，欧洲航天局再次对这个外形产生了兴趣[45−47](图 4.76)。

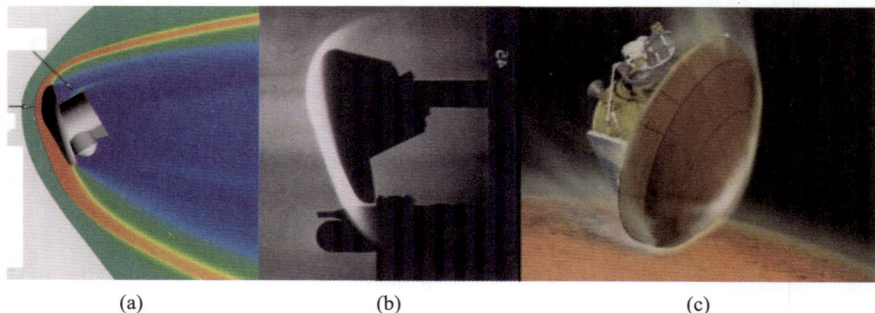

图 4.76　带 AFE 防热罩的火星样品返回轨道器

(a) N-S 解，$Ma_\infty = 9.91$，理想气体[48]；(b) 在 ONERA 高焓风洞 F4 中的带部分后盖的模型[46]；(c) 处于大气捕获模式的火星样品返回轨道器想象图[46]。

4.10.1　构型特征

AFE 外形复杂，由一个钝椭锥组成，钝椭锥的对称面内半顶角为 60°，椭锥相对于中心线 (x 轴) 倾斜 73°，由此形成一个直径为 $D_2 = 3879\,\mathrm{mm}$ 的倾斜平面，宽 $l_1 = 336\,\mathrm{mm}$ 的尾裙与倾斜面相连①。椭圆形钝鼻锥的椭圆率为 2.0。外形的总直径，即倾斜椭锥加尾裙的直径 $D_1 = 4267\,\mathrm{mm}$ (14 英尺) (图 4.77)[43,44]。

图 4.78 示出了该外形的三维图。AFE 外形后部可能包括一个设备和仪器舱，图 4.79 是其三维工程图[44]。

在 MSRO 计划框架下，AFE 防热罩 (火星号探测器最早的防热罩) 按 12/14 比例缩小 (译者注：原文比例为 14/12)，其总直径 $D_1 = 3657\,\mathrm{mm}$ (12 英尺)[45,46]。

---

①l_1 由 $l_1 = R_\mathrm{s} \cos 60°$ 计算，其中 R_s 为尾裙半径 (图 4.77)，$R_\mathrm{s} = 0.1 D_2$。

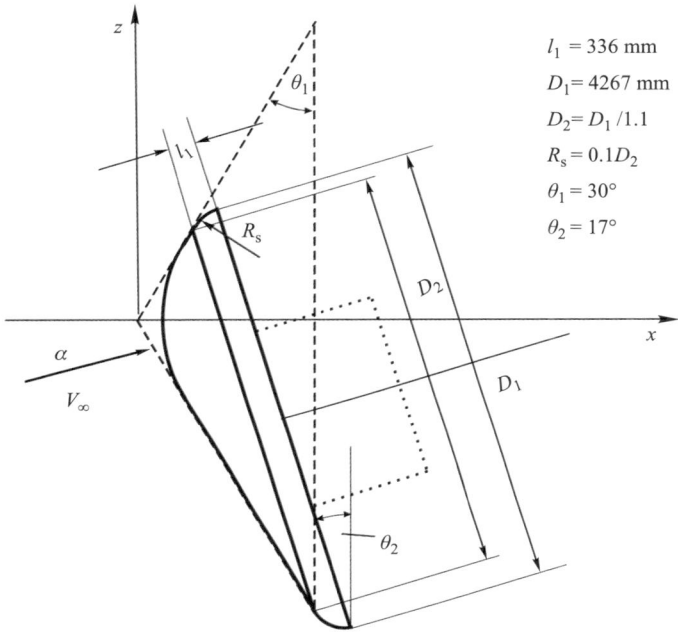

$l_1 = 336$ mm
$D_1 = 4267$ mm
$D_2 = D_1 / 1.1$
$R_s = 0.1 D_2$
$\theta_1 = 30°$
$\theta_2 = 17°$

图 4.77 AFE 构型的外形定义[43,45,46]

图 4.78 AFE 构型的三维外形

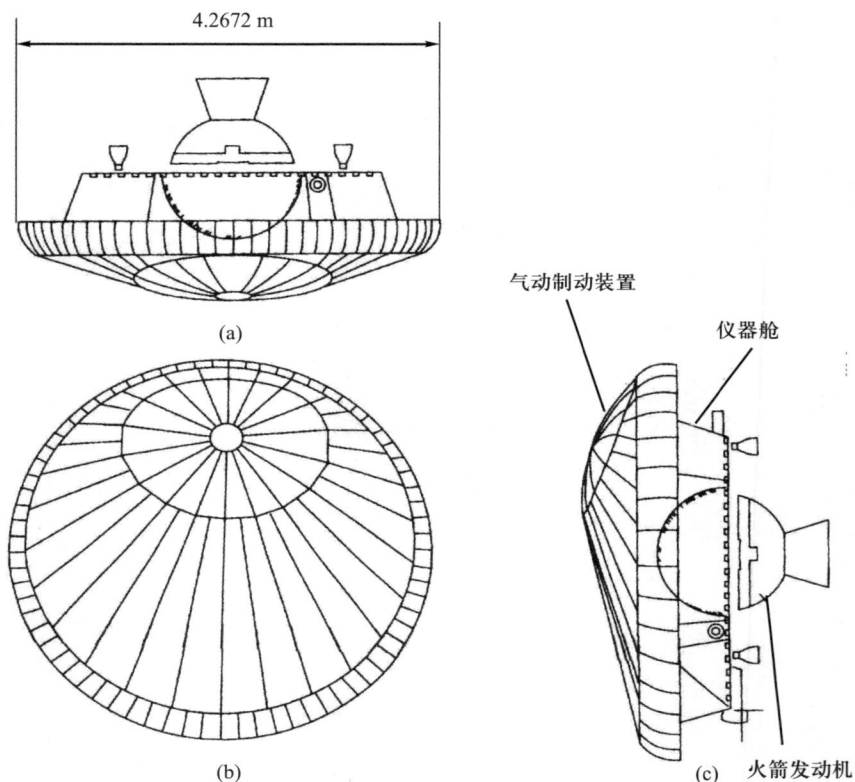

图 4.79 AFE 构型的外形定义

(a) 工程图的俯视图；(b) 前视图；(c) 侧视图[43]。

4.10.2 稳态气动力数据

气动辅助轨道转移飞行器的任务是将货舱从高地球轨道运输至低地球轨道。这就需要通过深入地球大气层来降低飞行器的轨道能量。飞行器进入大气层之初，其速度很高，马赫数约为30，通常要将其速度降至马赫数15左右。因此，整个气动捕获飞行在高超声速飞行段进行，这就是此处考虑的只有高超声速马赫数气动力数据库的原因。

纵向气动特性

为了建立高超声速气动力数据库，首先在 NASA 兰利的无加热高超声速风洞进行了马赫数6(兰利20英寸马赫数6风洞)和马赫数

10(兰利 31 英寸马赫数 10 风洞) 的试验。这两座风洞以空气为试验介质。还在兰利的高超声速四氟化碳 (CF$_4$) 风洞进行了试验[43,44]。而实际飞行的温度、压力和密度条件通常高于这些风洞条件，所有这些风洞均不能完全满足实际飞行条件。介质为空气的风洞与介质为 CF$_4$ 的风洞之间的区别在于贮气罐温度 T_0 和等效比热比 γ_{eff} 两个方面：

- 兰利 20 英寸马赫数 6 风洞：$T_0 = 611$ K，$\gamma_{\text{eff}} = 1.40$；
- 兰利 CF$_4$ 马赫数 6 风洞：$T_0 = 850$ K，$\gamma_{\text{eff}} = 1.11$；
- 兰利 31 英寸马赫数 10 风洞：$T_0 = 1027$ K，$\gamma_{\text{eff}} = 1.34$。

通常，以 CF$_4$ 为介质的风洞比热比比空气介质风洞约低 20% 左右[43]。

例如，从后来 HERMES 和 ARD 项目的研究中 (参见 6.11 节和 4.4 节) 获知，俯仰力矩与真实气体效应有关，进而使配平迎角与真实气体效应有关，而真实气体效应对升阻比 L/D 的影响小得多。

为了克服真实气体效应问题，NASA 艾姆斯研究中心建造了超高速自由飞气动力设备 (HFFAF)，这是继炮风洞之后的概念。处于静止的模型被温度、压力和密度类似于实际飞行条件的气体喷射，通过利用飞行力学 6 自由度运动方程进行飞行轨迹评估，得到气动力系数。

在此基础上，确定了两个马赫数的气动力系数随迎角的变化。通过 HFFAF 风洞纹影图的激波形状 (激波脱体距离) 与不同 γ_{eff} 的 N-S 解的激波形状的比较，确定等效比热比 γ_{eff}。得出的结果是这些飞行条件的真实气体效应可近似用 $\gamma_{\text{eff}} = 1.2$ 模拟[49]。关于 γ_{eff} 方法请参见文献 [1]。

由本书讨论的大多数其他高超声速气动力数据库认识到，在高超声速飞行区域气动力系数符合马赫数无关原理。由下面显示轴向力和法向力系数、升阻比和俯仰力矩系数的 4 幅图 (图 4.80 ∼ 图 4.83) 的观察发现：常规兰利风洞的结果符合马赫数无关原理，而 HFFAF 数据却不符合。兰利风洞的轴向力系数与 HFFAF 设备 $Ma_\infty = 11.8$ 的数据非常一致，但与 $Ma_\infty = 9.2$ 的数据吻合不是很好 (图 4.80)。而法向力和升阻比的吻合情况与轴向力情况不同：$Ma_\infty = 9.2$ 的 HFFAF 数据与兰利结果的一致性比 $Ma_\infty = 11.8$ 的一致性更好一些 (图 4.81 和图 4.82) (译者注：根据曲线图，该部分原文中的 $Ma_\infty = 9.2$ 应为 $Ma_\infty = 11.8$，而 $Ma_\infty = 11.8$ 应为 $Ma_\infty = 9.2$)。

常规兰利风洞数据与 HFFAF 数据之间的俯仰力矩系数差异较小 (图 4.83)。由兰利风洞结果发现其配平迎角略大于 0，而由 HFFAF 数据得到的配平迎角略小于 0。

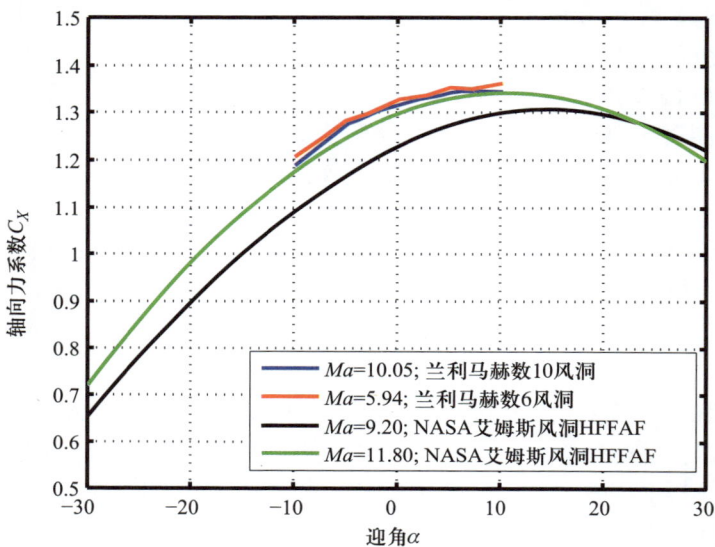

图 4.80 高超声速马赫数时轴向力系数 C_X 随迎角 α 的变化[43,49]

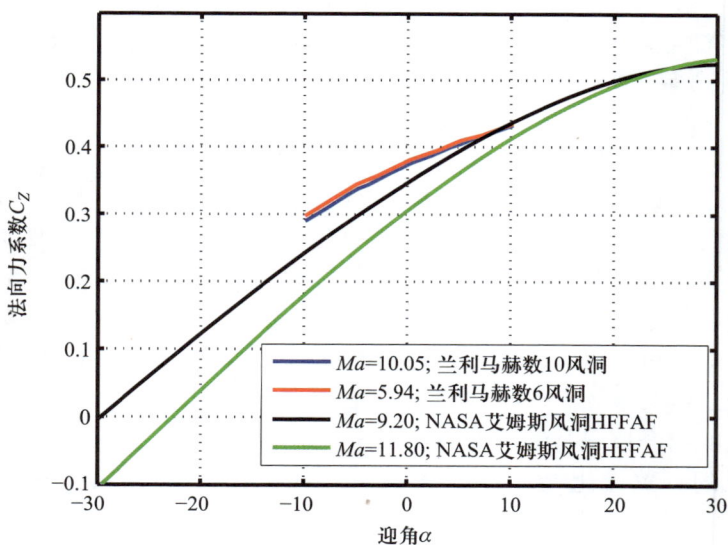

图 4.81 高超声速马赫数时法向力系数 C_Z 随迎角 α 的变化[43,49]

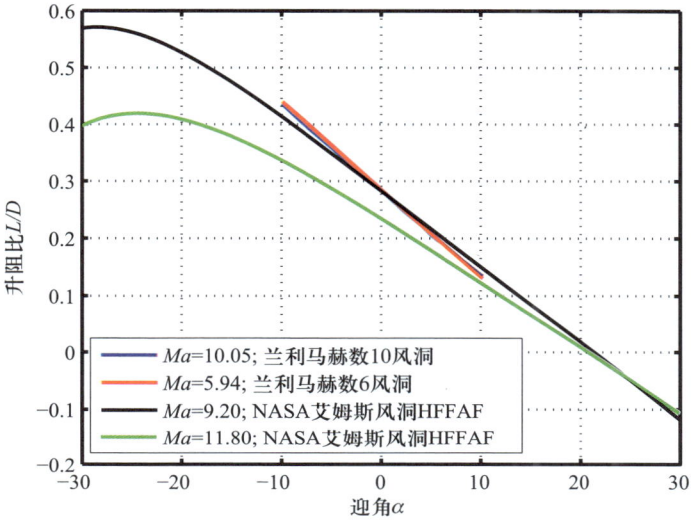

图 4.82 高超声速马赫数时升阻比 L/D 随迎角 α 的变化[43,49]

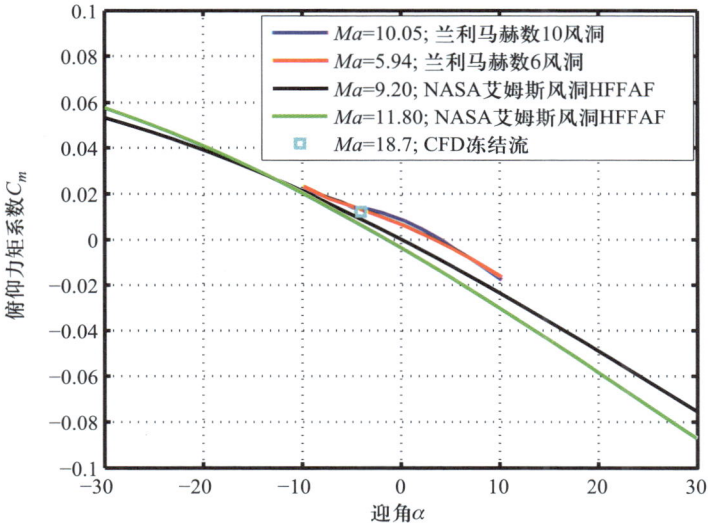

图 4.83 高超声速马赫数时俯仰力矩系数 C_m 随迎角的变化[43,45,49] (力矩参考点为倾斜平面中心 (图 4.77))

在 MSRO 项目框架下进行了一些数值流场模拟，旨在更好地了解真实气体效应对配平迎角的影响[45-47]。对于 $Ma_\infty = 18.7$，$\alpha = -4°$ 这一轨迹点，其俯仰力矩系数 (取自文献 [45]) 示于图 4.83，它与其他数据吻合很好。

横向气动特性

下面 3 幅图 (图 4.84 ~ 图 4.86) 是侧向力系数、滚转力矩和偏航力矩随侧滑角 β 的变化。由于 AFE 外形在 $x - z$ 平面是对称的 (图 4.77)，所以预计这些曲线通过原点 $(x = z = 0)$。但事实并非如此，所显示出的偏移，特别是当要测量的值非常小时，只能解释为模型和天平未校准[44]。此外，$Ma_\infty = 9.9$ 时，气动力系数值随迎角的变化显然也不符合物理意义。而马赫数 $Ma_\infty = 5.94$ 所给出的随迎角的变化似乎更好。

尽管存在上述情况，但滚转力矩导数为负表明滚转运动是衰减的，偏航力矩导数为正表明飞行器是方向安定的。

图 4.87 中的 3 幅小图示出了几乎同一侧滑角 β 下的横向气动力系数 $(C_Y$、C_l、$C_n)$ 随迎角的变化。显然，由图可见，C_Y、C_l、C_n 随迎角的变化没有明显的趋势，这表明试验人员要测量 AFE 外形的横向气动特性是非常困难的。

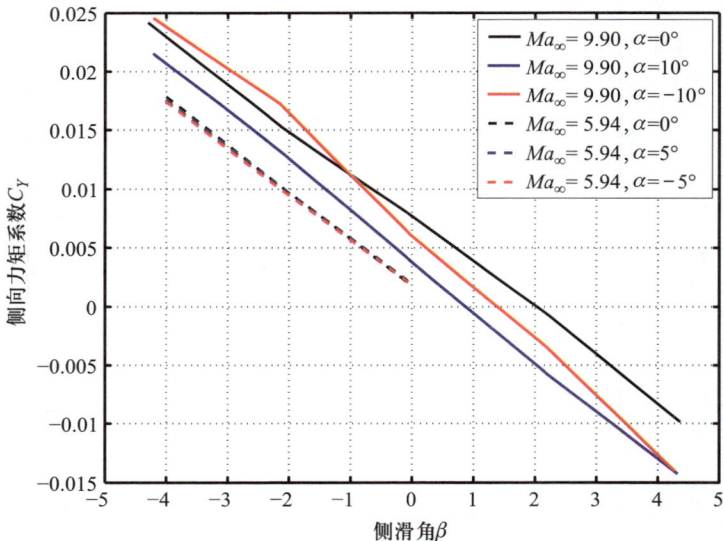

图 4.84　高超声速马赫数时侧向力系数 C_Y 随侧滑角 β 的变化[44]

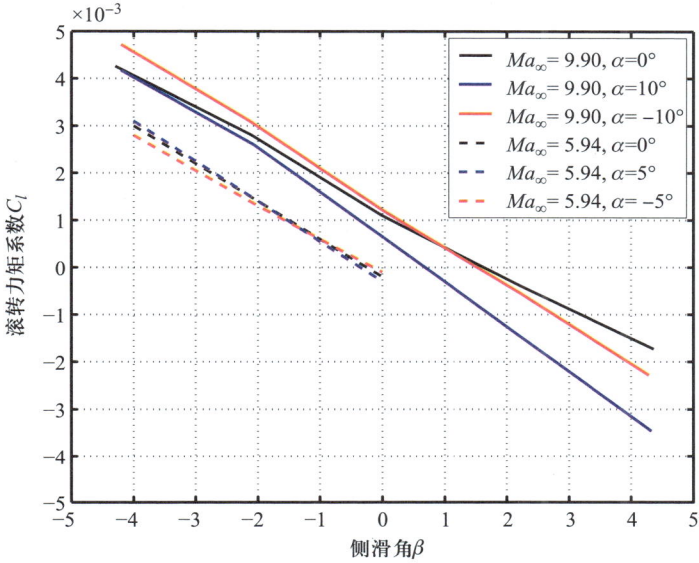

图 4.85 高超声速马赫数时滚转力矩系数 C_l 随侧滑角 β 的变化[44] (力矩参考点为
倾斜平面中心 (图 4.77))

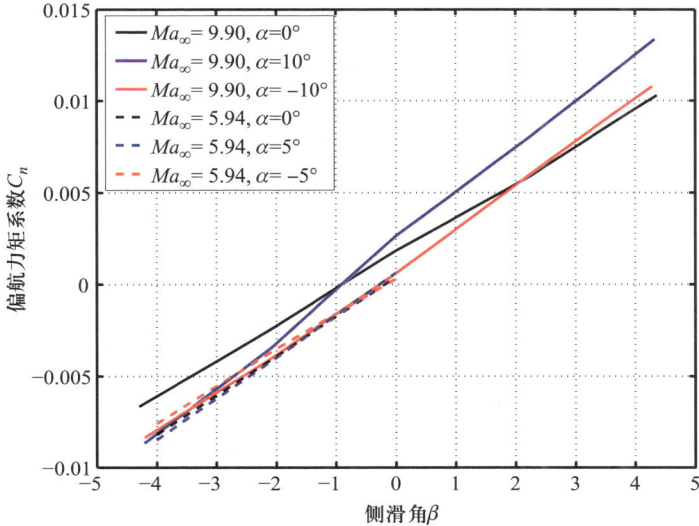

图 4.86 高超声速马赫数时偏航力矩系数 C_n 随侧滑角 β 的变化[44] (力矩参考点为
倾斜平面中心 (图 4.77))

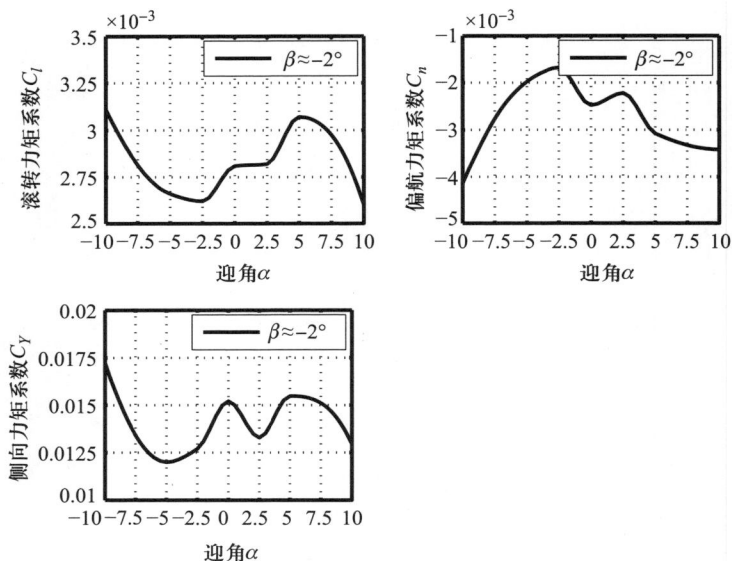

图 4.87 $Ma_\infty = 9.9$ 时侧滑角近似为同一常值下的滚转力矩、偏航力矩和侧向力系数随迎角 α 的变化[44] (力矩参考点为倾斜平面中心 (图 4.77))

4.10.3 动态气动力数据

没有获得可利用的动稳定性研究数据。

4.11 VIKING(美国)

由 NASA 计划、研发和执行的 VIKING 号前往火星的任务，由 VIKING1 和 VIKING2 两艘航天器组成。主要任务目标是获得火星表面的图像、分析火星大气成分并搜索火星存在生命的证据。

1975 年 8 月 20 日 VIKING1 发射升空，经过 10 个月的航行后，于 1976 年 6 月 19 日抵达火星轨道。大约一个月后 (1976 年 7 月 20 日)，根据其轨道位置的图像，确定一个合适的不太粗糙的着陆点后，VIKING1 轨道器在火星表面着陆。1975 年 9 月 9 日 VIKING2 发射升空，于 1976 年 8 月 7 日进入火星轨道，1976 年 9 月 3 日，其着陆器降落。

图 4.88 显示了带进入模块的 VIKING 轨道器以及着陆器构型。

轨道器

进入模块

(a)

着陆器构型

(b)

图 4.88 带进入模块的 VIKING 轨道器 (a) 和着陆器构型 (b)

4.11.1 构型特征

图 4.89 给出了进入模块的三维图。VIKING 进入模块由气动罩、着陆器以及底盖组成[50]，如图 4.90 所示。进入模块由半顶角 $\theta_1 = 70°$ 的球型钝锥组成，后体由两个截锥段组成，其半顶角分别为 $\theta_2 = 40°$ 和 $\theta_3 = 62.18°$。

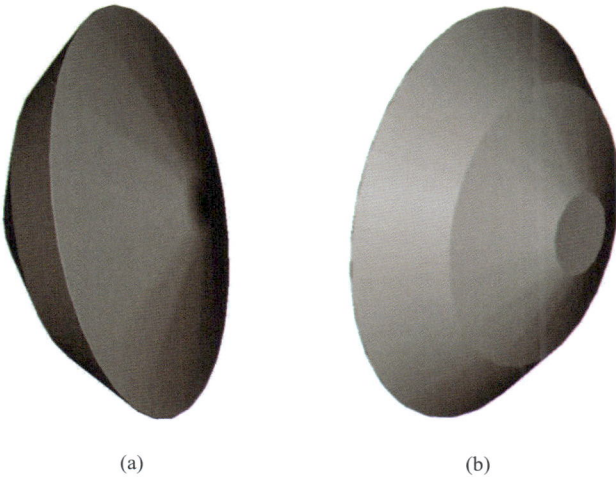

(a)

(b)

图 4.89 VIKING 进入模块的三维外形图[50]

(a) 气动罩；(b) 底盖。

这里介绍的大多数气动力数据取自文献 [50]。这些数据是利用 0.08 缩尺模型的风洞试验①获得。表 4.1 列出了模型和飞行构型的尺寸，图 4.91 也示出了这些尺寸。

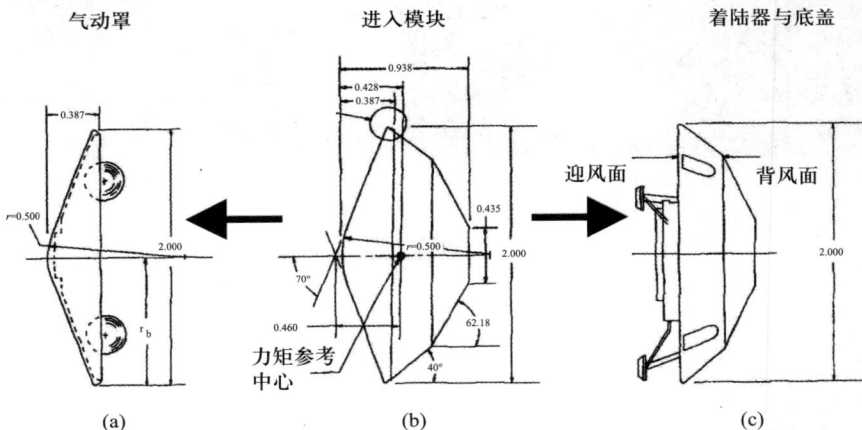

图 4.90　VIKING 进入模块 (b) 由气动罩 (a) 及着陆器和底盖部分 (c) 组成[50]

表 4.1　VIKING 进入模块：飞行构型 0.08 缩尺风洞模型的尺寸[50]

名称	模型/cm	飞行构型/cm
d_1	28.04	350.05
d_2	6.09	76.23
l_1	13.15	164.38
l_2	6.00	75.00
l_3	6.44	80.61
r_1	7.01	87.62
r_2	0.21	2.62
$\theta_1/(°)$	70	70
$\theta_2/(°)$	40	40
$\theta_3/(°)$	62.18	62.18

①试验在 NASA 兰利的 8 英尺跨声速风洞进行。

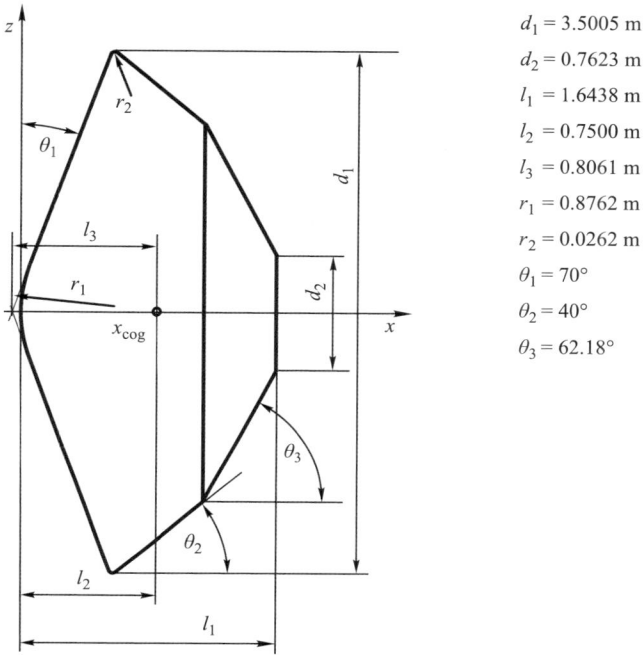

$d_1 = 3.5005\ m$
$d_2 = 0.7623\ m$
$l_1 = 1.6438\ m$
$l_2 = 0.7500\ m$
$l_3 = 0.8061\ m$
$r_1 = 0.8762\ m$
$r_2 = 0.0262\ m$
$\theta_1 = 70°$
$\theta_2 = 40°$
$\theta_3 = 62.18°$

图 4.91   VIKING 返回舱 (进入飞行器) 的外形定义及尺寸[50]

4.11.2 稳态气动力数据

有关 VIKING 进入模块的气动力数据库建立的全部工作都是由风洞试验完成。没有采用近似设计方法，而且当时数值方法对数据库的贡献还不如现在这样成熟。此处介绍的大多数气动力数据是在 NASA 兰利的 8 英尺跨声速风洞 $(0.4 \leqslant Ma_\infty \leqslant 1.2)$ 获得的[50]，该风洞以空气为运行介质。

由于火星大气主要由 CO_2 组成，在 NASA 艾姆斯超高速自由飞气动力设备中进行了一些研究，该设备运行介质为 CO_2。得到的一般结论是：在空气介质中的阻力系数比在 CO_2 介质中的阻力系数约高 3%[51]。

纵向气动特性

在亚 - 跨声速马赫数范围 $(0.4 \leqslant Ma_\infty \leqslant 1.2)$，轴向力系数 C_X 随迎角的变化不是很大。$Ma_\infty \geqslant 2$ 时，C_X 随着负迎角的增加而减小。亚声速时 C_X 值最小，在亚声速范围 C_X 随着马赫数增加而单调增大 (图 4.92)。大多数法向力系数 C_Z 随着负迎角的增加，开始 C_Z 为正值，但随后很快变为负值 $(\alpha \leqslant -5°)$(图 4.93)。$0.4 \leqslant Ma_\infty \leqslant 2$ 时，升阻比 L/D

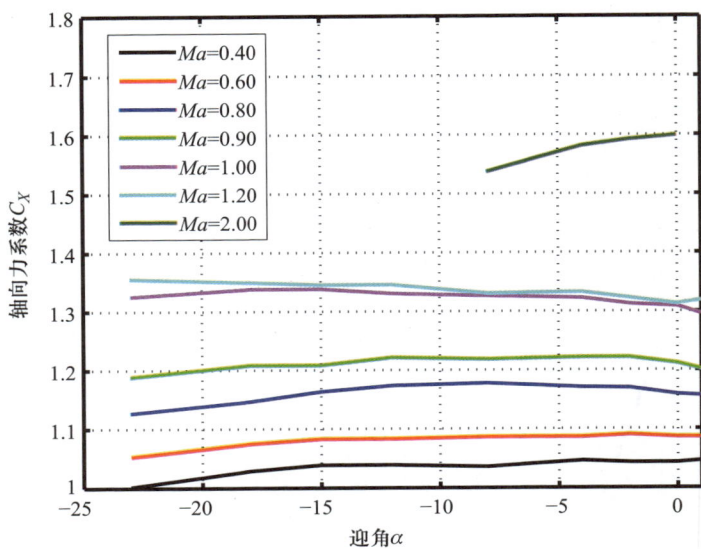

图 4.92 轴向力系数 C_X 随迎角 α 的变化 (除了 $Ma_\infty = 2$ 的数据取自文献 [51]，所有数据均取自文献 [50])

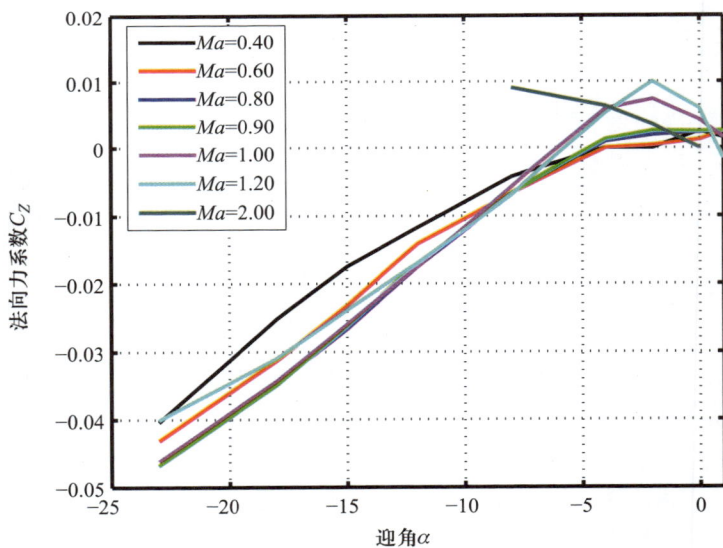

图 4.93 法向力系数 C_Z 随迎角 α 的变化 (除了 $Ma_\infty = 2$ 的数据取自文献 [51]，所有数据均取自文献 [50])

显示几乎与马赫数无关 (图 4.94)。俯仰力矩图 (图 4.95) 显示，在图中的全部马赫数范围内，飞行器均是静稳定的。

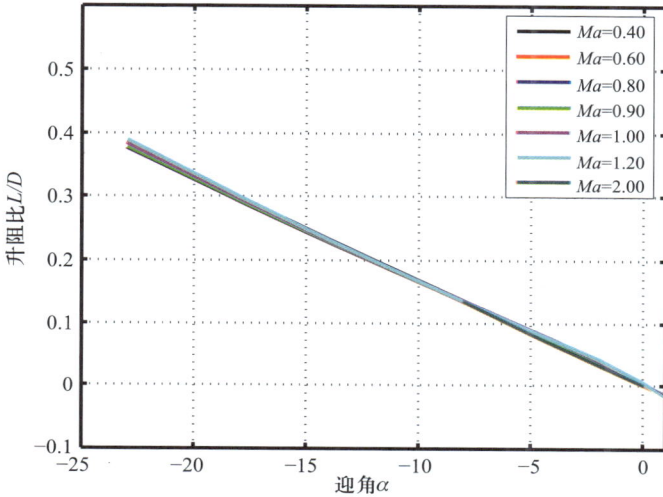

图 4.94 升阻比 L/D 随迎角 α 的变化 (除了 $Ma_\infty = 2$ 的数据取自文献 [51]，所有数据均取自文献 [50])

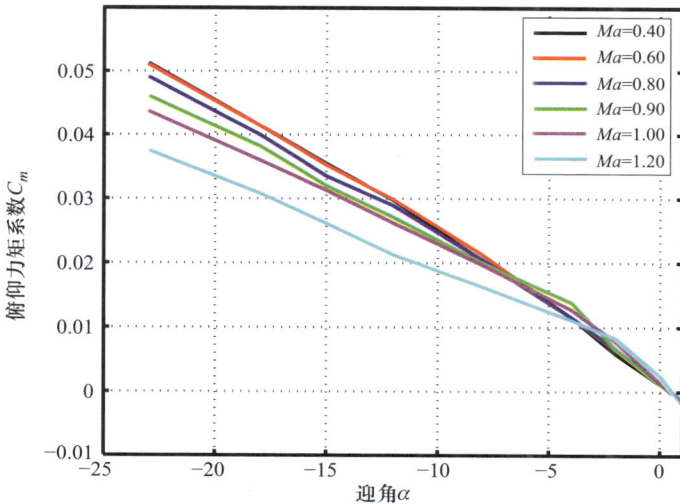

图 4.95 俯仰力矩系数 C_m 随迎角 α 的变化 (风洞模型力矩参考点：$x_{\mathrm{ref}} \equiv x_{\mathrm{cog}} = 0.428d_1/2$, $z_{\mathrm{ref}} = 0$。所有数据均取自文献 [50])

通常，VIKING 进入模块的气动力系数特性与 4.8 节的 VIKING 类外形非常相似。

横向气动特性

VIKING 进入模块为轴对称构型，因此不存在横向气动特性。

4.11.3　动态气动力数据

在弹道靶设备中通过飞行弹道的数据换算以及在常规风洞中通过强迫振荡和自由振荡技术[1] 对动稳定性进行了研究[51-53]。很多测量的动稳定性数据相互之间不一致，并且数据明显取决于俯仰振幅角 (弹道靶设备) 或减缩频率参数 (强迫振荡技术)。对于俯仰振幅，试验表明，较小俯仰振荡角时飞行器动态不稳定增加，而且看起来这些低俯仰振幅数据与强迫振荡数据吻合非常好。总之，VIKING 进入模块的特性如预计的一样，在跨声速马赫数范围进入模块是动不稳定的，马赫数 2 附近同样为进入模块的动不稳定范围。文献 [51-53] 给出了上述动稳定性数据，图 4.96 绘制了文献 [53] 中强迫振荡结果随马赫数的变化，其中，迎角 $\alpha = 0°$，俯仰振幅角度为 $\pm 1.8°$。

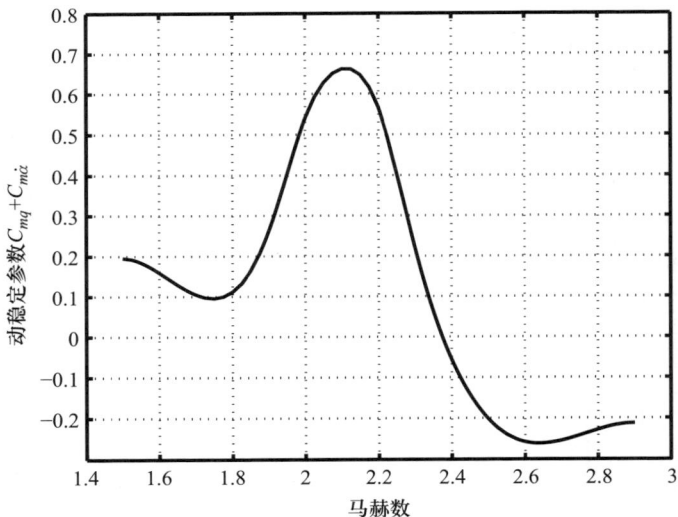

图 4.96　俯仰阻尼导数 $C_{mq} + C_{m\dot{\alpha}}$ 随马赫数的变化 (迎角 $\alpha = 0°$，俯仰角振幅为 $\pm 1.8°$)[53]

参考文献

[1] Hirschel, E.H., Weiland, C.: Selected Aerothermodynamic Design Problems of Hypersonic Flight Vehicles, vol. 229. Springer, Heidelberg; Progress in Astronautics and Aeronautics. AIAA, Reston (2009)

[2] Weiland, C.: Computational Space Flight Mechanics. Springer, Heidelberg (2010)

[3] Bertin, J.J.: The Effect of Protuberances, Cavities, and Angle of Attack on the Wind Tunnel Pressure and Heat Transfer Distribution for the APOLLO Command Module. NASA TM X-1243 (1966)

[4] Moseley, W.C., Moore, R.H., Hughes, J.E.: Stability Characteristics of the APOLLO Command Module. NASA TN D-3890 (1967)

[5] Lee, D.B., Bertin, J.J., Goodrich, W.D.: Heat Transfer Rate and Pressure Measurements Obtained During APOLLO Orbital Entries. NASA TN D-6028 (1970)

[6] Lee, D.B., Goodrich, W.D.: The Aerothermodynamic Environment of the APOLLO Command Module During Superorbital Entry. NASA TN D-6792 (1972)

[7] N.N. APOLLO Data Base. Industrial communication, Aerospatiale - Deutsche Aerospace Dasa (1993)

[8] Hirschel, E.H.: Basics of Aerothermodynamics, vol. 204. Springer, Heidelberg; Progress in Astronautics and Aeronautics. AIAA, Reston (2004)

[9] Bouslog, S.A., An, M.Y., Wang, K.C., Tam, L.T., Caram, J.M.: Two Layer Convective Heating Prediction Procedures and Sensitivities for Blunt Body Re-entry Vehicles. AIAA-Paper 93-2763 (1993)

[10] Moseley, W.C., Martino, J.C.: APOLLO Wind Tunnel Testing Programme-Historical Development of General Configurations. NASA TN D-3748 (1966)

[11] Ivanov, N.M.: Catalogue of Different Shapes for Unwinged Reentry Vehicles. Final report, ESA Contract 10756/94/F/BM (1994)

[12] Paulat, J.C.: Atmospheric Re-entry Demonstrator: Post Flight Analysis - Aerodynamics. In: Proceedings 2nd Int. Symp. on Atmospheric Re-entry Vehicles and Systems, Arcachon, France (2001)

[13] Rolland, J.Y.: Atmospheric Re-entry Demonstrator: Post Flight Restitution. In: Proceedings 2nd Int. Symp. on Atmospheric Re-entry Vehicles and Systems, Arcachon, France (2001)

[14] Kuczera, H., Sacher, P.: Reusable Space Transportation Systems. Springer, Heidelberg (2011)

[15] Bouilly, J.M., His, S., Macret, J.L.: The ARD Thermal Protection System. In: Proceedings 1st Int. Symp. on Atmospheric Re-entry Vehicles and Systems, Arcachon, France (February 1999)

[16] Muylaert, J.: Felici, F., Kordulla, W.: Aerothermodynamics in Europe: ESA Achievements and Challenges. ESA-SP- 487 (2002)

[17] Pallegoix, J.F., Collinet, J.: Atmospheric Reentry Demonstrator: Post Flight Analysis, Flight Rebuilding with CFD Control. In: Proceedings 2nd Int. Symp. on Atmospheric Re-entry Vehicles and Systems, Arcachon, France (2001)

[18] Tran, P.: ARD Aerothermal Environment. In: Proceedings 1st Int. Symp. on Atmospheric Re-entry Vehicles and Systems, Arcachon, France (1999)

[19] Paulat, J.C., Baillion, M.: Atmospheric Re-entry Demonstrator Aerodynamics. In: Proceedings 1st Int. Symp. on Atmospheric Reentry Vehicles and Systems, Arcachon, France (1999)

[20] Paulat, J.C.: Synthesis of Critical Points. ESA Manned Space Transportation Programme, Final Report, HT-SF-WP1130-087-AS, Aerospatiale (1997)

[21] Baillion, M., Pallegoix, J.F.: HUYGENS Probe Aerothermodynamics. AIAA-Paper 97-2476 (1997)

[22] Baillion, M.: Aerothermodynamic Requirements and Design of the HUYGENS Probe. Capsule Aerothermodynamics, AGARD-R-808 (1997)

[23] Mazoue, F., Graciona, J., Tournebize, L., Marraffa, L.: Updated Analysis of the Radiative Heat Flux During the Entry of the Huygens Probe in the Titan Atmosphere. ESA SP-563 (2005)

[24] (2013), http://www.esa.int/esasearch?q=Huygens+atmosphere

[25] Burnell, S.I., Liever, P., Smith, A.J., Parnaby, G.: Prediction of the BEAGLE2 Static Aerodynamic Coefficients. In: Proceedings 2nd Int. Symp. on Atmospheric Re-entry Vehicles and Systems, Arcachon, France (2001)

[26] Olynick, D.R., Chen, Y.K., Tauber, M.E.: Wake Flow Calculations with Ablation for the Stardust Sample Return Capsule. AIAA-Paper 97-2477 (1997)

[27] Smith, A.J., Parnaby, G., Matthews, A.J., Jones, T.V.: Aerothermodynamic Environment of the BEAGLE2 Entry Capsule. ESA-SP-487 (2002)

[28] Akimoto, T., Ito, T., Yamamoto, Y., Bando, T., Inoue, Y.: Orbital Re-entry Experiment (OREX) - First Step of Space Return Flight Demonstations in

Japan. IAF Paper 94-V.2.525, Jerusalem Israel (1994)

[29] N.N. Activities in the Past. Japan Aerospace Exploration Agency, http://www.rocket.jaxa.jp/fstr/0c01.html

[30] Yamamoto, Y., Yoshioka, M.: CFD and FEM Coupling Analysis of OREX Aerothermodynamic Flight Data. AIAA-Paper 95-2087 (1995)

[31] Murakami, K., Fujiwara, T.: A Hypersonic Flowfield Around a Re-entry Body Including Detailed Base Flow. ESA-SP-367 (1995)

[32] Gupta, R.N., Moss, J.N., Price, J.M.: Assessment of Thermochemical Nonequilibrium and Slip Effects for Orbital Re-entry Experiment (OREX). AIAA-Paper 96-1859 (1996)

[33] Mehta, R.C.: Aerodynamic Drag Coefficient for Various Reentry Configurations at High Speed. AIAA-Paper No. 2006-3179 (2006)

[34] Weiland, C.:Crew Transport Vehicle Phase A, Aerodynamics and Aerothermodynamics. CTV-Programme, HV-TN-3100-X05-DASA, Dasa, Mnchen/Ottobrunn, Germany (1995)

[35] Hagmeijer, R., Weiland, C.: Crew Transport Vehicle Phase A, External Shape Definition and Aerodynamic Data Set. CTVProgramme, HV-TN-2100-011-DASA, Dasa, Munchen/Ottobrunn, Germany (1995)

[36] Kok, J.C., Hagmeijer, R., Oskam, B.: Aerodynamic CFD Data for Two Viking- Type Capsule Configurations at Subsonic, Transonic, and Low Supersonic Mach Numbers. CRV/CTV Phase A Study, NLR Contract Report CR 95273 L, NLR Amsterdam, the Netherlands (1995)

[37] Blanchet, D., Kilian, J.M., Rives, J.: Crew Transport Vehicle-Phase B, Aerodynamic Data Base. CTV-Programme, HV-TN- 8-10062-AS, Aerospatiale (1997)

[38] Menne, S.: Computation of Non-Winged Vehicle Aerodynamics in the Low Supersonic Range. ESA-SP-367 (1995)

[39] Weiland, C., Pfitzner, M.: 3-D and 2-D Solutions of the Quasi-Conservative Euler Equations. Lecture Notes in Physics, vol. 264. Springer (1986)

[40] Schroder, W., Hartmann, G.: Implicit Solutions of Three-Dimensional Viscous Hypersonic Flows. Computer and Fluids 21(1) (1992)

[41] Marzano, A., Solazzo, M., Sansone, A., Capuano, A., Borriello, G.: Aerothermodynamic Development of the CARINA Re-entry Vehicel: CFD Analysis and Experimental Tests. ESA-SP-318 (1991)

[42] Solazzo, M., Sansone, A., Gasbarri, P.: Aerodynamic Characterization of

the CARINA Re-entry Module in the Low Supersonic Regimes. ESA-SP-367 (1994)

[43] Wells, W.L.: Measured and Predicted Aerodynamic Coefficients and Shock Shapes for Aeroassist Flight Experiment Configurations. NASA TP- 2956 (1990)

[44] Micol, J.R., Wells, W.L.: Hypersonic Lateral and Directional Stability Characteristics of Aeroassist Flight Experiment in Air and CF4. NASA TM-4435 (1993)

[45] Dieudonne, W., Spel, M.: Entry Probe Stability Analysis for the Mars Pathfinder and the Mars Premier Orbiter. ESA-SP-544 (2004)

[46] Charbonnier, J.M., Fraysse, H., Verant, J.L., Traineau, J.C., Pot, T., Masson, A.: Aerothermodynamics of the Mars Premier Orbiter in Aerocapture Configuration. In: Proceedings 2nd Int. Symp. on Atmospheric Re-entry Vehicles and Systems, Arcachon, France (2001)

[47] Verant, J.L., Pelissier, C., Charbonnier, J.M., Erre, A., Paris, S.: Review of the MSR Orbiter Hypersonic Experimental Campaigns. In: Proceedings 3rd Int. Symp. on Atmospheric Re-entry Vehicles and Systems, Arcachon, France (2003)

[48] Chanetz, B., Pot, T., Le Sant, Y., Leplat, M.: Study of the Mars Sample Return Orbiter in the Hypersonic Wind Tunnel R5Ch. In: Proceedings 2nd Int. Symp. on Atmospheric Re-entry Vehicles and Systems, Arcachon, France (2001)

[49] Yates, L.A., Venkatapathy, E.: Trim Angle Measurement in Free-Flight Facilities. AIAA-Paper 91-1632 (1991)

[50] McGhee, R.J., Siemers, P.M., Pelc, R.E.: Transonic Aerodynamic Characteristics of the Viking Entry and Lander Configuration. NASA TM X-2354 (1971)

[51] Sammonds, R.I., Kruse, R.L.: Viking Entry Vehicle Aerodynamics at $M = 2$ in Air and Some Preliminary Test Data for Flight in CO2 at $M = 11$. NASA TN D-7974 (1975)

[52] Whitlock, C.H., Siemers, P.M.: Parameters Influencing Dynamic Stability Characteristics of Viking-Type Entry Configurations at Mach 1.76. J. of Spacecraft 9(7) (1972)

[53] Uselton, B.L., Schadow, T.O., Mansfield, A.C.: Damping-in-Pitch Derivatives of 120- and 140-Degrees Blunted Cones at Mach Numbers from 0.6 Trough

3. AEDC-TR-70-49 (1970)

[54] Baillion, M., Tran, P., Caillaud, J.: Aerodynamics, Aerothermodynamics and Flight Qualities. ARCV Programme, ACRVA- TN 1.2.3.-AS, Aerospatiale (1993)

[55] Rochelle, W.C., Ting, P.C., Mueller, S.R., Colovin, J.E., Bouslog, S.A., Curry, D.M., Scott, C.D.: Aerobrake Heating Rate Sensitivity Study for the Aeroassist Flight Experiments. AIAA-Paper, 89 - 1733 (1989)

第 5 章

无翼再入飞行器 —— 单锥和双锥的气动热力学数据

在寻求简单、合适的无翼再入航天飞行器外形过程中，设计人员发现单锥和双锥可作为候选外形。特别是双锥外形提供了设计具有特定性能的任务自适应构型的能力，这是因为双锥有多种几何外形的可能。

5.1 概述

很长一段时间以来，针对特定的载人或不载人空间任务研究了各种不同的钝锥和双锥，并进行了一些初步的可行性研究。大多数情况下，单锥和双锥用球体钝化。与传统返回舱相比，锥型构型的优点在于升阻比更高。双锥构型可分为以下三类 (参见文献 [1])：

- 钝 (胖) 双锥；
- 细长体双锥；
- 弯体双锥。

高超声速飞行状态下，钝双锥的最大升阻比 $L/D_{\max} \approx 0.6$，细长体双锥 $L/D_{\max} \approx 1.1$，弯体双锥 $L/D_{\max} \approx 1.5$。

与常规轴对称无翼再入飞行器 (返回舱和探测器，见第 4 章) 相反，双锥外形在正迎角时产生升力。一般情况下，钝锥和双锥 (属于无翼飞行器类) 适用于需要大横向机动能力、良好的机动性、低着陆误差和低减速负载的任务，此外还适用于高进入速度和稀薄大气层的任务 (如抵达火星或行星的卫星的飞行任务)。

尽管锥类航天飞行器较返回舱有明显的优势，但此类飞行器从未建造或飞行过切实可行的方案。

欧洲在欧洲航天局的乘员运输飞行器研究框架下开展了一些研究活动[2,3]，美国也进行了一些研究工作[4,5]。此外，俄罗斯对双锥外形进行了一些初步研究[6]。

图 5.1 给出了 20 世纪 90 年代戴姆勒 - 奔驰宇航公司 (Dasa) 研究的双锥外形的一些效果图。

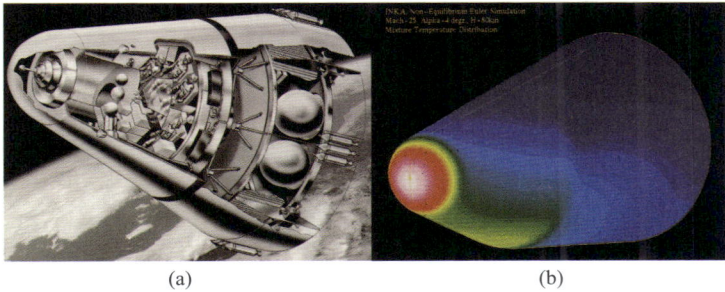

(a)   (b)

图 5.1   双锥：由欧洲航天局发起、Dasa 公司于 1995 年所进行的 CRV/CTV 研究的双锥想像图 (a)；由 Dasa 公司于 1993 年研究的弯体双锥构型 INKA 绕流的三维非平衡欧拉解[7] (b) (自由流条件：$Ma_\infty = 25$，$\alpha = 4°$，$H = 80$ km)

5.2   钝双锥 (德国)

5.2.1   构型特征

图 5.2 是 Dasa 公司的钝双锥三维外形图，而图 5.3 给出了该构型的尺寸。钝双锥外形的优点是比其他双锥外形能更好地满足内部布局 (有效载荷装载) 约束和运载系统的约束 (通常为火箭整流罩约束)。

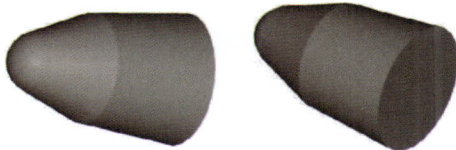

图 5.2   Dasa 公司钝双锥构型的三维外形图[3]

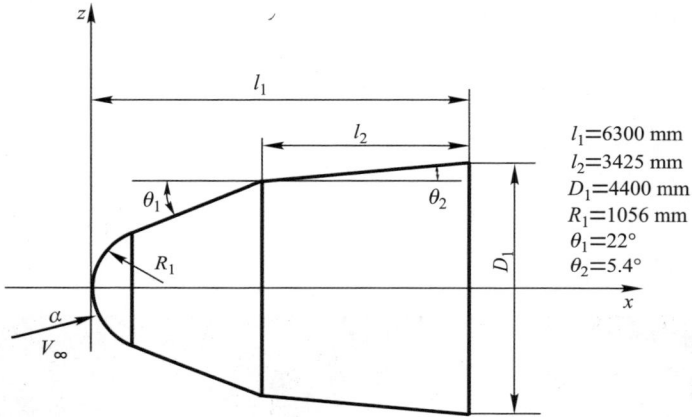

图 5.3　Dasa 公司钝双锥构型的外形定义[3]

5.2.2　稳态气动力数据

下面介绍的气动力数据全部采用近似设计方法生成，如超声速和高超声速马赫数采用当地倾角法，亚声速马赫数采用面元法[8]。

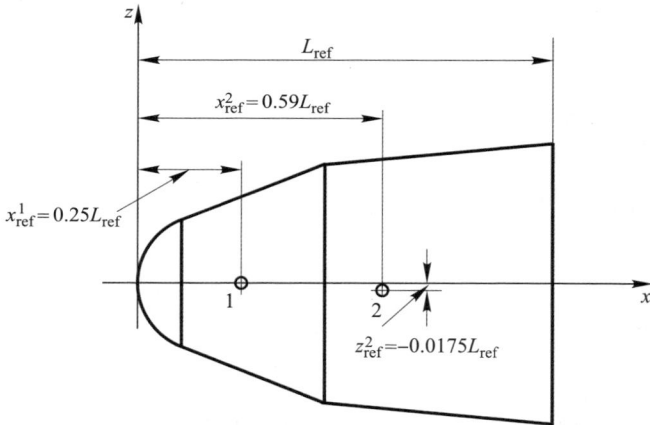

图 5.4　图 5.11 ～ 图 5.13 中俯仰力矩系数的两个力矩参考点位置定义 (参考点 $1 : x_{ref} = 0.25L_{ref}$，$z_{ref} = 0.0L_{ref}$；参考点 $2 : x_{ref} = 0.59L_{ref}$，$z_{ref} = -0.0175L_{ref}$)

纵向气动特性

图 5.5 和图 5.6 是亚 – 跨声速和跨 – 超声速飞行范围的升力系数 C_L。图中一个有趣的情况是：$C_L(\alpha)$ 通常只在跨声速范围呈现线性特性，

而对亚声速以及超－高超声速马赫数，C_L 曲线明显偏离线性特性。

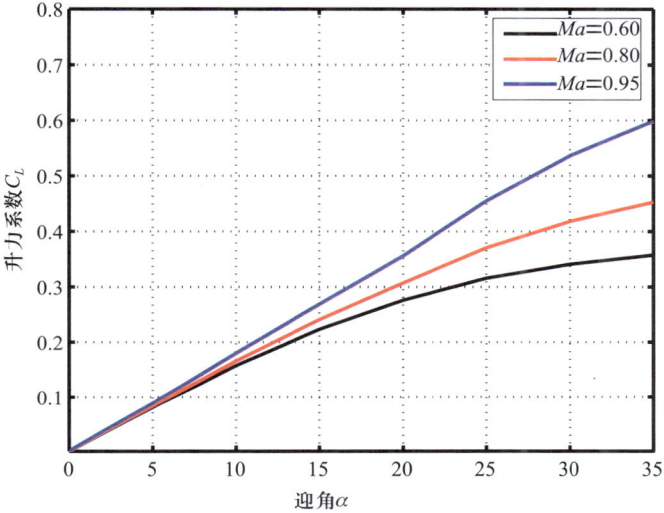

图 5.5　亚－跨声速马赫数时升力系数 C_L 随迎角 α 的变化[8]

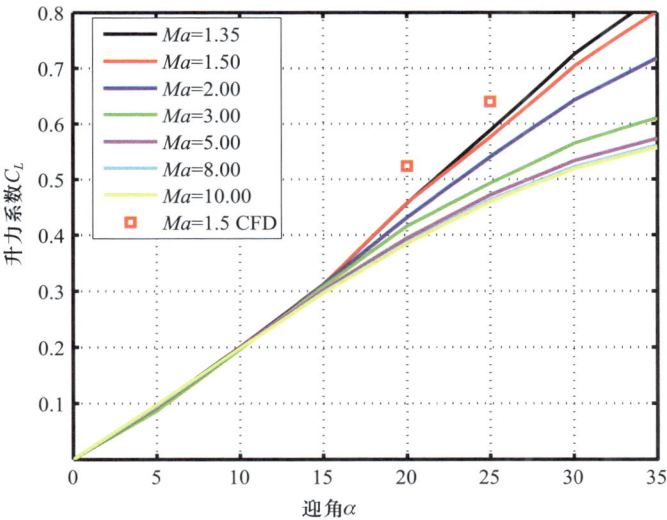

图 5.6　跨－超声速马赫数时升力系数 C_L 随迎角 α 的变化[8]

　　阻力系数 C_D 的特性如预期一样，亚声速范围的 C_D 值较小，跨声速范围 C_D 增大至极大值，最后在超－高超声速范围又下降至较小值 (图 5.7、图 5.8)。

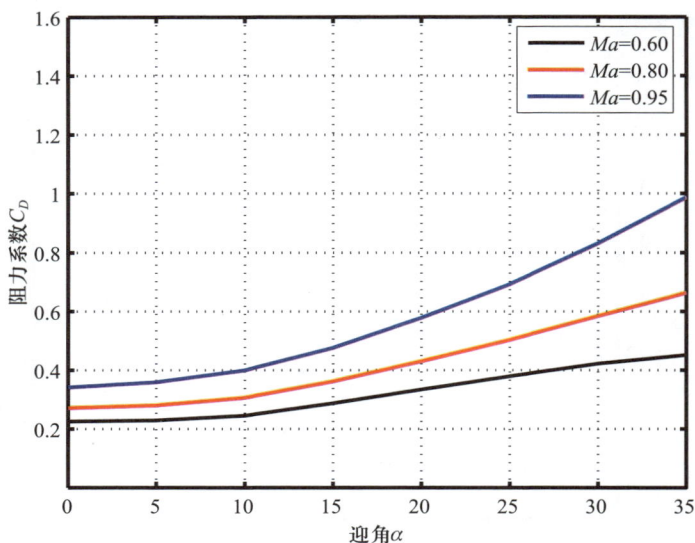

图 5.7 亚 – 跨声速马赫数时阻力系数 C_D 随迎角 α 的变化[8]

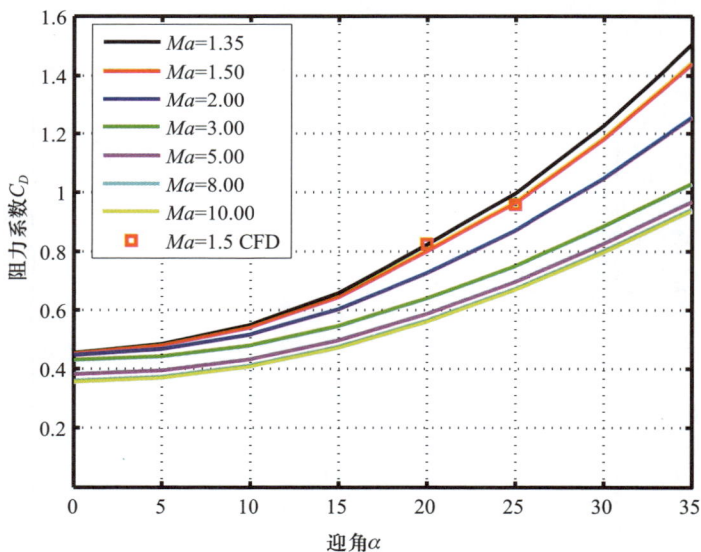

图 5.8 跨 – 超声速马赫数时阻力系数 C_D 随迎角 α 的变化[8]

航天飞行器在全部速度范围的横向机动能力与升阻比 L/D 直接相关。在亚声速范围，钝双锥在 $\alpha \approx 25°$ 时的 L/D 值约等于 0.8 (图 5.9)，而在超 – 高超声速范围，$\alpha \approx 20°$ 时升阻比减小到 $L/D \approx 0.65$ (图 5.10)。

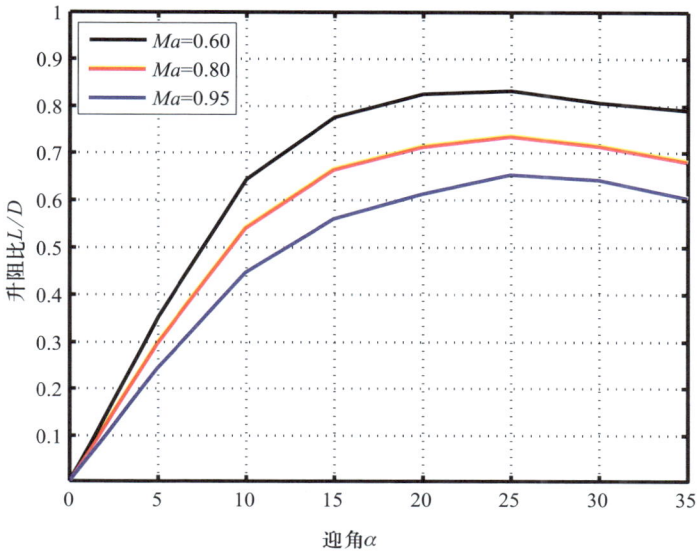

图 5.9　亚 – 跨声速马赫数时升阻比 L/D 随迎角 α 的变化[8]

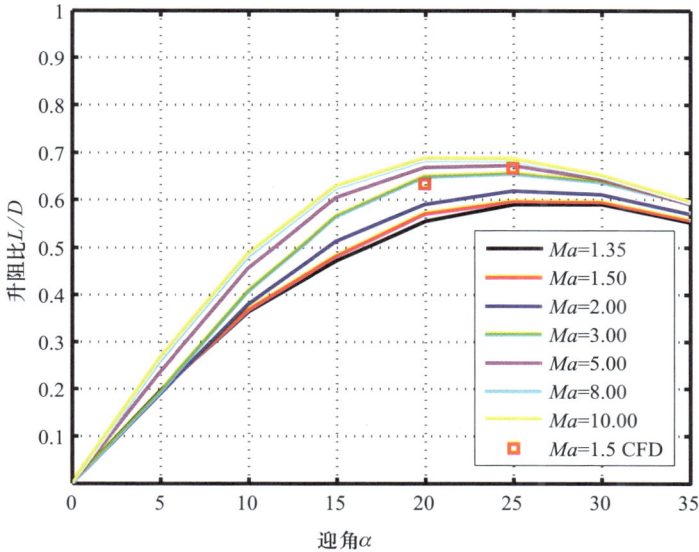

图 5.10　跨 – 超声速马赫数时升阻比 L/D 随迎角 α 的变化[8]

如果轴对称体的重心偏离对称轴, 可更有效地配平[1]。对于此处所采用的名义力矩参考点 ($x_{\text{ref}} = 0.25 L_{\text{ref}}$, $z_{\text{ref}} = 0.0 L_{\text{ref}}$) (图 5.4), 该飞行器在整个马赫数范围均是稳定的, 但无法配平, 因为对所有马赫数, $\alpha > 0°$ 时俯仰力矩 $C_m \neq 0$ (图 5.11 和图 5.12)。

可通过适当选择重心位置 (重心位置可能受飞行器内部布局限制), 或通过采用如襟翼和减速板这类气动装置 (这当然会增加飞行器设计

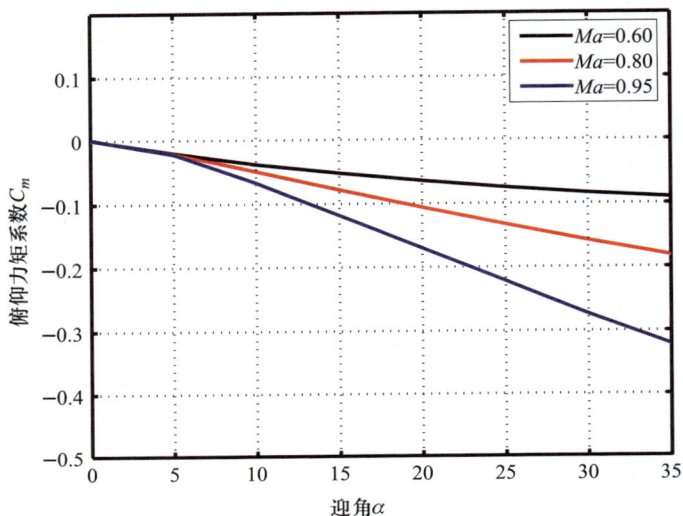

图 5.11　亚 – 跨声速马赫数时俯仰力矩系数 C_m 随迎角 α 的变化 (力矩参考点: $x_{\mathrm{ref}} = 0.25 L_{\mathrm{ref}}$, $z_{\mathrm{ref}} = 0.0 L_{\mathrm{ref}}$[8])

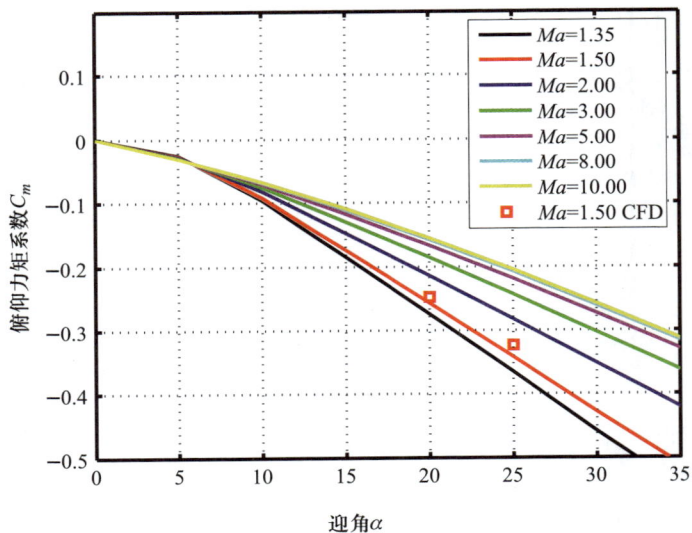

图 5.12　跨 – 超声速马赫数时俯仰力矩系数 C_m 随迎角 α 的变化 (力矩参考点: $x_{\mathrm{ref}} = 0.25 L_{\mathrm{ref}}$, $z_{\mathrm{ref}} = 0.0 L_{\mathrm{ref}}$[8])

和控制系统的复杂性),解决飞行器无法配平的问题。以前一种方法为例,我们将重心位置改变至 $x_{ref} = 0.59L_{ref}$, $z_{ref} = -0.0175L_{ref}$ (图 5.4),其结果是,马赫数 $Ma_\infty = 1.35$ 和 1.5 时,飞行器仍是弱静稳定的,可在 $\alpha \approx 12°$ 时配平 (图 5.13)。对于更高的马赫数,俯仰力矩斜率趋于 0,无法配平。

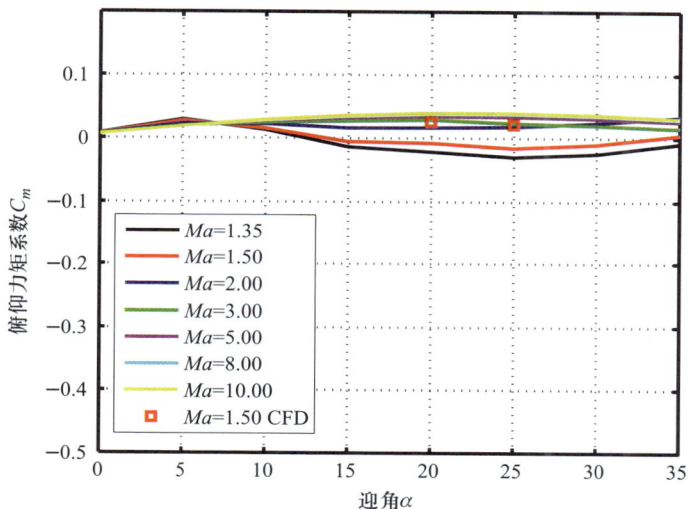

图 5.13　跨 – 超声速马赫数时俯仰力矩系数 C_m 随迎角 α 的变化 (力矩参考点:$x_{ref} = 0.590L_{ref}$, $z_{ref} = -0.0175L_{ref}$[8])

利用文献 [10, 11] 介绍的欧拉法,得到了两个轨迹点 ($Ma_\infty = 1.5$, $\alpha = 20°$ 和 $\alpha = 25°$) 的数值解[9]。其阻力和俯仰力矩吻合非常好 (图 5.8 和图 5.12),而升力彼此之间略有差别,进而也导致升阻比 L/D 彼此之间略有些差异 (图 5.6、图 5.10、图 5.13)。尽管如此,欧拉解的结果在一定程度上证明了所采用的工程方法的可靠性。

$Ma_\infty \geqslant 5$ 时,所有气动力系数基本上与马赫数无关。

横向气动特性

该飞行器为轴对称构型。

5.2.3　动态气动力数据

没有开展动稳定性研究。

5.3 细长体双锥 (俄罗斯)

采用细长体双锥同样可实现升阻比 L/D 的增加 (图 5.14)，与钝双锥相比，细长体双锥的直径 D_1 减小，导致轴向力和阻力减小，而法向力略有增加。

图 5.14　细长体双锥返回舱的三维外形图

5.3.1　构型特征

此处所研究的构型，由中央机械制造研究所设计，中央机械制造研究所是俄罗斯一个开展空间应用的研究所，位于莫斯科附近的加里宁格勒。图 5.15 给出了该外形的几何数据[6]。

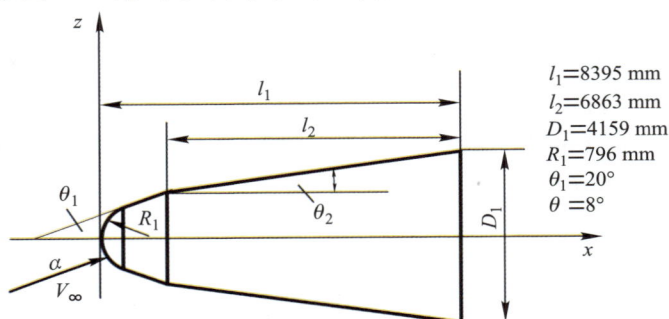

l_1=8395 mm
l_2=6863 mm
D_1=4159 mm
R_1=796 mm
θ_1=20°
θ=8°

图 5.15　细长体双锥返回舱外形定义

5.3.2　稳态气动力数据

下面讨论的马赫数 $0.60 \leqslant Ma_\infty \leqslant 4$ 的气动力数据由风洞试验获得，而 $Ma_\infty = 5.96$ 的数据采用近似设计方法获得[6]。

纵向气动特性

细长体双锥的升力系数 C_L 特性与钝双锥 (图 5.5 和图 5.6) 类似。而较大迎角时的斜率 $\partial C_L / \partial \alpha$，在跨声速范围比其他飞行范围稍大 (图 5.16)。

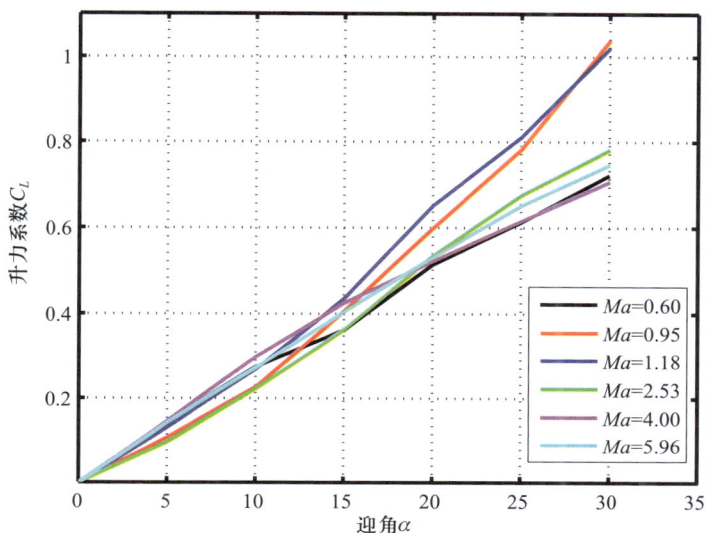

图 5.16 升力系数 C_L 随迎角 α 的变化[6]

我们预期的阻力特性是：跨声速范围阻力最大，由跨声速到亚声速和超声速范围，阻力单调减小。图 5.17 确实显示了阻力的这一特性。

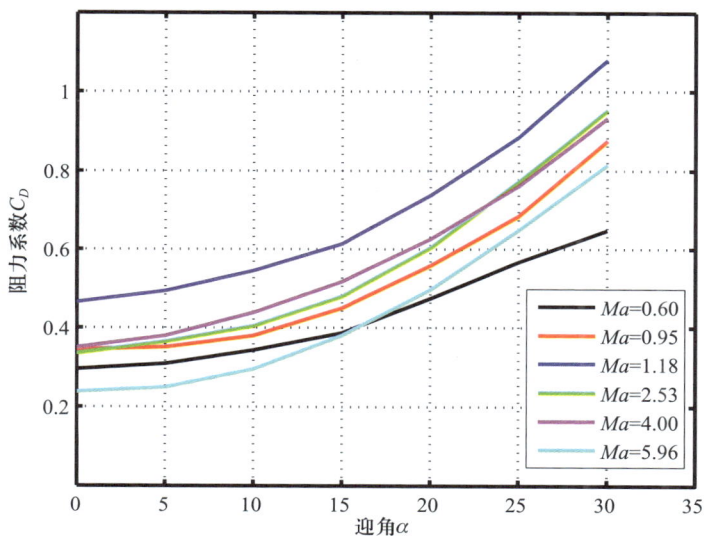

图 5.17 阻力系数 C_D 随迎角 α 的变化[6]

升阻比图 (图 5.18) 显示出一些不合常理的特性，特别是马赫数

$Ma_\infty = 5.96$ 的 L/D 曲线，其 L/D 值似乎有点太高。这一现象的可能原因是：如前所述，该马赫数的气动特性是由近似设计方法获得，而其他马赫数的气动力数据是由风洞试验获得。

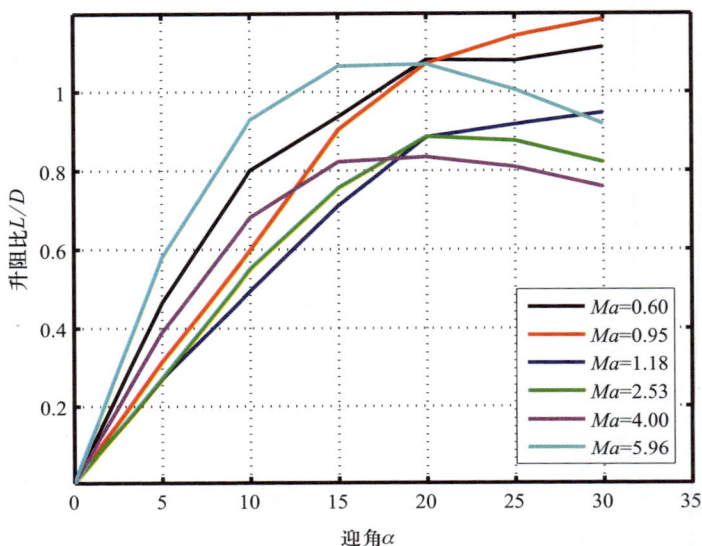

图 5.18　升阻比 L/D 随迎角 α 的变化[6]

下面主要关注俯仰力矩系数。通常，力矩参考点为 $x_{ref} = 0.57 L_{ref}$，$z_{ref} = -0.0667 L_{ref}$。对于该力矩参考点，马赫数 $Ma_\infty = 0.6$、0.95、1.18 时细长体双锥飞行器呈现为不稳定；马赫数 $Ma_\infty = 2.53$、4、5.96 时，飞行器变为弱静稳定。此外，$Ma_\infty = 2.53$ 时可得到一个配平点，配平迎角值 $\alpha_{trim} \approx 26°$（图 5.19）。

于是，我们会问，是否存在一个重心位置，飞行器在该处对所有马赫数均为静稳定，且可保证配平飞行。图 5.20 是关于这样一个重心位置点（$x_{ref} = 0.42 L_{ref}$，$z_{ref} = -0.1467 L_{ref}$）的俯仰力矩系数，但布局设计人员是否能在实践中实现这样一个重心位置，似乎有点令人怀疑。

下面，用另外一个实例说明，为了在特定轨迹点配平飞行器，到底该怎么做。设轨迹点为 $Ma_\infty = 5.96$、$\alpha = 20°$，然后从图 5.18 中得到该点升阻比为 $L/D = 1.0707$，并利用 4.1 节阐述的关系式。

利用式 (4.1) 将俯仰力矩系数从名义参考点（P1：$x_{ref} = 0.57 L_{ref}$，$z_{ref} = -0.0667 L_{ref}$）换算至飞行器头部所在的参考点（$x_j = 0 L_{ref}$，$z_j = 0 L_{ref}$）。利用式 (4.2)，计算压心沿 x 轴（$z_{cp} = 0$）的坐标位置，得 $x_{cp} = 0.5640$。然后

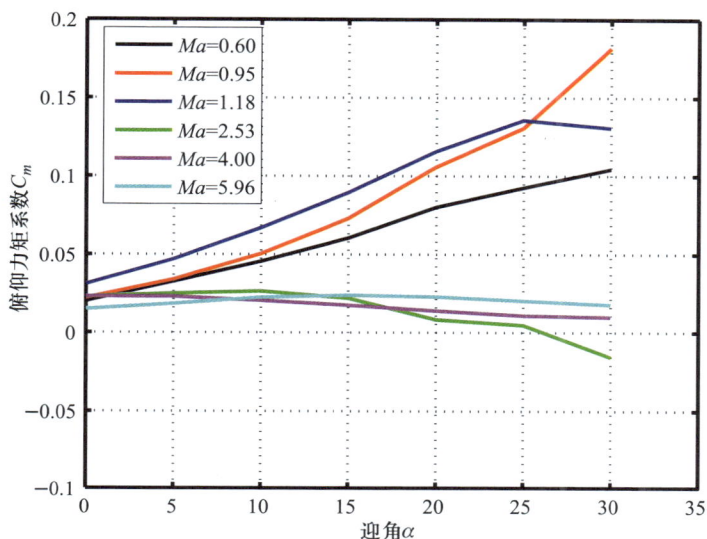

图 5.19　俯仰力矩系数 C_m 随迎角 α 的变化 (力矩参考点: $x_{\mathrm{ref}} = 0.57L_{\mathrm{ref}}$, $z_{\mathrm{ref}} = -0.0667L_{\mathrm{ref}}$[6])

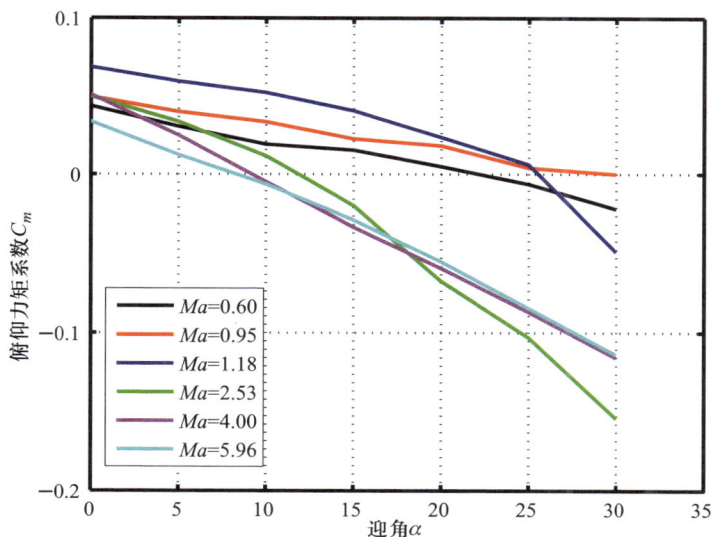

图 5.20　稳定飞行和配平飞行的俯仰力矩系数 C_m (力矩参考点: $x_{\mathrm{ref}} = 0.42L_{\mathrm{ref}}$, $z_{\mathrm{ref}} = -0.1467L_{\mathrm{ref}}$[6])

用式 (4.3) 确定重心线位置, 在该位置飞行器飞行为配平状态 (图 5.21)。

除了 x 轴上的配平点 (P3: $x_{\mathrm{ref}} = 0.564L_{\mathrm{ref}}$, $z_{\mathrm{ref}} = 0.0L_{\mathrm{ref}}$), 在该

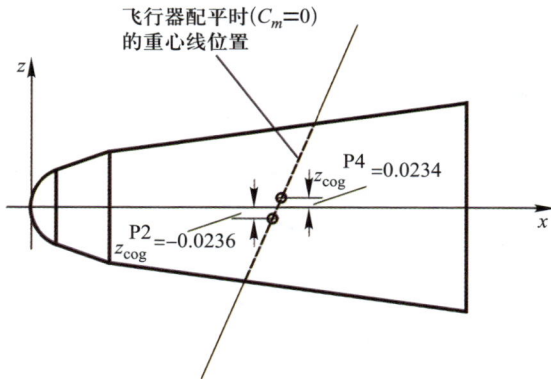

图 5.21　飞行器配平时 $(C_m=0)$ 的重心线位
置，$Ma_\infty = 5.96$，$\alpha_{\mathrm{trim}} = 20°$，$x_{\mathrm{cp}} = 0.5640$，$L/D_{\mathrm{trim}} = 1.0707$ (图 5.18、图 5.22)

重心线上选择另外两个配平点，其中一个配平点的 z 向偏移为负 (P2：$x_{\mathrm{ref}} = 0.554L_{\mathrm{ref}}$，$z_{\mathrm{ref}} = -0.0236L_{\mathrm{ref}}$)，另一个配平点的 z 向偏移为正 (P4：$x_{\mathrm{ref}} = 0.574L_{\mathrm{ref}}$，$z_{\mathrm{ref}} = +0.0234L_{\mathrm{ref}}$)。这个例子表明飞行器内部布局设计和有效载荷装载存在一定的余量。

图 5.22 显示的是这 3 个配平点以及名义参考点的俯仰力矩系数。

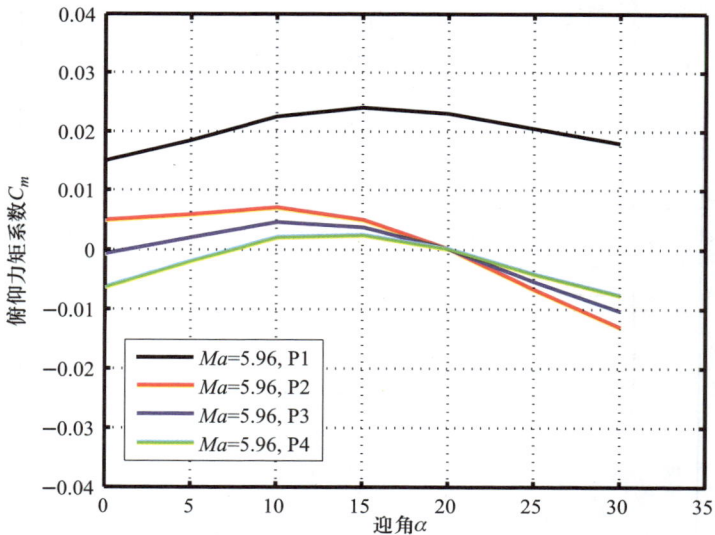

图 5.22　不同力矩参考点的俯仰力矩系数 C_m 随迎角 α 的变化比较 $(Ma_\infty = 5.96)$
P1：$x_{\mathrm{ref}} = 0.570L_{\mathrm{ref}}$，$z_{\mathrm{ref}} = -0.0667L_{\mathrm{ref}}$。P2：$x_{\mathrm{ref}} = 0.554L_{\mathrm{ref}}$，$z_{\mathrm{ref}} = -0.0236L_{\mathrm{ref}}$。
P3：$x_{\mathrm{ref}} = 0.564L_{\mathrm{ref}}$，$z_{\mathrm{ref}} = -0.0000L_{\mathrm{ref}}$。P4：$x_{\mathrm{ref}} = 0.574L_{\mathrm{ref}}$，$z_{\mathrm{ref}} = +0.0234L_{\mathrm{ref}}$。

横向气动特性

该飞行器为轴对称构型。

5.3.3 动态气动力数据

没有获得动稳定性的研究结果。

5.4 弯体双锥 (美国)

20 世纪 80 年代，在美国开展了一些升阻比 L/D 相对较高的无翼再入飞行器的设计工作[4,5,7]。开展这些工作的原因之一是要寻求外形简单的航天飞行器，通过飞行器不同程度地进入地球大气层，可在不同高度的轨道之间进行可靠转移。这样的飞行器称为气动辅助轨道转移飞行器。开展这些工作的另一个动机是在欧洲航天局研究框架内研究航天飞行器外形，选择合适的乘员运输飞行器[7]。这项研究的背景是欧洲为了寻求国际空间站服务维修的解决方案。

弯体双锥外形是上述构型中的一类，此处以文献 [5] 中描述的飞行器为例。

5.4.1 构型特征

图 5.23 和图 5.24 显示的是弯体双锥外形，该外形有两个超 – 高超声速马赫数 $Ma_\infty = 5.9$ 和 10.1 的气动力数据[5]。值得注意的是，该构型的尺寸是风洞模型尺寸。

图 5.23　弯体双锥返回舱的三维外形图[5]

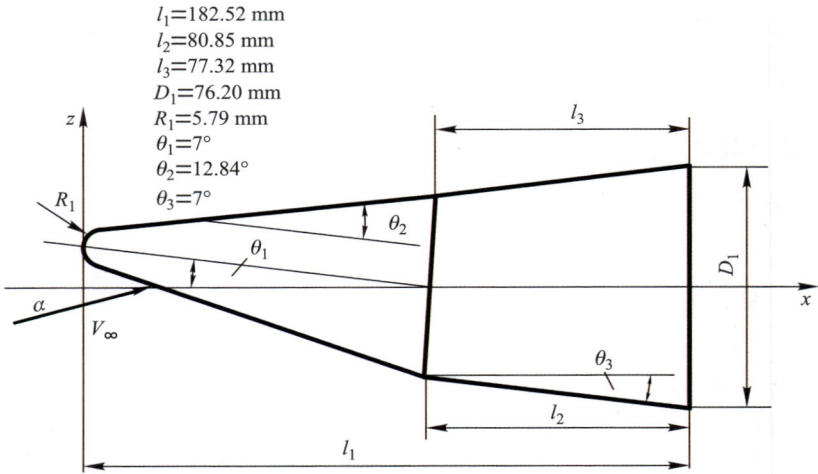

$l_1 = 182.52$ mm
$l_2 = 80.85$ mm
$l_3 = 77.32$ mm
$D_1 = 76.20$ mm
$R_1 = 5.79$ mm
$\theta_1 = 7°$
$\theta_2 = 12.84°$
$\theta_3 = 7°$

图 5.24　弯体双锥返回舱的外形定义[5]

5.4.2　稳态气动力数据

纵向气动特性

　　该构型的气动力数据由风洞试验获得。升力系数 C_L 如图 5.25 所示，其特性如预期。小迎角 ($\alpha \leqslant 10°$) 时弯体双锥的阻力值 C_D 比其他

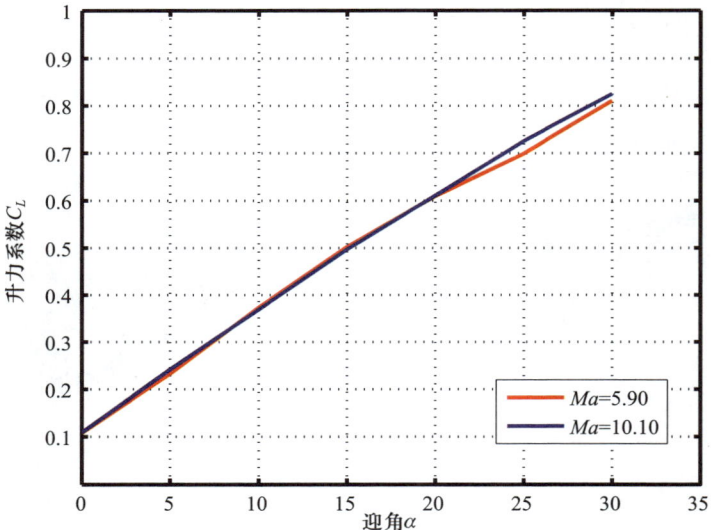

图 5.25　升力系数 C_L 随迎角 α 的变化[5]

双锥外形 (本章前面已进行过讨论) 要小，如图 5.26 所示。高超声速范围的升阻比 L/D 最大约为 1.4(图 5.27)。即使在 0° 迎角下，弯体双锥绕流也为非对称流场，这使其拥有配平能力，这可从图 5.28 可以看出。显然，在高超声速范围，对实际重心位置和迎角，弯体双锥可实现静稳定和配平飞行 ($22° \leqslant \alpha_{trim} \leqslant 24°$)。

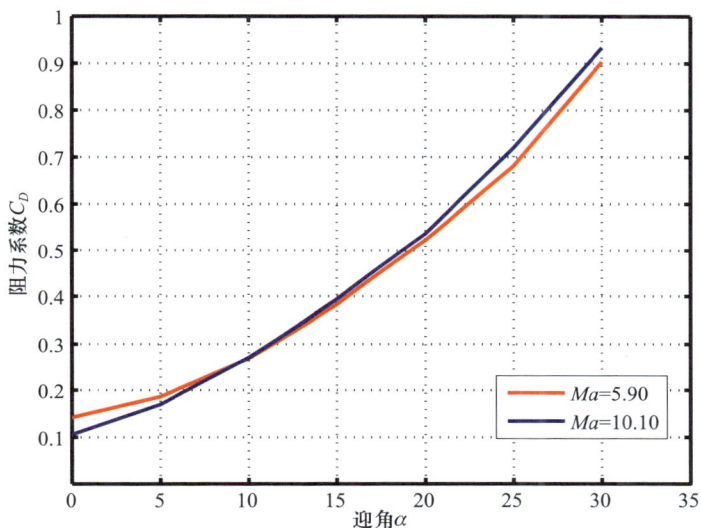

图 5.26 阻力系数 C_D 随迎角 α 的变化[5]

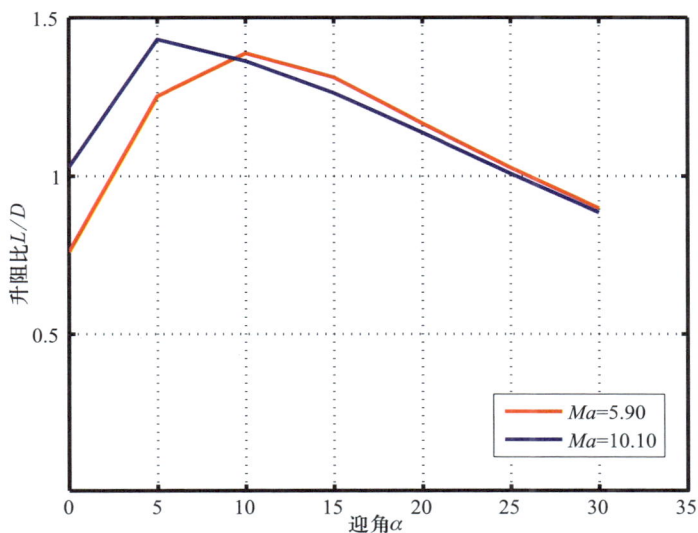

图 5.27 升阻比 L/D 随迎角 α 的变化[5]

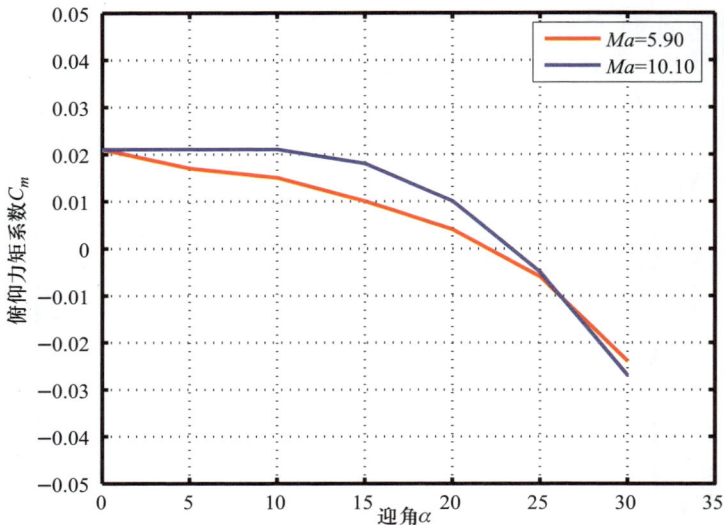

图 5.28 俯仰力矩系数 C_m 随迎角 α 的变化 (力矩参考点: $x_{\text{ref}} = 0.554L_{\text{ref}}$, $z_{\text{ref}} = 0.0L_{\text{ref}}$[5])

横向气动特性

没有获得有关横向运动的气动力数据。

5.4.3 动态气动力数据

没有获得动稳定性的研究结果。

5.5 COLIBRI (德国)

国际空间站用作试验设施, 需要频繁将样品带回, 而这可由小型无人且可控的再入返回舱完成。因此, 德国斯图加特大学空间系统研究所 (Institut für Raumfahrtsysteme, IRS) 提出, 基于简单球锥构型设计一个航天飞行器, 该构型下表面扁平, 其上安装了一个可分成两部分的体襟翼。该返回舱称为 COLIBRI (图 5.29 和图 5.30)[12,13]。在一项小型技术计划框架内, 该返回舱还预期作为测试平台发挥如下作用:

• 提供气动热飞行数据, 以验证由风洞试验和数值模拟方法 (CFD) 建立的气动热数据库;

• 对先进热防护材料进行研究和试验;

• 检验特定再入制导、导航与控制系统的适用性。

返回舱的总质量取决于所要执行的任务 (试验次数和/或飞行测量系统等),设想是不超过 300 kg 量级。此外,曾有人提议在 21 世纪初进行一次演示验证飞行,作为俄罗斯弗顿 (FOTON) 返回舱的搭载有效载荷,弗顿返回舱由俄罗斯"联盟"号火箭发射。但是,很遗憾,由于预算限制,提议的演示验证飞行未能实现。

5.5.1 构型特征

图 5.29 是 COLIBRI 外形的三维视图,图中体襟翼无偏转 $(\eta = 0°)$。该外形的几何关系如图 5.30 所示[12,13]。在该构型设计工作框架下还测试了其他构型,尤其是下表面扁平部分不同的构型[12]。之所以研究其他构型,是因为名义外形的配平迎角 α_{trim} 相对较小 $(\alpha_{trim} > 10°)$,使得 L/D 值较低。

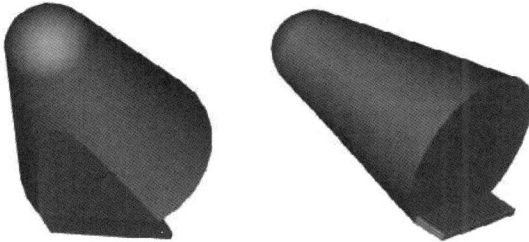

图 5.29　COLIBRI 飞行器的三维外形演示图

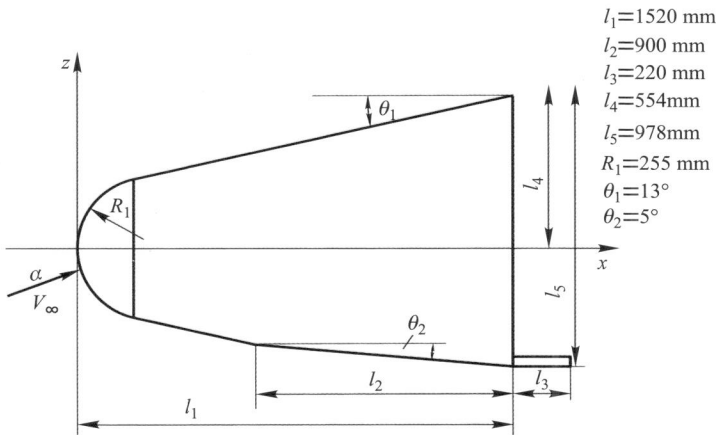

$l_1 = 1520$ mm
$l_2 = 900$ mm
$l_3 = 220$ mm
$l_4 = 554$ mm
$l_5 = 978$ mm
$R_1 = 255$ mm
$\theta_1 = 13°$
$\theta_2 = 5°$

图 5.30　COLIBRI 飞行器的外形定义[12,13]

5.5.2 稳态气动力数据

纵向气动特性

所给出的气动力数据是在位于科隆的德国宇航中心的 TMK 和 H2K 风洞测量获得的。还对一些轨道点上无体襟翼的 COLIBRI 构型绕流进行了欧拉计算，可在文献 [13] 中获得这些欧拉计算结果。下面 4 幅图 (图 5.33 ~ 图 5.35) 是 COLIBRI 外形体襟翼偏转 $\eta = 10°$ 的气动力数据，参见图 5.31。体襟翼正偏转 (向下偏转) 使纵向静稳定性增大。获得了马赫数 $Ma_\infty = 0.4$、0.6、1.05、1.4、2、3、4、8.7 的阻力系数 C_D 值 (图 5.33)。遗憾的是，在文献 [12] 中仅获得了 $Ma_\infty = 1.4$、2、3、4 的升力系数 C_L 以及由此得出的升阻比 L/D(图 5.32 ~ 图 5.34)。马赫数值为 $Ma_\infty = 1.4$、2、3、4 的俯仰力矩系数的原始参考点为 $x_{\mathrm{ref}}/l_1 = 0.58$，$z_{\mathrm{ref}}/l_1 = -0.028$。由于方向稳定性问题，将参考点前移至 $x_{\mathrm{ref}}/l_1 = 0.51$，图 5.35 中还给出了 $Ma_\infty = 8.7$ 时关于该参考点的俯仰力矩系数。$Ma_\infty = 2$、3、4 的曲线，其配平角在 $2° \leqslant \alpha_{\mathrm{trim}} \leqslant 5°$ 之间，但 $Ma_\infty = 1.4$ 时，无法获得正配平角。配平角随着体襟翼偏转角的减小而增大，但参考点前移时配平角随着体襟翼偏转角的减小而减小。而且，似乎很难使该构型的 L/D 值达到 0.6 以上，因为其配平角最大值为 $\alpha_{\mathrm{trim}} \approx 10°$。

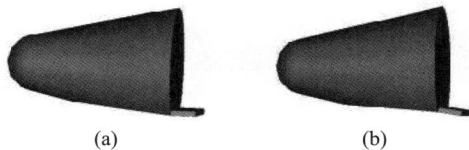

(a)　　　　　　　　　　(b)

图 5.31　COLIBRI 飞行器不同体襟翼偏转比较

(a) $\eta = 0°$；(b) $\eta = 10°$。

横向气动特性

如前所述，名义力矩参考点为 $x_{\mathrm{ref}}/l_1 = 0.58$，$z_{\mathrm{ref}}/l_1 = -0.028$ 时，在亚声速飞行区域会出现方向不稳定，所以将该力矩参考点沿 x 方向前移至 $x_{\mathrm{ref}}/l_1 = 0.51$，遗憾的是，参考点前移却使配平角更小，结果使升阻比 L/D 更低，如图 5.34 所示。对于调整后的力矩参考点，$Ma_\infty = 0.6$ 时方向稳定性较差，但可确保 $Ma_\infty = 1.4$ 和 4 时是方向稳定的 $(\partial C_n/\partial \beta > 0)$ (图 5.36)。仅测量了 $Ma_\infty = 4$ 的滚转力矩系数。图 5.37 表明，$Ma_\infty = 4$ 时是滚转稳定的 $(\partial C_l/\partial \beta < 0)$。

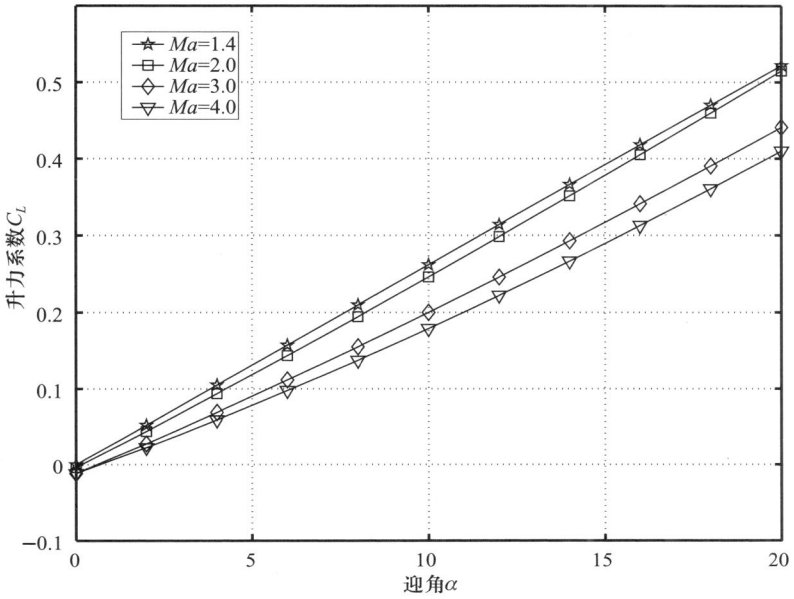

图 5.32 升力系数 C_L 随迎角 α 的变化[12] (体襟翼偏转角 $\eta = 10°$)

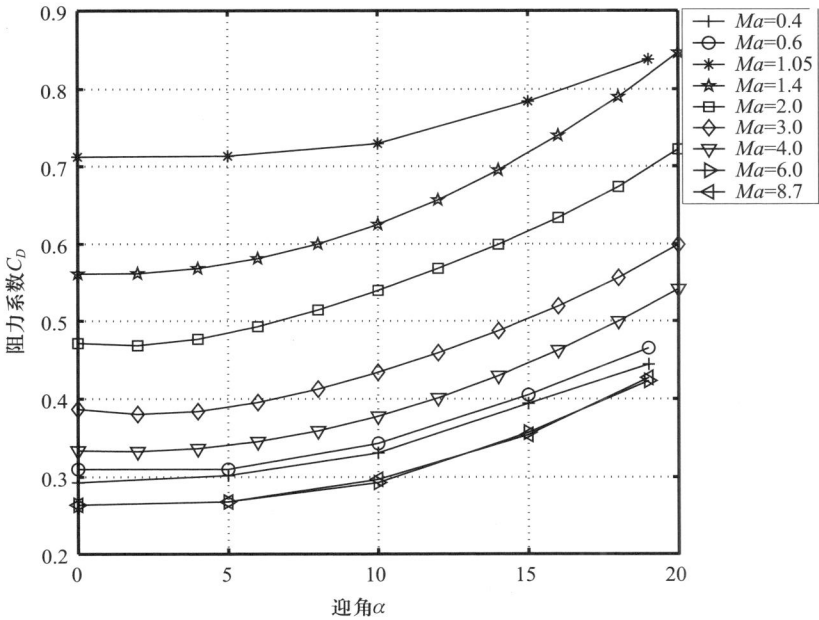

图 5.33 阻力系数 C_D 随迎角 α 的变化[12] (体襟翼偏转角 $\eta = 10°$)

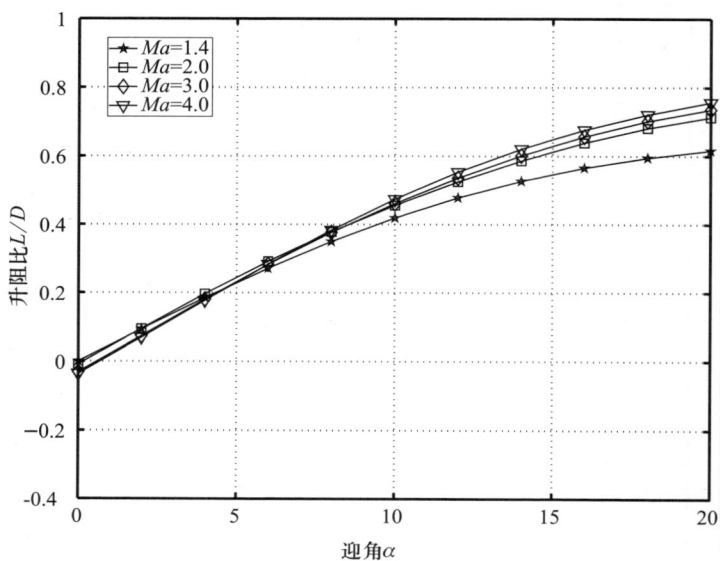

图 5.34 升阻比 L/D 随迎角 α 的变化[12] (体襟翼偏转角 $\eta = 10°$)

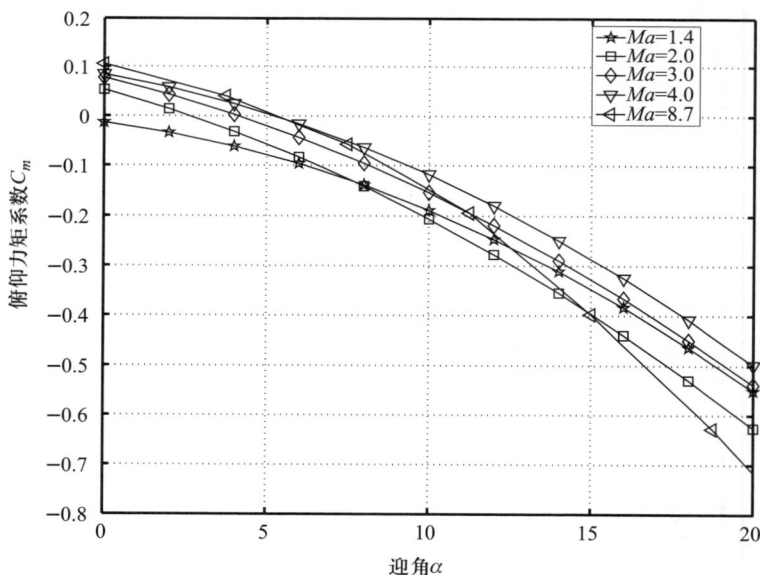

图 5.35 俯仰力矩系数 C_m 随迎角 α 的变化[12] (体襟翼偏转角 $\eta = 10°$; $Ma_\infty = 1.4$、2、3、4 曲线的力矩参考点为: $x_{ref}/l_1 = 0.58$, $z_{ref}/l_1 = -0.028$; $Ma_\infty = 8.7$ 曲线的力矩参考点为: $x_{ref}/l_1 = 0.51$, $z_{ref}/l_1 = -0.028$)

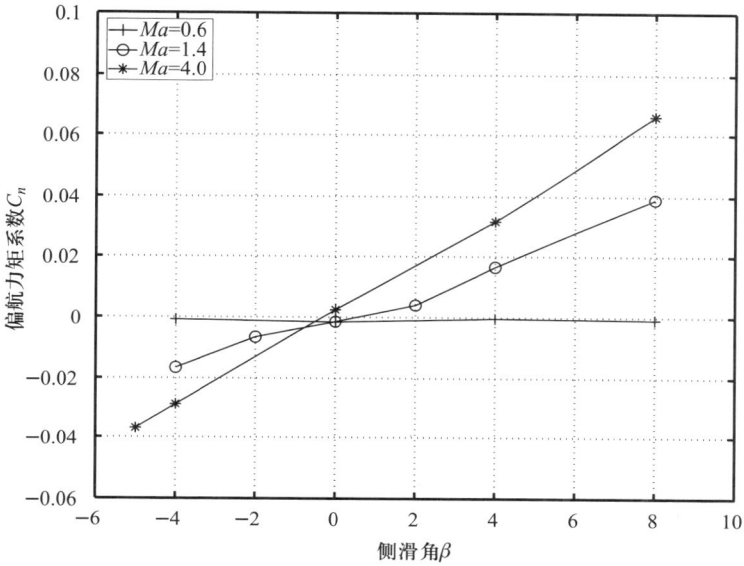

图 5.36 偏航力矩系数 C_n 随侧滑角 β 的变化[12] (力矩参考点：$x_{\mathrm{ref}}/l_1 = 0.51$，$z_{\mathrm{ref}}/l_1 = -0.028$，体襟翼偏转角 $\eta = 0°$)

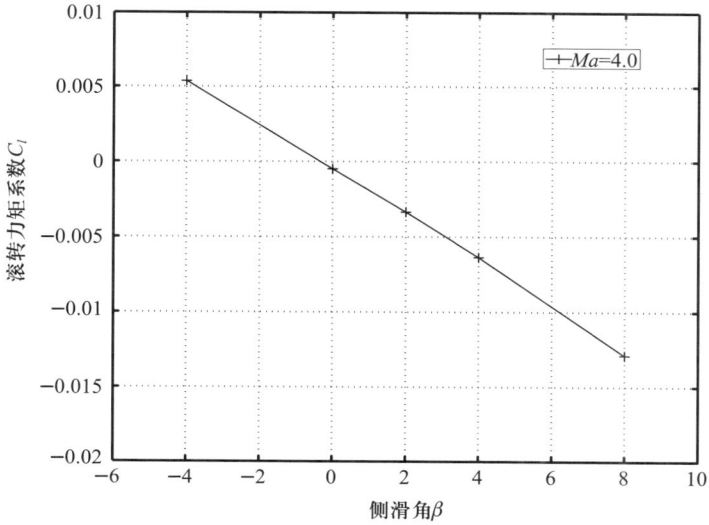

图 5.37 滚转力矩系数 C_l 随侧滑角 β 的变化[12] (力矩参考点为：$x_{\mathrm{ref}}/l_1 = 0.51$，$z_{\mathrm{ref}}/l_1 = -0.028$，体襟翼偏转角 $\eta = 0°$)

5.5.3 动态气动力数据

没有获得动稳定性数据。

5.6 IRDT (俄罗斯 – 德国)

充气式再入与降落技术 (IRDT) 概念是由俄罗斯空间研究组织拉沃什金 (NPO Lavoshkin) 设计局研发的。常规无翼再入飞行器的再入过程需要防热罩，降落过程需要降落伞或翼伞系统。而充气式再入演示验证器系统再入之前展开可充气式减速装置 (IBU) 第一级，IBU 能够承受高超声速飞行的极端流动条件，充气气囊使飞行器直径从 0.80 m 增加到 2.30 m (图 5.38 和图 5.40)。接着在着陆过程中展开可充气式减速装置第二级。第二级在飞行马赫数接近 $Ma_\infty \approx 0.8$ 时展开，此时飞行器直径增大到 3.8m。与常规返回舱大量而且很重的热防护和着陆系统相比，充气式再入演示验证器系统的主要优点是发射体积和重量小得多。

图 5.38 为飞行器从离轨到着陆的任务时序，图中小型刚性返回舱为飞行器轨道构型，飞行器在 $H = 100$ km 高度展开 IBU 第一级。着陆构型图中 IBU 第二级尚未展开[14,15]。

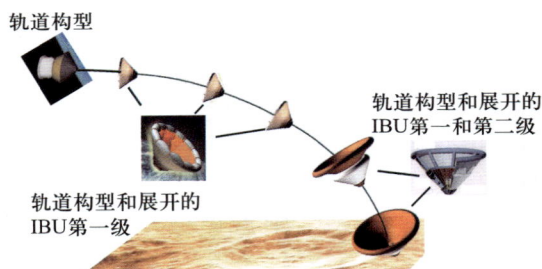

图 5.38　IRDT：离轨、再入和着陆过程示意图[14,15]

2000 年 2 月 9 日进行了一次鉴定飞行。为了安全着陆 (在地面降落)，展开的 IBU 系统第二级应使飞行器速度降至 $v_\infty = 13 \sim 15$ m/s，而测量的速度大约为 60 m/s，这证实了 IBU 第二级未能正确展开的怀疑。因此，认为此次飞行是不完全成功的[14,15]。计划再进行几次演示验证飞行，但直到 2012 年都未能实现。

5.6.1 构型特征

轨道构型包括折叠状 IBU 系统和装载有效载荷的设备舱。该轨道构型是 IRDT 系统的刚性部分，由一个钝体防热罩和一个半顶角为 45°的锥组成 (图 5.39)。

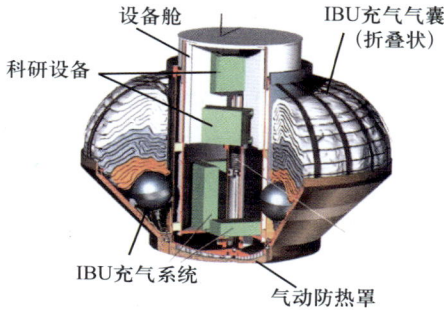

图 5.39　IRDT：带有设备舱和折叠状 IBU 充气气囊的轨道构型[14]

图 5.40 示出了刚性部分 (轨道构型) 以及充气式减速装置第一级展开构型的技术参数。

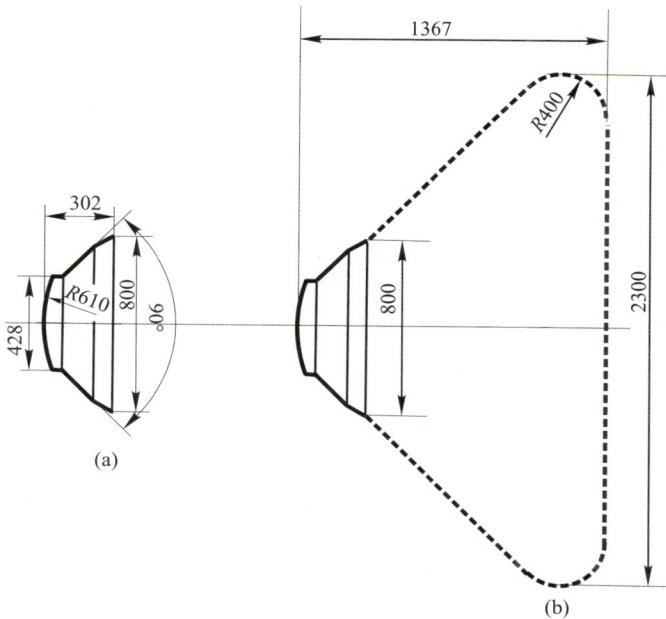

图 5.40　IRDT 返回舱外形构型及几何尺寸[16]

(a) 返回舱的刚性部分；(b) 刚性部分和充气式减速装置展开的第一级。

5.6.2 稳态气动力数据

下面介绍的气动力系数基本上由拉沃金设计局获得[17]。在合作框架内,德国宇航公司 (Dasa,后来的 EADS) 使用欧拉方程,通过一系列数值解 (CFD) 为该气动力数据库的完成做出了很大贡献[18]。图 5.41 所示为 $Ma_\infty = 5$ 时 IRDT 外形 (刚性部分和展开的 IBU 第一级) 绕流数值模拟的一些结果。首先仅对刚性部分的高马赫数流动 ($Ma_\infty = 9$) 进行了风洞试验研究,后来对刚性部分和展开的 IBU 的第一级进行了研究。图 5.42 和图 5.43 的纹影照片说明了弓形激波的形成以及弓形激波与嵌入激波的相互干扰。

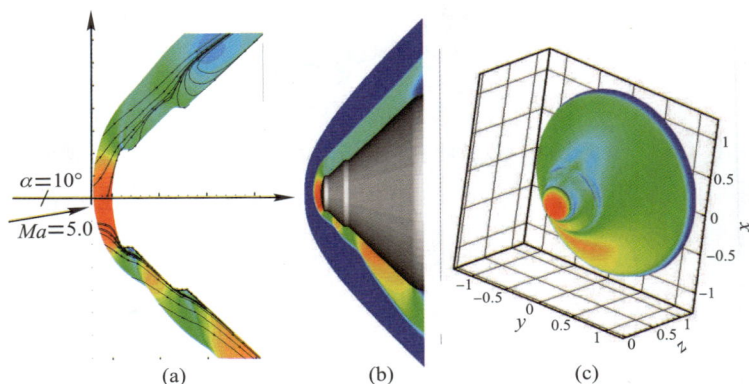

图 5.41 IRDT:流场的数值模拟 (欧拉解) ($Ma_\infty = 5$, $\alpha = 10°$)

(a) 前部流线放大图;(b) 对称面压力分布;(c) 飞行器表面压力分布[17]。

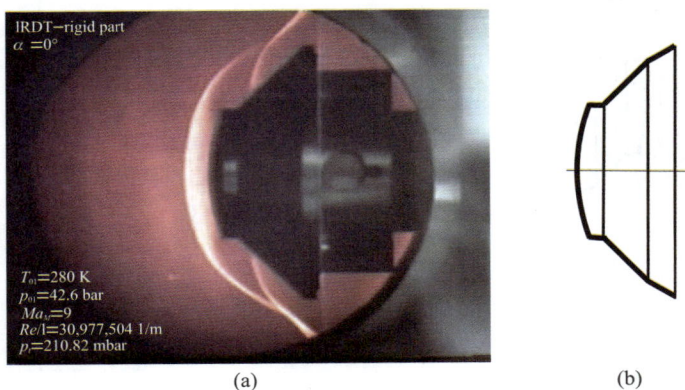

图 5.42 仅有 IRDT 飞行器的刚性部分[16,17]

(a) 在风洞中试验 (马赫数 $Ma_\infty = 9$, $\alpha = 0°$);(b) 外形构型。

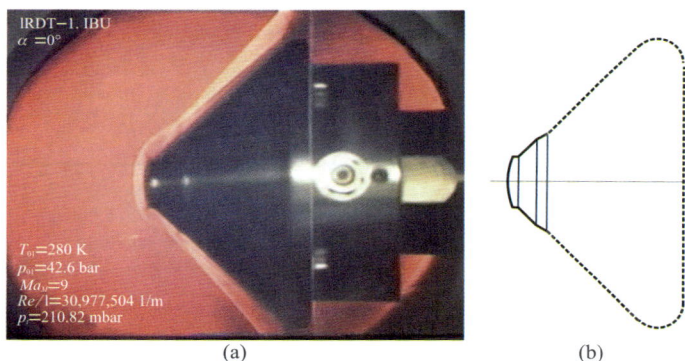

图 5.43   IRDT 飞行器的刚性部分和展开的充气式减速装置 (IBU) 第一级[16,17]

(a) 在风洞中试验 (马赫数 $Ma_\infty = 9$, $\alpha = 0°$)；(b) 外形构型。

有趣的是，防热罩后由锥产生的嵌入激波使弓形激波增强，且使弓形激波逆着来流方向弯曲。在迎风面的数值解 (图 5.41(a)) 和风洞纹影照片 (图 5.42) 中都可看到这种特性。下面介绍的气动力数据集是针对刚性部分和展开的 IBU 第一级的 (图 5.40(b))。

纵向气动特性

拉沃金设计局于 1999 年提交给达索公司的气动力数据集包含 $Ma_\infty = 0$ 和 100 这两个马赫数的数据，包含这两个马赫数的数据的目的在于：

• $Ma_\infty = 0$ 应表明，直到 $Ma_\infty \approx 0.35$ 的亚声速马赫数，预计其流动都是真正的不可压缩流，而且在 $Ma_\infty = 0$ 和 0.35 之间的气动力系数一般为常值；

• $Ma_\infty = 100$ 应表明，高超声速流动符合马赫数无关原理[1]，即至少在 $Ma_\infty \geqslant 10$ 时气动力系数不会出现显著变化。

首先，前面已提及，由于 IRDT 外形钝度很大，如返回舱的典型特性一样 (4.1 节)，仅在负迎角才能获得正升力。这是不争的事实，尽管实际上 IRDT 外形的尾部包括一个半顶角为正的截锥，这与典型的返回舱的半顶角为负不同，典型返回舱实例请参见"阿波罗"或"联盟"号外形 (第 4 章)。

图 5.44 的升力系数图表明，不同马赫数的 C_L 分散度很大。直到迎角 $\alpha \approx -30°$ 时，升力系数特性通常都是线性的。除了 $Ma_\infty = 5$、$\alpha = -30°$ 这个轨迹点之外，数值模拟结果基本上与气动力数据库数据一致。由此看来是 $Ma_\infty = 5$, $\alpha = -30°$ 这个点的数值解没有完全收敛。

阻力在低速区域 ($Ma_\infty = 0$) 最小，$Ma_\infty = 2$ 时最大 (图 5.45)。我们发现，高超声速马赫数与 $Ma_\infty = 1$ 的阻力系数值非常相近，这一点出乎意料。预期的是阻力在 $Ma_\infty \approx 1$ 附近最大，因此无法对此进行解释。

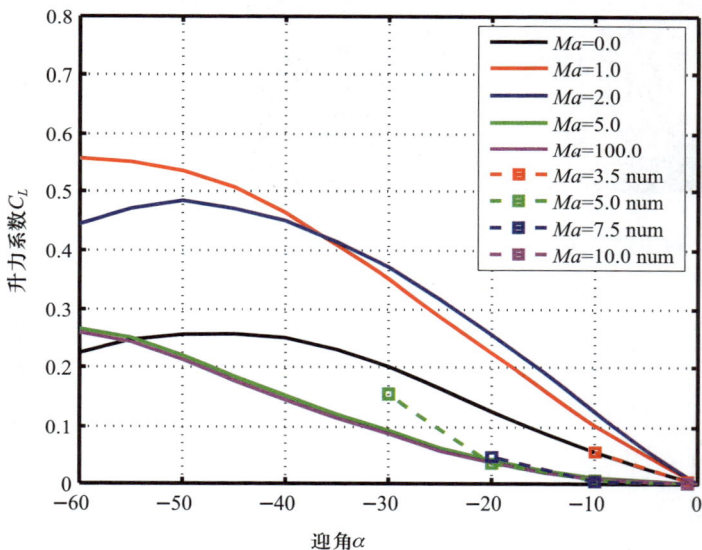

图 5.44　升力系数 C_L 随迎角 α 的变化[17]

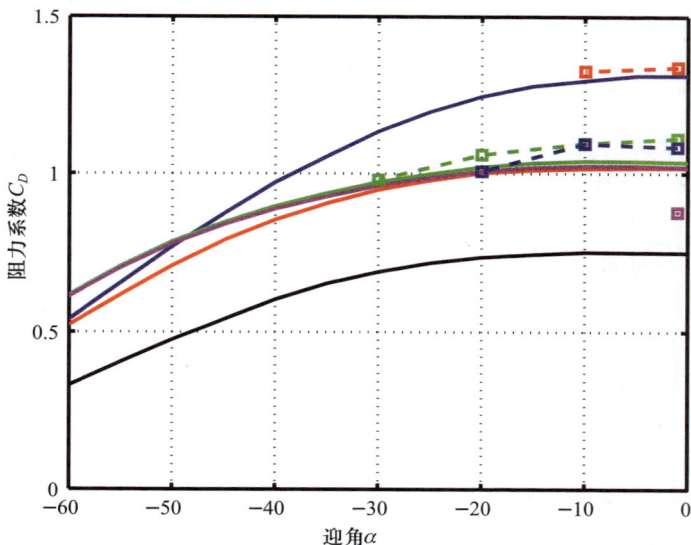

图 5.45　阻力系数 C_D 随迎角 α 的变化[17]

　　图 5.46 是升阻比 L/D 曲线。曲线趋势 (迎角达 $\alpha \approx -60°$) 没有像单锥或双锥以及有翼外形一样出现最大值 (第 6 章)，然而，这种特性证实了 IRDT 外形更像典型返回舱而不是钝锥这一看法。值得注意的是，升力和阻力系数以及升阻比在 $Ma_\infty \approx 5$ 以上，表现出与马赫数无关。

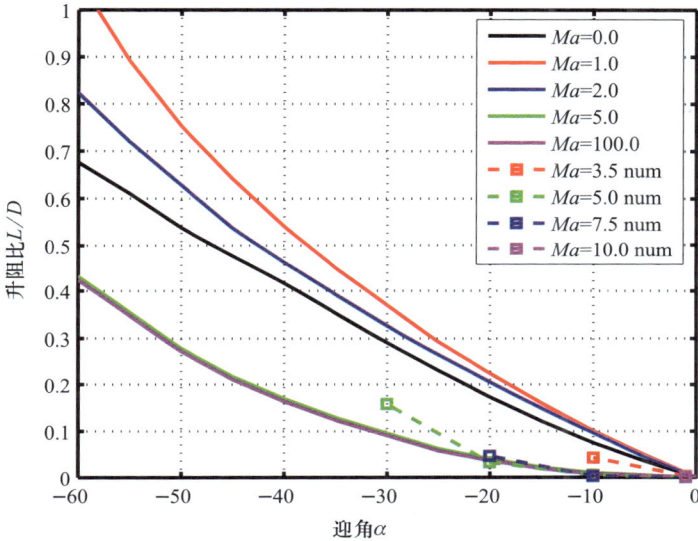

图 5.46　升阻比 L/D 随迎角 α 的变化[17]

　　对于所有研究的马赫数，飞行器均保持纵向静稳定 (俯仰稳定) (图 5.47)[①]。轴对称体的力矩参考点位于对称轴上 (此处 $x_{ref} = 0.325D$，$z_{ref} = 0$)，难以配平 (4.1 节)。$\alpha \approx 0°$ 时，俯仰力矩必定为 0，而正如大家所看到的，$Ma_\infty = 7.5$ 的数值模拟结果却有点违背这一规律。重心有 z 向偏移时，飞行器的配平特性明显改善。图 5.48 给出的是图 5.47 中 5 个马赫数 $Ma_\infty = 0$、1、2、5、100 的俯仰力矩曲线趋势，其重心位于对称线下方 ($z_{ref} = -0.04D$)。此时我们发现，在整个马赫数范围，飞行器均可配平，配平迎角在 $-23° \leqslant \alpha_{trim} \leqslant -9°$ 之间。

---

　　① 值得注意的是：2000 年拉沃金设计局提交给 Dasa 公司的数据库，其 $Ma_\infty = 0$ 和 $Ma_\infty = 1$ 以及 $Ma_\infty = 5$ 和 $Ma_\infty = 100$ 时的俯仰力矩 C_m 值相同，$Ma_\infty = 5$ 和 $Ma_\infty = 100$ 数据相同可用高超声速流动的马赫数无关原理解释，但 $Ma_\infty = 0$ 与 $Ma_\infty = 1$ 的 C_m 值应不同。遗憾的是，我们无法对此做出解释。

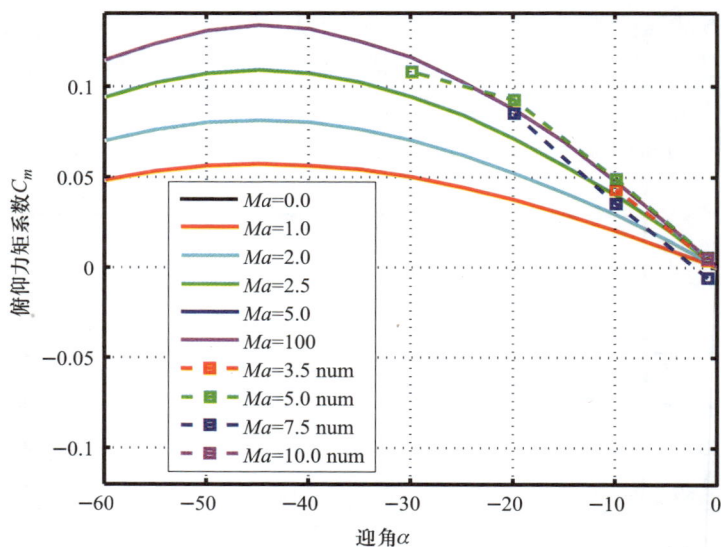

图 5.47 俯仰力矩系数 C_m 随迎角 α 的变化[17] (力矩参考点 (自头部端点测量)：$x_{\mathrm{ref}} = 0.325D$，$z_{\mathrm{ref}} = 0.0$)

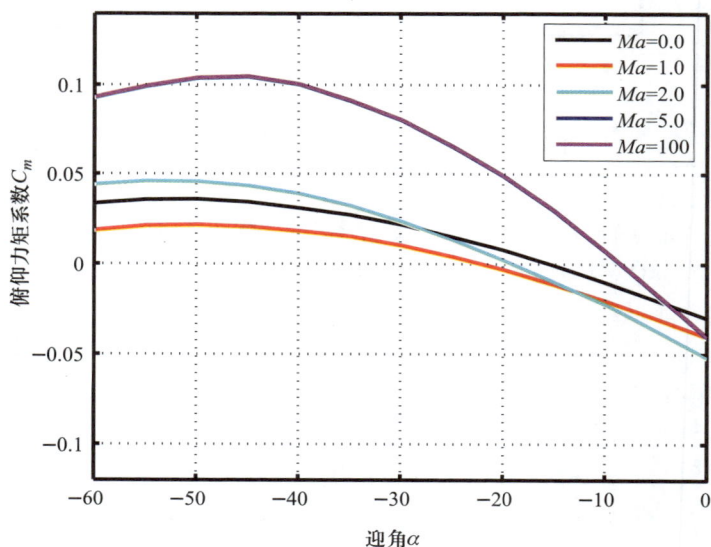

图 5.48 俯仰力矩系数 C_m 随迎角 α 的变化[17] (力矩参考点：$x_{\mathrm{ref}} = 0.325D$，$z_{\mathrm{ref}} = -0.040D$)

横向气动特性

该飞行器为轴对称构型。

5.6.3 动态气动力数据

拉沃金设计局还提交[①]了一些有关动态俯仰稳定性 (俯仰阻尼系数) $C_{m\dot{\alpha}} + C_{mq}$ 的数据 (图 5.49)。引起大家注意的是：在较大的迎角范围，其值通常为常数。而且，$Ma_{\infty} = 0$ 和 1 的数据完全重合。因为不知道这些值的依据是什么，所以在此不做进一步讨论。

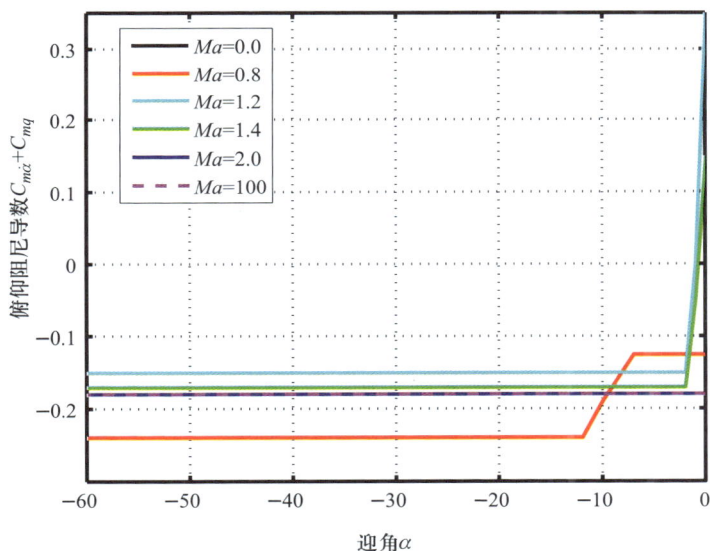

图 5.49 俯仰阻尼系数 $C_{m\dot{\alpha}} + C_{mq}$ 随迎角 α 的变化[17] (力矩参考点 (自头部端点测量)：$x_{\text{ref}} = 0.325D$，$z_{\text{ref}} = 0.0$)

5.7 EXPERT (欧洲)

在欧洲于 1987 年正式启动空间计划 HERMES 以及后来于 1994 年开始 MSTP 计划 (载人空间运输计划) 期间，气动热力学学科得到了发展，利用新型高超声速和/或高焓风洞可对诸如马赫数、总温或总焓、

---

① 在与德国宇航公司 (Dasa 公司) 的合作框架内。

雷诺数等参数进行研究, 而在这之前研究人员还无法进行此类研究。在此期间, 数值模拟方法也得到了发展, 在上面提到的计划框架内, 计算流体动力学工具已经能够处理复杂构型的三维流场、热力学平衡和非平衡状态下的气体流动、错综复杂的层流和湍流黏性流动结构及辐射冷却表面 (此处仅提到了一些最具挑战性的方面)。由于必须对这些研究工具的结果进行验证, 而最好是用自由飞行试验进行验证, 所以欧洲航天局及其技术分公司 —— 欧洲空间研究与技术中心 (ESTEC) 提出设计和开发一种飞行试验平台, 该试验平台名为欧洲实验再入试验平台 (EXPERT)[19,20]。

　　在 EXPERT 研究之初, 设计了两个构型, 并对其气动性能进行了研究。第一个外形为旋成体 REV(钝锥加尾裙), 第二个外形是基于钝锥体的带闭口襟翼的模型 KHEOPS (图 5.50)[19]。在该计划后期, 对 KHEOPS 外形进行了一些改进, 两个襟翼改为开口形式, 得到最终的 EXPERT 模型构型 4.2 (图 5.51)[19,21,22]。

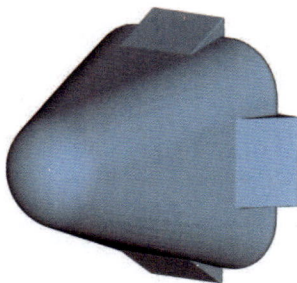

图 5.50　EXPERT 计划的三维外形: KHEOPS, 带闭口襟翼的锥体构型[19]

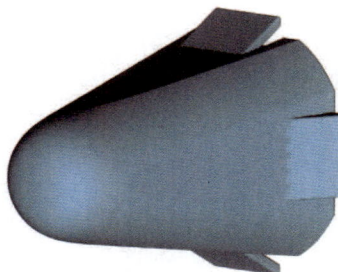

图 5.51　EXPERT 计划的三维外形: 模型 4.2, 两个开口襟翼, 两个闭口襟翼[19]

2013 年, 计划用三个一次性 EXPERT 飞行器进行三次弹道再入飞行。这些飞行器装载不同类型的仪器, 用于测量气动热力学数据。运载系统选择的是俄罗斯 "波浪"(VOLNA) 火箭。

5.7.1 构型特征

KHEOPS 构型是一个用球体钝化的钝锥外形, 有四片体襟翼。之所以这样设计, 旨在满足襟翼周围的三维效应、分离和再附加热以及角区加热及辐射效应等的研究。该构型的各物理量如下 (图 5.52 和图 5.53):

- 头部半径 0.270 m;
- 锥体二面角 17°;
- 底部直径 1.3 m;
- 总长 1.08 m;
- 参考长度 1.08 m;
- 参考面积 1.2084 m² ;
- 襟翼偏转角 15° 和 20°;
- 襟翼铰链线位置 $x_{bf} = 0.850$ m。

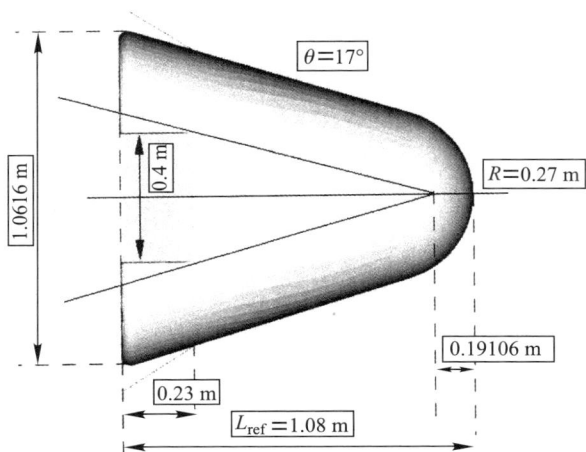

图 5.52　EXPERT 计划的三维外形: KHEOPS 模型的详细说明, 侧视图[19]

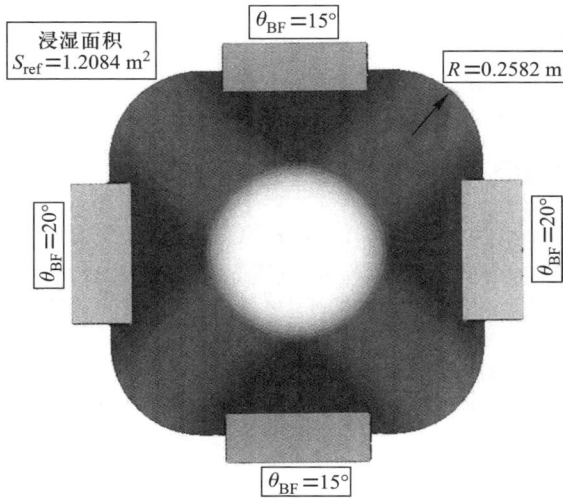

图 5.53 EXPERT 计划的三维外形：KHEOPS 模型的详细说明，前视图[19]

为了优化 EXPERT 任务，KHEOPS 构型经过下列改变，最终得到 EXPERT 模型 4.2(见图 5.54、图 5.55 和文献 [19])：

- 用偏心率为 2.5 的椭球头部代替球形头部；
- 主外形由半顶角为 12.5° 的锥组成；
- 用 4 个偏斜度为 9° 的平面对锥进行切割；

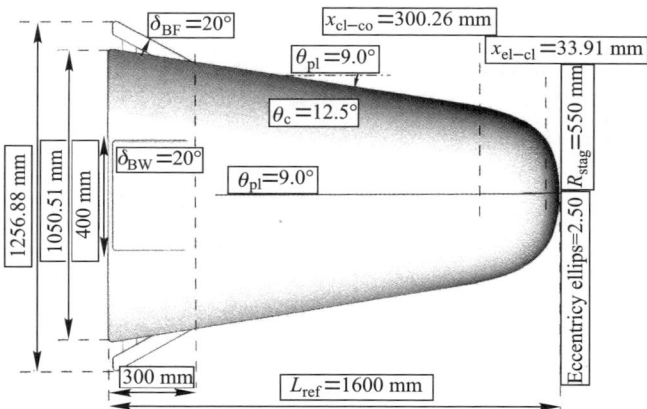

图 5.54 EXPERT 计划的三维外形：带两个开口襟翼、两个闭口襟翼的模型 4.2 的详细说明，侧视图[19]

- 安装四个偏转角为 20° 的襟翼，两个为闭口襟翼，两个为开口襟翼；
- 襟翼宽 0.4 m，投影长 0.3 m；
- 总长延长至 1.6 m；
- 参考面积 (浸湿底部面积) 达 1.1877 m²。

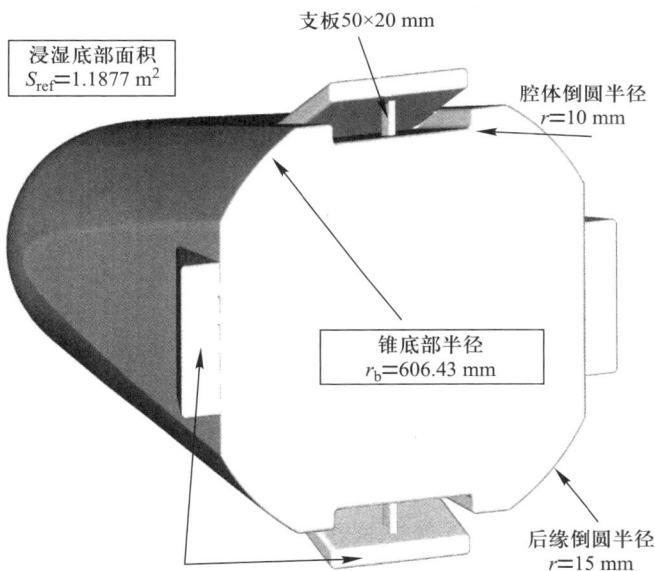

图 5.55　EXPERT 计划的三维外形：带两个开口襟翼、两个闭口襟翼的模型 4.2 的详细说明，后视图[19]

5.7.2　稳态气动力数据

纵向气动特性

KHEOPS 构型

KHEOPS 模型的气动特性研究均是采用欧拉和 N-S 方程进行的数值模拟[19]。以下 4 幅图 (图 5.56 ~ 图 5.59) 显示的是升力、阻力、俯仰力矩系数以及升阻比。计算算例数目限制在 10 个之内①，涵盖的马赫数范围为 $2 \leqslant Ma_\infty \leqslant 22.5$，迎角范围为 $0° \leqslant \alpha \leqslant 10°$。虽然只有区区几个点，但这些数据足以揭示 KHEOPS 构型的气动特性趋势。

---

① 有 10 多个计算算例，但为了研究偏航效应，模型仅旋转到子午角 $\phi = 45°$ 和 90° 的位置。由于不同襟翼偏转角 $\eta_{bf} = 15°$ 和 20° 产生了非对称流场，引起了偏航效应。

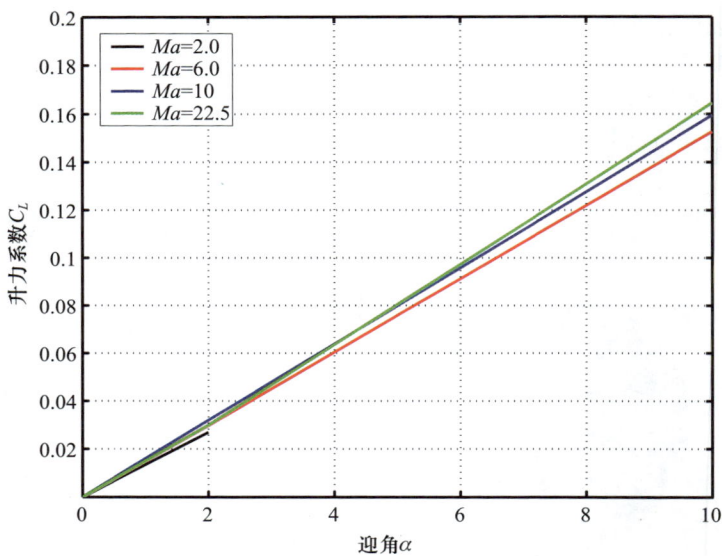

图 5.56 EXPERT 模型 KHEOPS 的升力系数 C_L 随迎角 α 的变化[19]

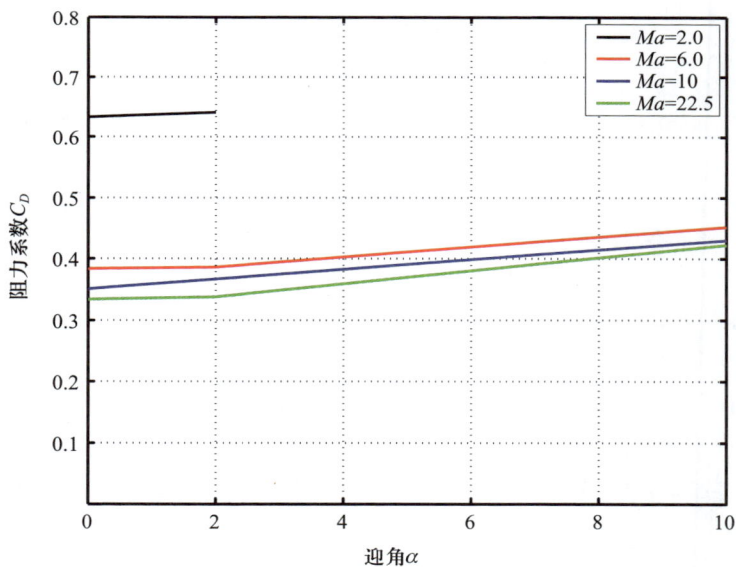

图 5.57 EXPERT 模型 KHEOPS 的阻力系数 C_D 随迎角 α 的变化[19]

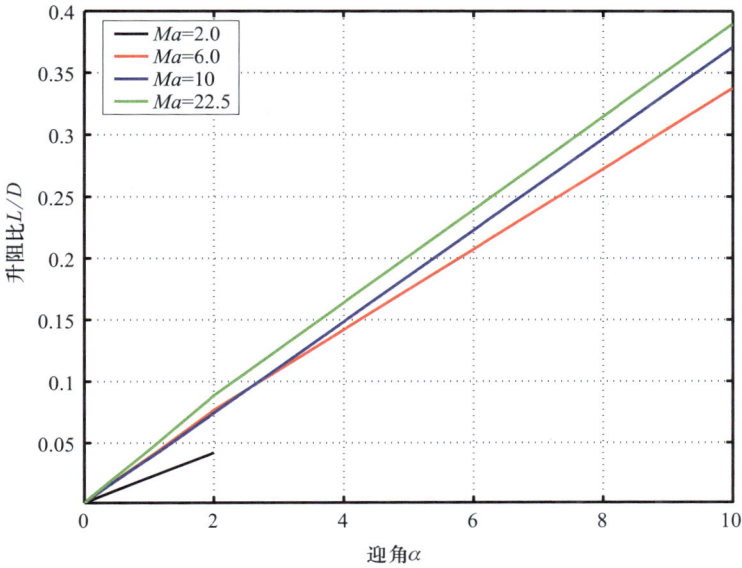

图 5.58 EXPERT 模型 KHEOPS 的升阻比 L/D 随迎角 α 的变化[19]

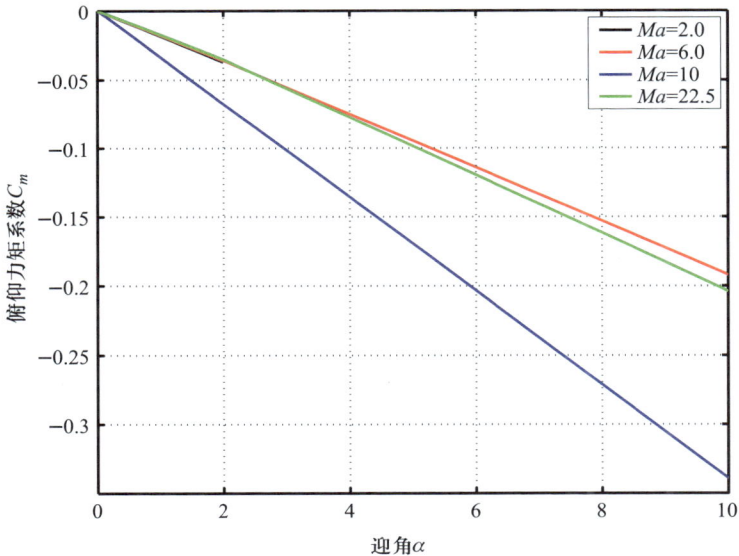

图 5.59 EXPERT 模型 KHEOPS 的俯仰力矩系数 C_m 随迎角 α 的变化[19] (力矩参考点为头部端点 ($x_{ref} = 0.0$，$z_{ref} = 0.0$))

大多数气动力数据如预期一样，但有两个异常情况。第一个异常情况是升力线斜率随着马赫数增大而小幅增大，这一特性出乎意外 (图 5.56)。因为通常情况下，人们预期的是升力线斜率会减小。第二个异常情况是俯仰力矩系数 C_m 的斜率随马赫数的增大是非单调的 (图 5.59)，这一点无法解释。

只提供了 EXPERT 模型 4.2(飞行验证模型) 的风洞试验数据[1][21]，这些风洞数据来自于俄罗斯西伯利亚分院理论与应用力学研究所 (ITAM)。在其超声速风洞 T-313 中进行了 $Ma_\infty = 4$ 的测量，在其激波风洞 AT-303 进行了 $Ma_\infty = 13.8$ 的测量。图 5.60 ∼ 图 5.63 显示的是升力、阻力、俯仰力矩系数以及升阻比 L/D。通过将这些数据与 KHEOPS 模型数据 (图 5.50 和图 5.56 ∼ 图 5.59) 的比较表明：这两个模型的气动性能非常相似。但模型 4.2 的升力线斜率随着马赫数增大而减小，C_m 特性如预期一样。

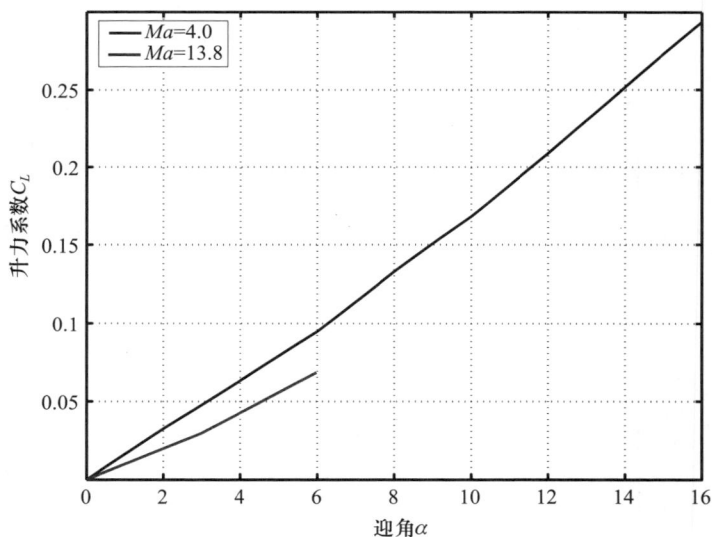

图 5.60　EXPERT 模型 4.2 的升力系数 C_L 随迎角 α 的变化[21]

---

[1] 显然，EXPERT 模型 4.2 有完整的气动数据库，但遗憾的是，作者无法从 ESA/ESTEC 获得这些数据。

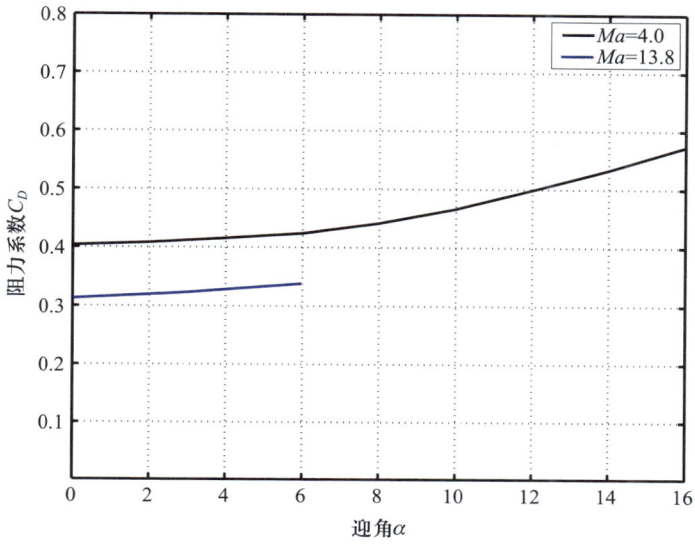

图 5.61 EXPERT 模型 4.2 的阻力系数 C_D 随迎角 α 的变化[21]

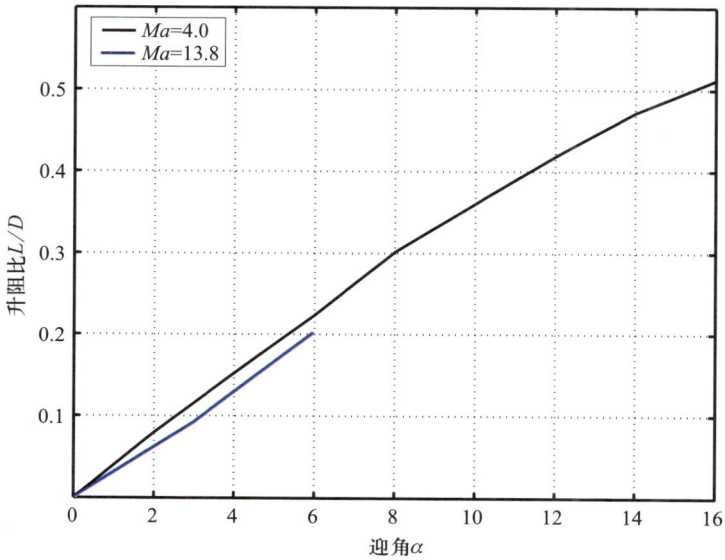

图 5.62 EXPERT 模型 4.2 的升阻比 L/D 随迎角 α 的变化[21]

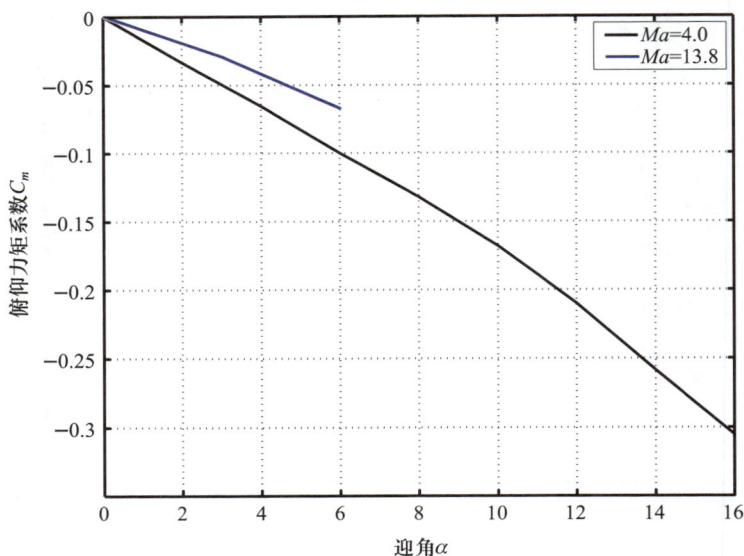

图 5.63 EXPERT 模型 4.2 的俯仰力矩系数 C_m 随迎角 α 的变化[21] (力矩参考点为头部端点 ($x_{\text{ref}} = 0.0$，$z_{\text{ref}} = 0.0$))

横向气动特性

没有获得横向特性随偏航角 β 的变化。

5.7.3 动态气动力数据

没有获得动稳定性数据。

参考文献

[1] Hirschel, E.H., Weiland, C.: Selected Aerothermodynamic Design Problems of Hypersonic Flight Vehicles, vol. 229. Springer, Heidelberg; Progress in Astronautics and Aeronautics. AIAA, Reston (2009)

[2] Smith, A.J.: Entry and Vehicle Design Considerations. Capsule Aerothermodynamics, AGARD-R-808, Paper 4 (1997)

[3] Weiland, C., Haidinger, F.A.: Entwurf von Kapseln und deren aerothermodynamische Verifikatio (Design of Capsules and Verification of their Aerothermo- dynamics. In: Proceedings DGLR-Fachsymposium Stromungen

mit Ablosung (November 1996) (not published)

[4] Davies, C.B., Park, C.: Aerodynamics of Generalized Bent Biconics for Aero-Assisted, Orbital-Transfer Vehicles. J. of Spacecraft 22(2), 104-111 (1985)

[5] Miller, C.G., Blackstock, T.A., Helms, V.T., Midden, R.E.: An Experimental Investigation of Control Surface Effectiveness and Real-Gas Simulation for Biconics. AIAA-Paper 83-0213 (1983)

[6] Ivanov, N.M.: Catalogue of Different Shapes for Unwinged Re-entry Vehicles. Final report, ESA Contract 10756/94/F/BM (1994)

[7] N. N. INKA Study Results. Internal industrial communication, Deutsche Aerospace Dasa, Germany (1993)

[8] N.N. CTV Dasa Data Base. Internal industrial communication, Deutsche Aerospace Dasa, Germany (1994)

[9] Menne, S.: Computation of Non-Winged Vehicle Aerodynamics in the Low Supersonic Range. In: 2nd European Symposium on Aerothermodynamics for Space Vehicles, ESA-SP-367 (1994)

[10] Weiland, C., Pfitzner, M.: 3D and 2D Solutions of the Quasi-Conservative Euler Equations. Lecture Notes in Physics, vol. 264, pp. 654-659. Springer (1986)

[11] Pfitzner, M., Weiland, C.: 3D Euler Solutions for Hypersonic Free-Stream Mach Numbers. AGARD-CP-428, pp. 22-1-22-14 (1987)

[12] Esch, H.: Kraftmessungen an einem Modell der semiballistischen Ruckkehr-kapsel Colibri (Force Measurements on a Model of the Semi-Ballistic Re-entry Vehicle Colibri). DLR Interal Report, IB -39113-97A04 (1997)

[13] Burkhart, J.: Konzeptioneller Systementwurf und Missionsanalyse fur den auftriebsgestutzten Riickkehrkorper (Conceptional System Design and Mission Analysis of a Lifting Re-Entry Vehicle). Doctoral Thesis, University of Stuttgart, Germany (2001)

[14] Marraffa, L., Kassing, D., Baglioni, P., Wilde, D., Walther, S., Pilchkhadze, K., Finchenko, V.: Inflatable Re-entry Technologies: Flight Demonstration and Future Prospects. ESA - Bulletin 103 (August 2000)

[15] Jung, G.: Vorlesung Nutzlasten Inflatable Re-entry Technology (IRDT). University of Dresden, Germany (2001)

[16] N. N. The System, Based on Inflatable Units and Intended for Delivery of Cargos from the International Space Station. Babakin Space Center Internal Report, ISSDLS-BSC-RP0001 (2000)

[17] N. N. Industrial communication: EADS - Lavoshkin - ESA (2000)

.[18] N. N. Private communication (2005)

[19] Walpot, L., Ottens, H.: FESART/EXPERT Aerodynamic and Aerothermo-dynamic Analysis of the REV and KHEOPS Configurations. Technical Report, TOS-MPA/2718/L.W., ESTEC, Noordwijk (2003)

[20] Wong, H., Muylaert, J., Northey, D., Riley, D.: Assessment on EXPERT Descent and Landing System Aerodynamics. ESA-SP-659 (2009)

[21] Kharitonov, A.M., Adamov, N.P., Mazhul, I.I., Vasenyov, L.G., Zvegintsev, V.I., Muylaert, J.: Aerodynamics of the EXPERT Re-Entry Ballistic Vehicle. ESA-SP-659 (2009)

[22] Kharitonov, A.M., Zvegintsev, V.I., Brodetskay, M.D., Mazhul, I.I., Muylaert, J.M., Kordulla, W., Paulat, J.C.: Aerodynamic Investigation of Aerospace Vehicles in the New Hypersonic Wind Tunnel AT-303 in ITAM. In: 4th Int. Symp. on Atmosph. Re-entry Vehicle and Systems, Arcachon, France (2005)

第 6 章

有翼再入飞行器的气动
热力学数据

最初，空间运输的特点是采用如返回舱和探测器之类的简单外形。这类飞行器的操作精度和控制能力相当低。自然，改善这种状况的措施是采用先进的方式来利用大气层的能力，以辅助和控制这类航天飞行器的飞行。于是，有翼航天飞行器诞生了。

6.1 概述

进入空间是一项艰难且成本很高的任务。人类于 20 世纪五六十年代开始探索空间进入活动并首次进入地球轨道，从此拉开了空间竞争的序幕，并且一直以来成本高昂。这场空间竞争的主要驱动力是全球两个相互冲突的政治和社会制度，即资本主义和共产主义的竞争，以美国①和苏联为代表。这场竞争称为冷战。

在这一阶段显然没有资金的约束，没有人会质疑这些活动是否合理以及技术解决途径的经济效应如何。唯一的动力就是，"我们必须第一，我们必须有更好的解决方案"。

因此，最初上升至空间轨道的载人运输系统为成本很高的火箭＋位于火箭顶部的返回舱。返回舱 (RV-NW) 的特点是 (不止这些)：

- 简单的无翼构型；
- 升阻比低，$L/D \approx 0.35$ ("阿波罗"和"联盟"号)，因此，纵向和横向机动能力低；

---

① 还有西欧各国。

- 因为没有可利用的气动控制面,只能使用反作用控制系统,所以气动可控性差;
- 一次性系统;
- 水中溅落或地面(沙漠)着陆后,系统回收很费力;
- 航天员舒适性差;
- 进入过程过载 g 高;
- 有效载荷能力一般。

此后,美国和苏联政府曾经考虑过先进运输系统,即航天飞机系统和"暴风雪"号(BURAN)系统,它们应能避免返回舱的一些缺点。

这些系统(有翼再入飞行器)的特点是:

- 有翼构型;
- 高升阻比[①]L/D(高超声速区域 $L/D_{\max} \approx 2$);
- 由于采用了体襟翼、升降副翼和方向舵以及气动减速装置,气动可控性高;
- 部分可重复使用;
- 在常规跑道着陆;
- 航天员舒适性提高;
- 进入过程过载 g 减小;
- 有效载荷能力高。

当时,开始讨论有关每千克有效载荷运送至空间的成本。常规火箭基系统的发射成本非常高,期望通过使用部分可重复使用的航天飞机系统减少成本。但遗憾的是,这种期望并未能实现,下面是航天飞机系统的有效载荷成本:

每次发射费用约 8 亿美元(译者注:原文为 8000 亿美元),航天飞机载荷舱的最大有效载荷质量约 26 t。因此每千克有效载荷的发射成本约为 30000 美元。

成本高的主要原因是要为下次飞行对航天飞机轨道器进行整修,特别是热防护系统的整修。

20 世纪 80 年代,欧洲和日本也决定研究自主进入空间系统,并开始了它们各自的研究活动,即 HERMES 项目(欧洲)和 HOPE 项目(后来的 HOPE-X)(日本)。从系统的角度和技术层面来看,这两个项目都和航天飞机系统差不多,但都在 20 世纪 90 年代被终止。

---

① 提供的全部升阻比数据均为未配平数据。

很长一段时间以来，航天员和有效载荷往返于国际空间站的运输都是由美国航天飞机轨道器和俄罗斯"联盟"号飞船进行。自 2011 年航天飞机退役以来，往返国际空间站的运输只有"联盟"号飞船。

因为不能完全排除国际空间站由于技术问题、事故、航天员生病需要撤离的情况存在，所以迫切需要一个乘员救生飞行器，乘员救生飞行器应一直附属于国际空间站。欧洲和美国已决定在 X-24 升力体基础上研制一个有翼乘员救生飞行器，名为 X-38。20 世纪 90 年代末进行了大量的研发工作，并建造了两个验证飞行器，利用验证飞行器进行了几次成功的飞行验证，21 世纪初该项目同样被取消。

冷战结束后，各国政府要求真正经济实惠的解决方案。

由此，对下一代空间运输系统提出了大量的建议，且开展了系统的研究，下一代空间运输系统允许的有效载荷运输成本为每千克质量不超过 1000 美元。

曾考虑过单级入轨飞行器以及两级入轨系统，单级入轨项目有美国的 NASP 项目和英国的 HOTOL 项目，两级入轨系统有德国的 SAENGER 概念。20 世纪 90 年代，欧洲航天局启动了未来欧洲空间运输研究计划，其目的是研究这方面可能的系统。但是，所有这些活动都被取消或终止。

1996 年，美国开始利用 X-33 和 X-34 飞行器进行更深入的研究，其中 X-33 飞行器为单级入轨验证飞行器，采用线性塞式发动机，X-34 飞行器为进行技术验证和操作的飞行实验室。这两个项目由于技术风险过高和预算问题也于 2001 年被终止。

为了验证可重复使用空间技术和在轨空间飞行任务，启动了 X-37 项目，其第一种方案应能利用航天飞机轨道器的货舱将该飞行器运送至空间轨道。2004 年，X-37 项目从 NASA 转给美国国防高级研究计划局 (DARPA) 研发，并重新设计以便可用阿特拉斯 5 型火箭发射。2010 年进行了第一次轨道飞行，2011 年和 2012 年又进行了两次飞行。

实际上，不论是采用常规的还是先进的系统和技术，还没有完全替代航天飞机系统的工业项目[1]。

6.2　航天飞机轨道器 (美国)

航天飞机系统是一个部分可重复使用方案，用于将有效载荷和人员

---

[1] 至少在 2010 —2015 年这段时间是这种情况。

运输进入不同 (大多为圆形) 低地球轨道。距离地球表面 $200 \sim 1500$ km 之间的轨道称为低地球轨道。航天飞机系统由三部分组成 (图 6.1)：

- 两台固体火箭助推器；
- 外贮箱；
- 轨道器。

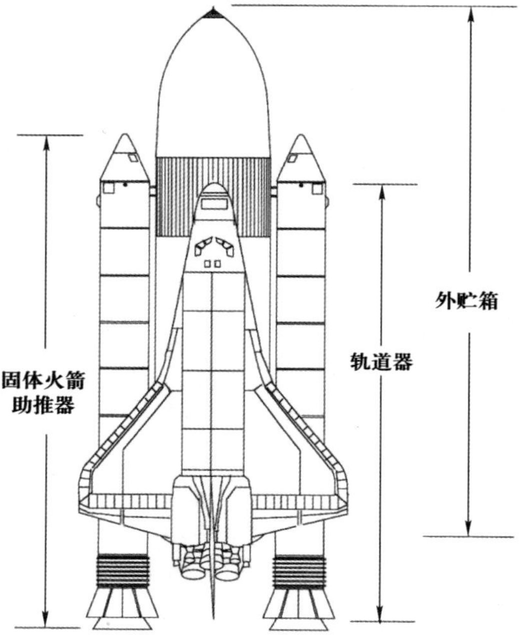

图 6.1　航天飞机系统[3]

在上升过程中，在约 50 km 高度 (燃烧大约 120 s 后) 助推器分离。燃烧后的助推器从大西洋回收、整修并重新加注固体推进剂。在 110km 高度抛掉一次性外贮箱。一次成功的任务除了上升段还有下降段，下降段包括轨道机动系统 (OMS) 助推离轨、进入地球大气层再入过程以及在跑道准确进场和着陆，整个再入过程为无动力飞行。

轨道器返回到地球表面，经过检查和整修后重新使用。这种空间运输方案是唯一可用的有翼载人系统，能到达轨道并水平着陆，航天飞机轨道器执行了 135 次飞行①。

---

① 2011 年 7 月，"亚特兰蒂斯" 号轨道器进行了最后一次飞行。

航天飞机的任务包括：携载又大又重的有效载荷并将其送抵不同低地球轨道，如携载国际空间站设备执行服务维修任务；将有效载荷送抵卫星，如升级哈勃空间望远镜；作为乘员运输系统为国际空间站服务。

1972 年 1 月，尼克松政府正式启动航天飞机计划。1981 年 4 月 12 日首次发射，紧接着于 1981 年 4 月 14 日首次进行再入飞行。文献 [1, 2] 已公布了有关航天飞机的飞行经验、气动热力学性能以及首次实际飞行问题的详细说明。

建造了六个轨道器[①]：

- "企业"号[②](1977)；
- "哥伦比亚"号 (1981)；
- "挑战者"号 (1983)；
- "发现"号 (1984)；
- "亚特兰蒂斯"号 (1985)；
- "奋进"号 (1992)。

"挑战者"号 (1986) 和 "哥伦比亚"号 (2003) 在事故中坠毁[③]。航天飞机系统于 2011 年 7 月退出服役。

图 6.2(a) 显示的是 2009 年 9 月 11 日在爱德华兹空军基地着陆过程中的 "发现"号轨道器 (STS-128)。图 6.2(b) 是 "亚特兰蒂斯"号轨道

(a)   (b)

图 6.2   (a) 2009 年 9 月 11 日 "发现"号航天飞机 (STS-128 飞行) 降落在爱德华兹空军基地；(b) 2009 年 5 月 24 日 "亚特兰蒂斯"号航天飞机 (STS-125 飞行) 降落在爱德华兹空军基地 (任务：升级哈勃空间望远镜) (图片来自 NASA 画廊[4])

---

① 括号里是首次飞行的年份。

② 该轨道器作为大气层飞行能力试验飞行器，包括末端进场着陆。该飞行器不具备执行实际再入飞行的能力。

③ "挑战者"号在上升阶段发生事故，"哥伦比亚"号是在再入阶段发生事故。

器下降阶段的画面，它完成哈勃空间望远镜升级任务返回，于 2009 年 5 月 24 日着陆 (STS-125)。

6.2.1 构型特征

图 6.3 和图 6.4 示出了航天飞机轨道器的侧视图和俯视图。航天飞

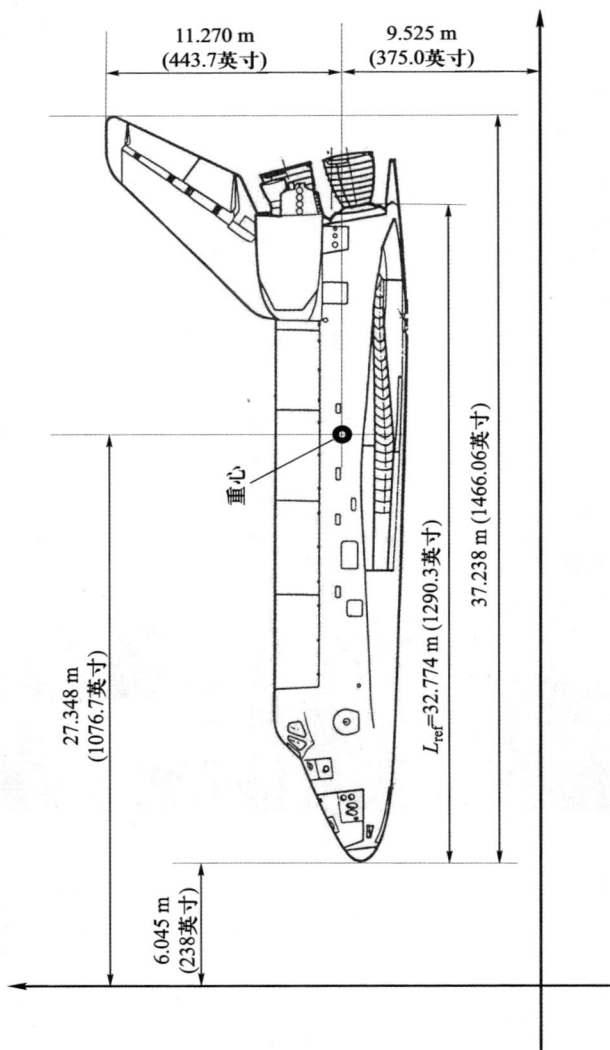

图 6.3 航天飞机轨道器的外形定义，侧视图[1,5]

机轨道器是迄今为止建造的最大空间运输飞行器[①]，全长 $37.238\,\mathrm{m}$，翼展 $23.842\,\mathrm{m}$。名义重心的 x 坐标 (自头部测量) 位于 $21.303\,\mathrm{m}$ $(0.65L_{\mathrm{ref}})$ 处，而在构型坐标系中其值为 $27.348\,\mathrm{m}$ (图 6.3)。在构型坐标系中重心 z 坐标为 $9.525\,\mathrm{m}$。

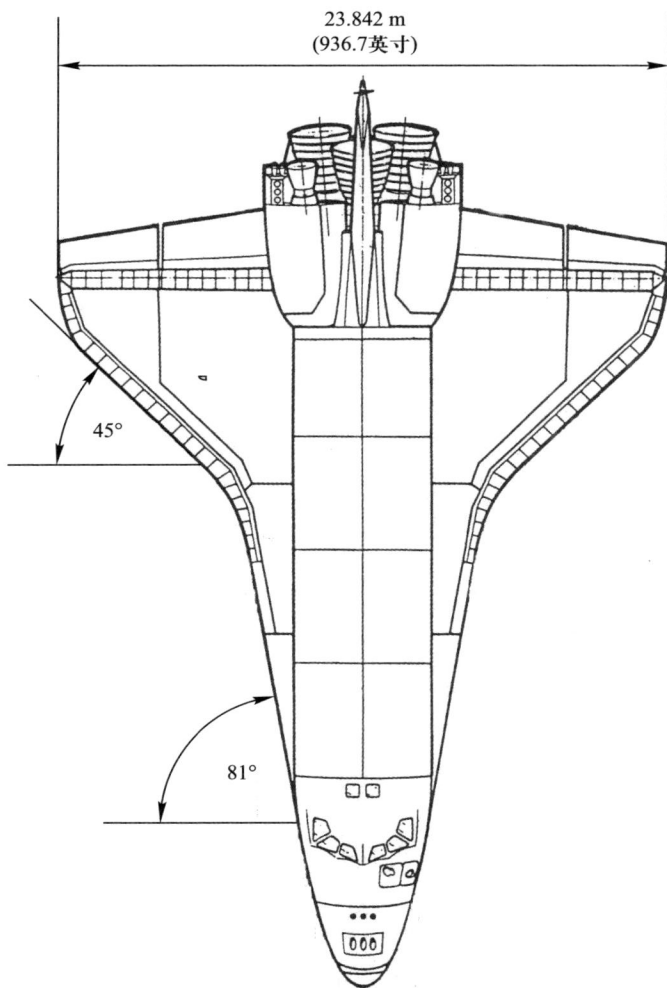

图 6.4　航天飞机轨道器的外形定义，俯视图[1,5]

---

①俄罗斯的"暴风雪"号大小与美国的航天飞机轨道器相当，但该飞行器从未进行飞行。

　　航天飞机轨道器有一个双三角翼,后掠角为 45° 和 81°。三台主发动机是设计过的动力最强的火箭,每台真空推力为 2100 kN ($\approx$ 214 t),比冲量为 455.2s。轨道机动系统的火箭置于航天飞机轨道器后机身的短舱中,每台产生的推力为 27 kN ($\approx$ 2.7 t)。这些火箭为最后的轨道转移以及启动离轨过程产生所需推力。此外,安装了反作用控制系统,它由 500 N 级别的推进器组成。在再入轨迹的起始段,反作用控制系统进行俯仰、偏航和滚转控制,反作用控制系统在气动控制面完全有效之前一直工作 (速度降至 $Ma_\infty \approx 5$ 之前)。

　　关于航天飞机轨道器的设计及设备的详细信息参见图 6.5,图中还标注了有效载荷舱,其大小为 4.5 m (15 英尺) × 18 m (60 英尺)。该有效载荷舱到低地球轨道 (LEO) 的质量运送能力达 24.4 t,到地球同步转移轨道 (GTO)[①]的质量运送能力为 3.81 t。着陆速度约 340 km/h (95 m/s)。一些关注的尺寸、物理量及参考值列于表 6.1。

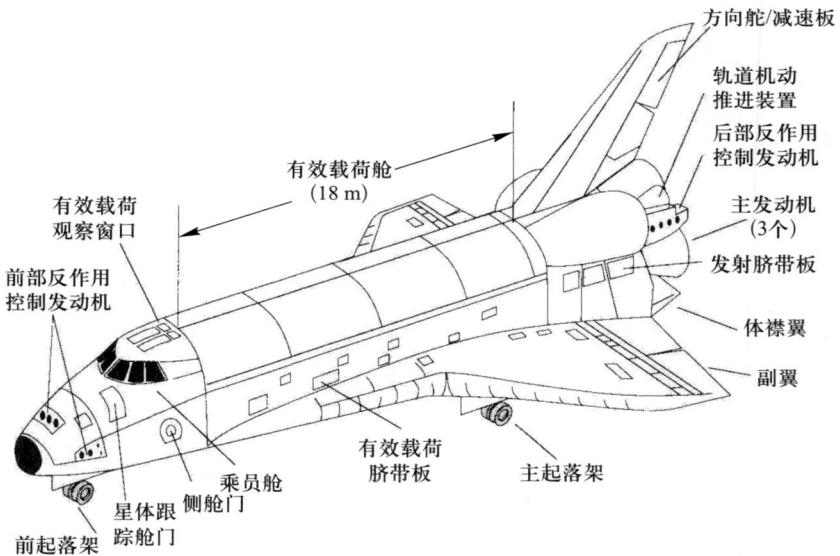

图 6.5　航天飞机轨道器:设计和设备的详细情况[3]

---

　　①地球同步转移轨道 (GTO) 为椭圆轨道,其远地点距离与圆形地球同步轨道 (GEO) 的半径一致。

表 **6.1**   航天飞机轨道器外形：尺寸、物理量及参考值[1,5] (图 6.3 和图 6.4)

全长/m	L_{tot}	37.238
总宽/m	W_{tot}	23.842
参考长度/m	L_{ref}	32.774
参考面积/m²	S_{ref}	249.909
参考弦长 (M.A.C)/m	$\bar{c}$	12.060
重心的 x 坐标，名义/m	x_{cog}	$27.348 \Rightarrow 0.65 L_{ref}$ (图 6.3)
重心的 z 坐标，名义/m	z_{cog}	9.525 (图 6.3)
空重/kg	m_e	78000
发射时总重/kg	m_g	110000

在欧洲 HERMES 项目期间，在其研究和开发活动框架下，一些机构已经开始研究航天飞机轨道器的气动特性。除了进行数值流场计算，还开展了一些风洞试验研究。图 6.6 是缩比为 1：90 的航天飞机轨道器模型，图 6.6(a) 是安装在法国摩丹 ONERA 的 S4 风洞中的图片，图 6.6(b) 是该模型的俯视图[6]。

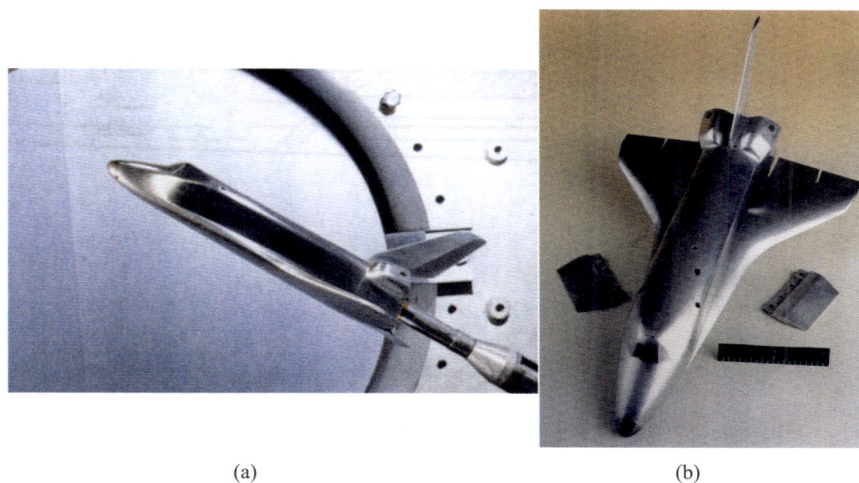

(a)   (b)

图 6.6   航天飞机轨道器：在 S4 风洞试验的照片 (模型比例 1：90)[6]

(a) 在风洞中的模型；(b) 模型俯视图。

风洞试验获得了背风面和迎风面表面摩擦力线的油流照片 (图 6.7)。图 6.8 显示了由非平衡真实气体 N-S 解得到的迎风面表面摩擦力线[8,9]。为了简化数值计算,计算了 HALIS 构型绕流流场,它与航天飞机轨道器具有相同的迎风面,只是背风面进行了简化。HALIS 构型在文献 [7] 中进行了介绍。

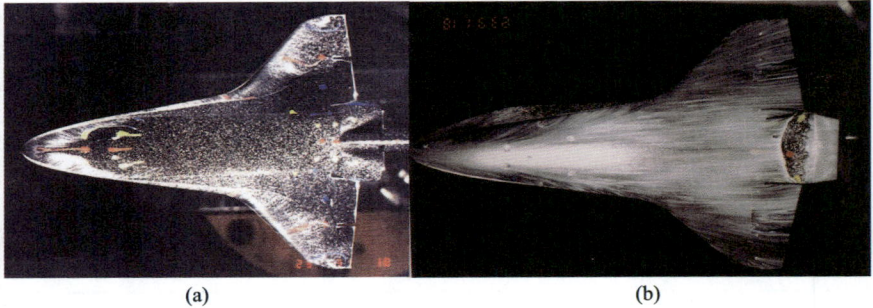

(a)   (b)

图 6.7   航天飞机轨道器:在 S4 风洞试验照片 ($Ma_\infty = 9.77$, $\alpha = 30°$)[6]

(a) 背风面油流图;(b) 迎风面油流图。

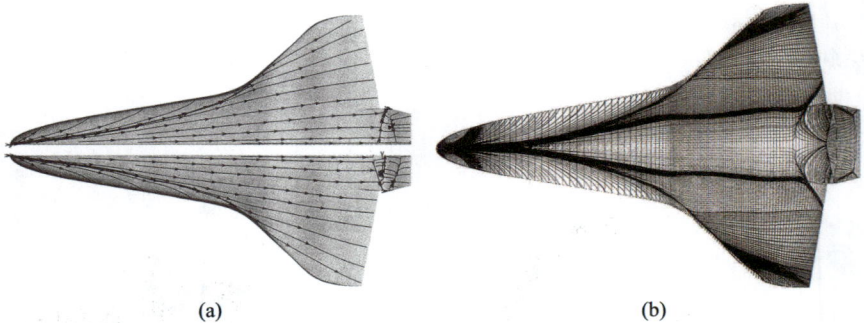

(a)   (b)

图 6.8   HALIS 构型:非平衡真实气体 N-S 解

迎风面表面摩擦力线。高焓 F4 风洞条件:$Ma_\infty = 8.86$, $\alpha = 40°$。第一个解 (a 上) 源自文献 [8],第二个解 (b) 源自文献 [9]。飞行条件 $Ma_\infty = 24$, $\alpha = 40°$, $H = 72$ km 的解 (a 下) 源自文献 [8]

6.2.2   稳态气动力数据

20 世纪 70 年代,求解流体动力学控制方程 (欧拉和 N-S 方程) 的数值方法尚未达到能计算复杂构型的三维绕流流场确定气动力系数 (包括流场物理量) 的水平①。当时,还无法利用数值模拟工具建立飞

①这是 20 世纪末的情况,主要是在 20 世纪 90 年代初欧洲 HERMES 项目期间。

机，特别是航天飞行器的气动力数据库。这就是为什么下面所介绍的气动力系数主要由风洞试验获得的原因，这也是在航天飞机轨道器的首次再入飞行期间观察到的俯仰力矩异常的根源，关于这种反常现象较新的解释请参见文献 [10]。

纵向气动特性

接下来的几幅图是马赫数范围为 $0.25 \leqslant Ma_\infty \leqslant 20$ 的升力 C_L、阻力 C_D 和俯仰力矩 C_m 以及升阻比 L/D。由于数据分散，所以各幅图按马赫数范围为亚 – 跨声速 ($0.25 \leqslant Ma_\infty \leqslant 0.98$)、跨 – 超声速 ($1.1 \leqslant Ma_\infty \leqslant 4$) 和超 – 高超声速 ($5 \leqslant Ma_\infty \leqslant 20$) 分别给出，所有数据都取自文献 [5]。对马赫数直到 $Ma_\infty = 4$，获得了迎角范围 $-10° \leqslant \alpha \leqslant 25°$ 的数据，而对更高马赫数，获得的数据迎角范围为 $-10° \leqslant \alpha \leqslant 45°$。

对亚 – 跨声速马赫数，直到 $\alpha \approx 20°$ 时其升力系数均呈线性特性，梯度 $\partial C_L / \partial \alpha$ 变化不大 (图 6.9)。随着马赫数增大，梯度 $\partial C_L / \partial \alpha$ 显著减小 (图 6.10)。对高超声速马赫数，我们观察到：① 迎角直到 $\alpha \approx 35°$ 时，正升力曲线 (随着迎角 α 增大 $\partial C_L / \partial \alpha$ 增大) 才出现拐点；② 满足马赫数无关原理[10] (图 6.11)。对这类航天飞行器而言，高超声速马赫数时升力曲线出现拐点为其典型特征。

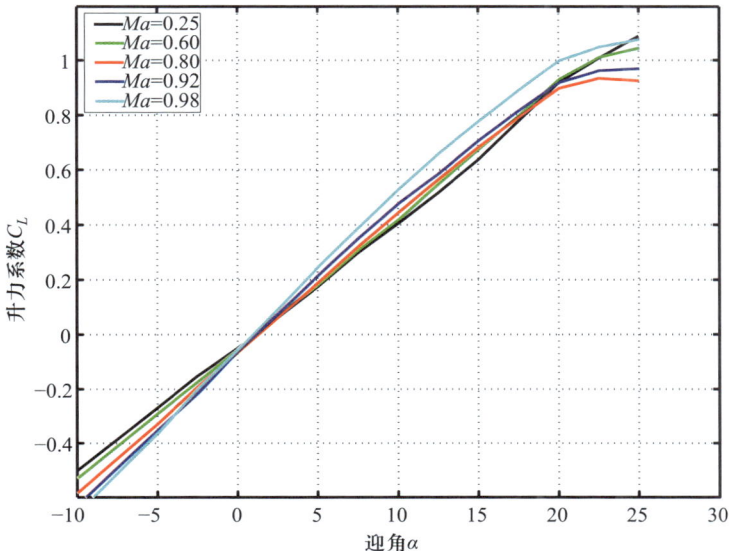

图 6.9　亚 – 跨声速马赫数时升力系数 C_L 随迎角 α 的变化[5]

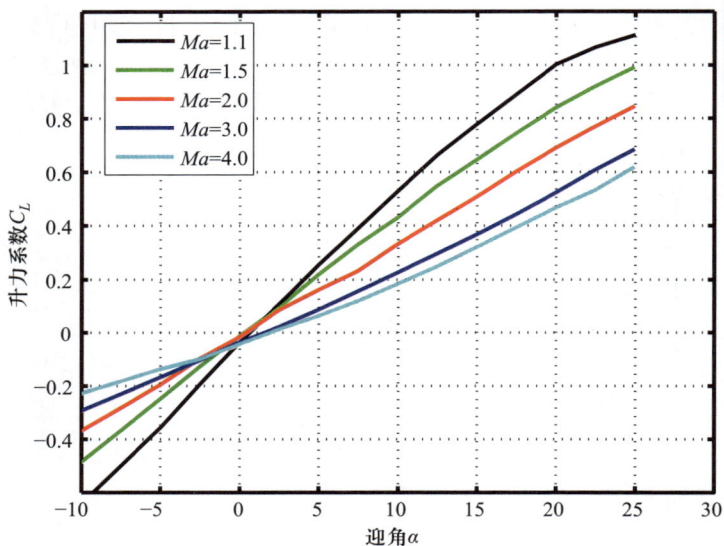

图 6.10 跨 – 超声速马赫数时升力系数 C_L 随迎角 α 的变化[5]

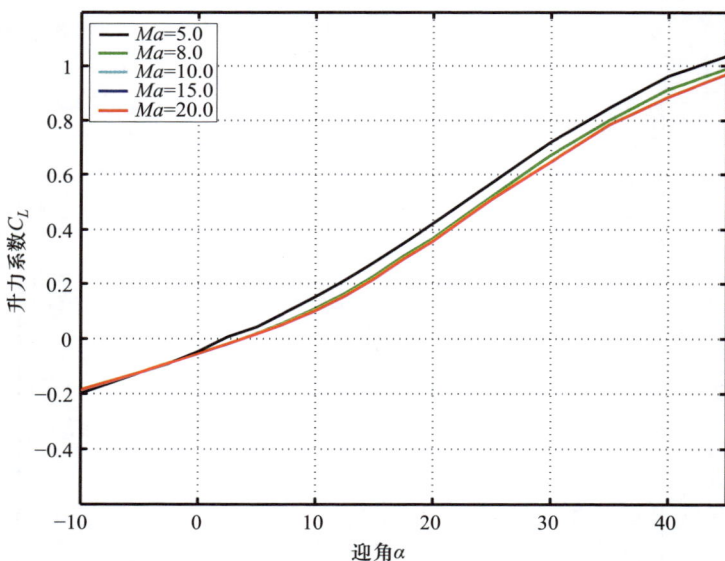

图 6.11 超 – 高超声速马赫数时升力系数 C_L 随迎角 α 的变化[5]

跨声速马赫数时阻力系数最大 (图 6.12、图 6.13)，高超声速飞行范围阻力系数与马赫数无关 (图 6.14)。此外，如预期一样，对全部马赫数，小迎角时阻力系数最小，然后快速增大 (按二次方) 至较大的值。

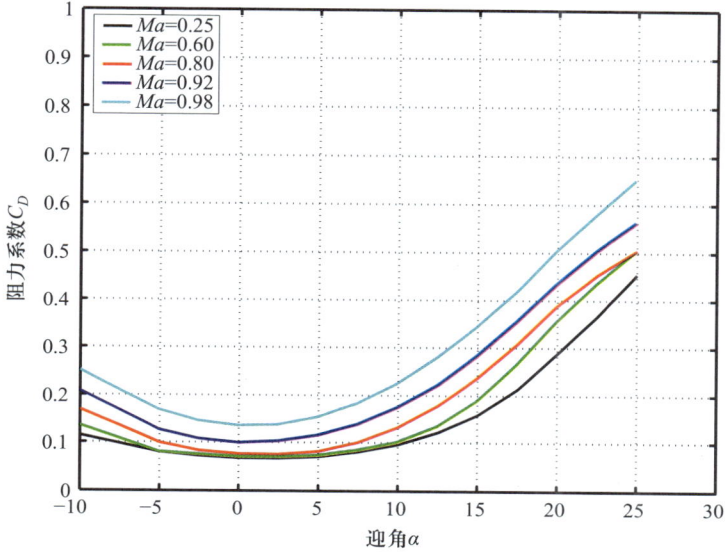

图 6.12　亚 – 跨声速马赫数时阻力系数 C_D 随迎角 α 的变化[5]

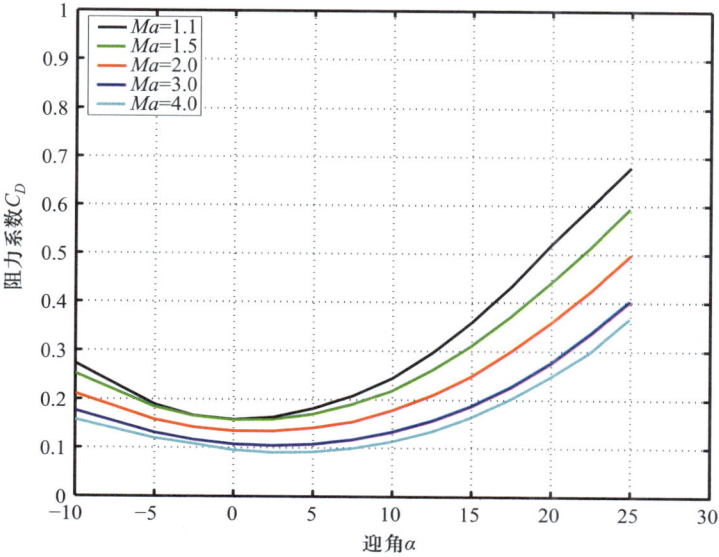

图 6.13　跨 – 超声速马赫数时阻力系数 C_D 随迎角 α 的变化[5]

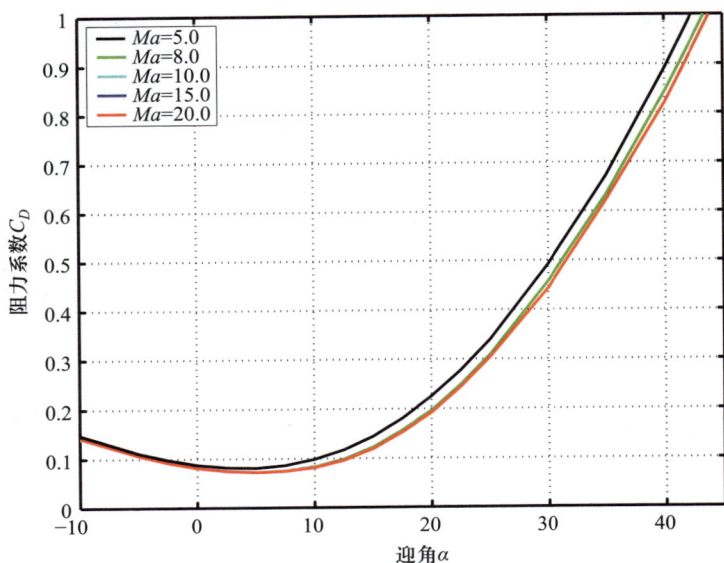

图 6.14 超 – 高超声速马赫数时阻力系数 C_D 随迎角 α 的变化[5]

亚声速范围存在最大升阻比 ($Ma_\infty = 0.25$),迎角 $\alpha \approx 12°$ 时 $L/D_{\max} \approx 4.25$。而 $Ma_\infty = 0.98$ 时,最大升阻比下降至 $L/D_{\max} \approx 2.35$ (图 6.15)。随着马赫数进一步增大,最大升阻比值也减小 ($L/D_{\max,Ma_\infty=20} \leqslant 2$),但最大值转移至更大迎角 ($\alpha_{L/D\max} \Rightarrow 18°$) (图 6.16 和图 6.17)。

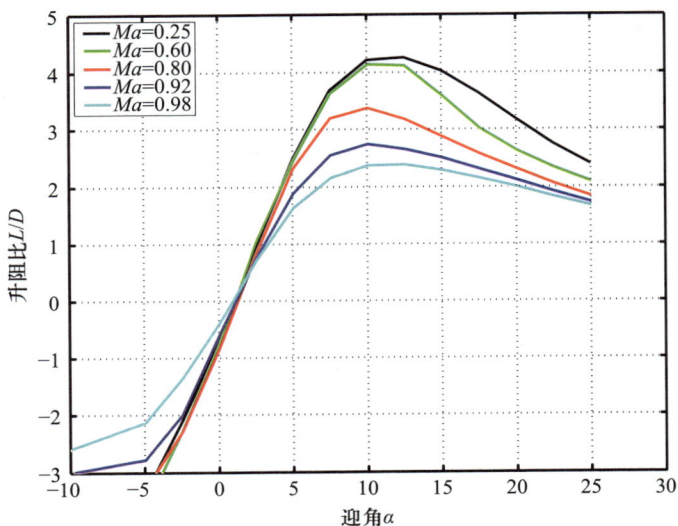

图 6.15 亚 – 跨声速马赫数时升阻比 L/D 随迎角 α 的变化[5]

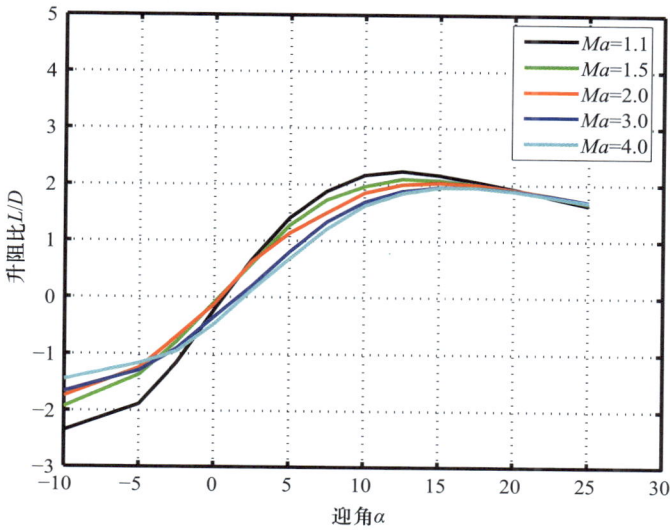

图 6.16   跨 – 超声速马赫数时升阻比 L/D 随迎角 α 的变化[5]

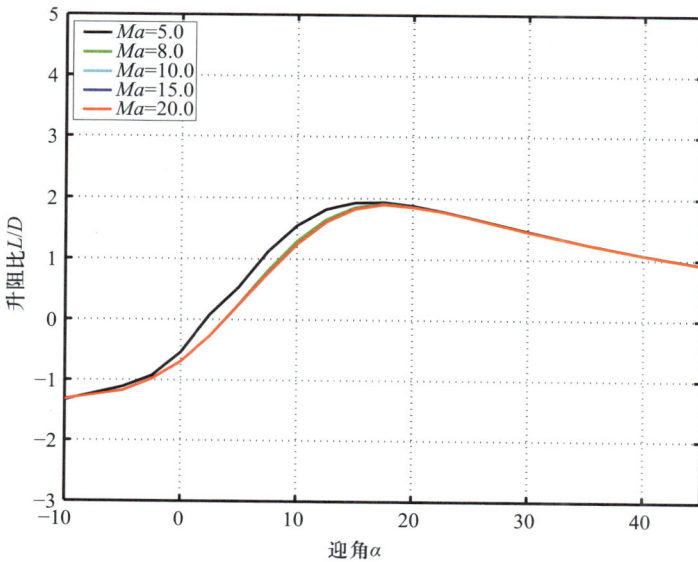

图 6.17   超 – 高超声速马赫数时升阻比 L/D 随迎角 α 的变化[5]

在再入轨迹的第一阶段，航天飞机轨道器飞行迎角约为 40°，从图 6.17 可得该迎角的升阻比 $L/D \approx 1$。

关于俯仰力矩，我们发现：低亚声速马赫数 $Ma_\infty = 0.25$ 时飞行器显示为临界静稳定性 ($\partial C_m/\partial\alpha \Rightarrow 0$)，而且无法配平。$Ma_\infty = 0.6$ 的俯仰力矩特性类似，但当马赫数趋于 1 时，飞行器的静稳定性大大增加，且可实现配平。当马赫数进一步增大至 $Ma_\infty = 2$ 时，静稳定性再次降低，但仍可获得静稳定性。而 $Ma_\infty = 3$ 和 4 时，稳定性变得较差 ($\partial C_m/\partial\alpha \Rightarrow 0$)，而且不可能配平，参见图 6.18、图 6.19。所有这些都是针对名义重心位置 $x_{\text{cog}}/L_{\text{ref}} = 0.65$[①]。

在马赫数范围 $0.6 \leqslant Ma_\infty \leqslant 1.5$ 时我们观察到，$\alpha \approx 20°$ 时俯仰力矩导数 $\partial C_m/\partial\alpha$ 几乎都突然变为正值，显示出静不稳定性，HOPE-X 外形 (6.8 节) 和 PHOENIX 外形 (6.7 节) 同样发现了这一趋势。对于高超声速马赫数，只能在较大迎角 ($\alpha > 20°$) 达到静稳定性，但飞行器无法配平 (图 6.20)。

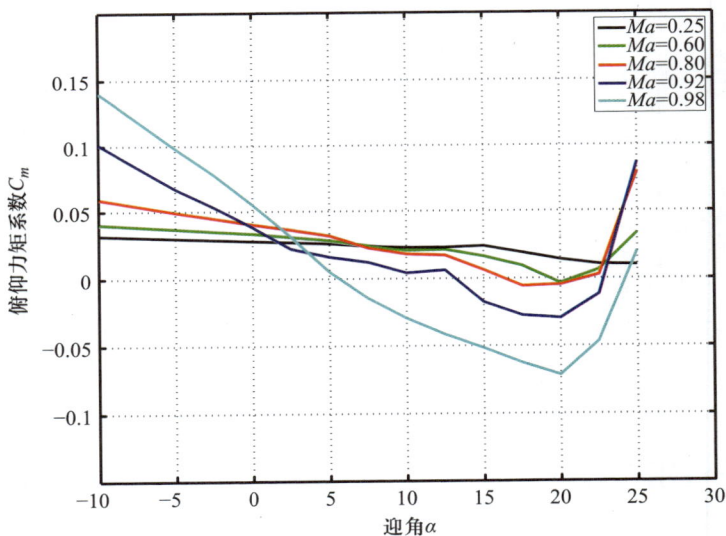

图 6.18　亚 – 跨声速马赫数时俯仰力矩系数 C_m 随迎角 α 的变化[5] (重心 x 位置为 $x_{\text{cog}}/L_{\text{ref}} = 0.65$)

---

① 直到 1995 年，航天飞机轨道器在再入高度 (121.92 km) 的实际纵向重心位置范围均为 $0.65 \leqslant x_{\text{cog}}/L_{\text{ref}} \leqslant 0.675$[11]。

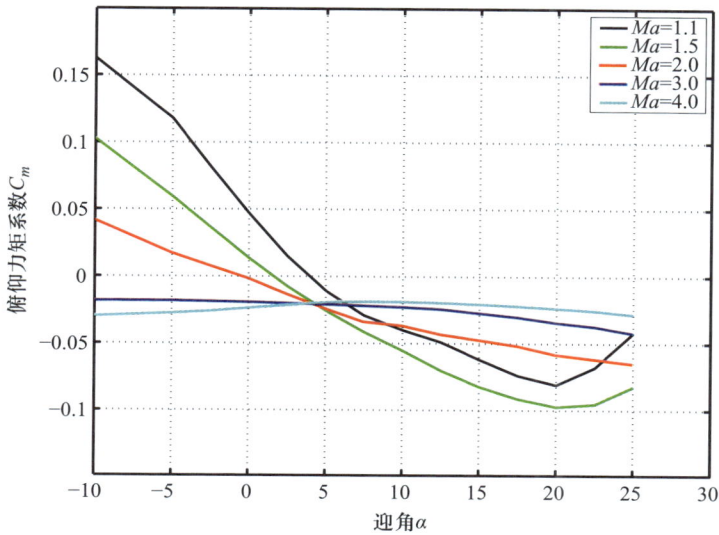

图 6.19 跨 – 超声速马赫数时俯仰力矩系数 C_m 随迎角 α 的变化[5] (重心 x 位置为 $x_{\text{cog}}/L_{\text{ref}} = 0.65$)

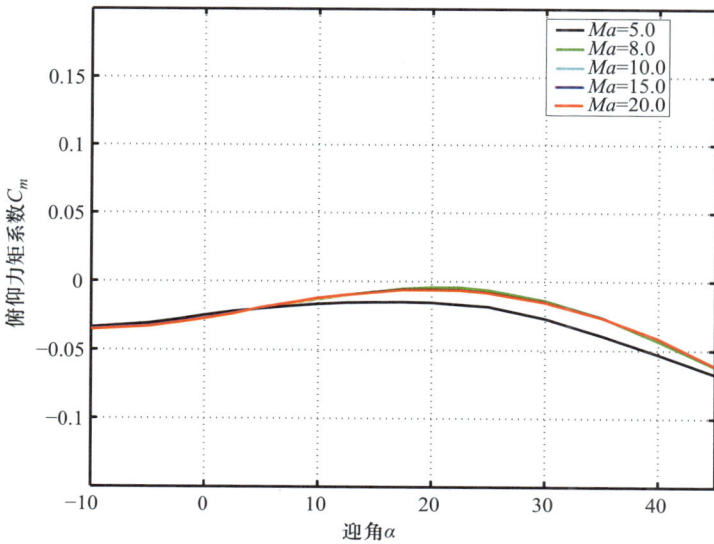

图 6.20 超 – 高超声速马赫数时俯仰力矩系数 C_m 随迎角 α 的变化[5] (重心 x 位置为 $x_{\text{cog}}/L_{\text{ref}} = 0.65$)

对于某个规定的重心位置以及体襟翼和副翼 (如果有) 偏转角，在飞行器特性为不稳定和/或无法配平的情况下，通过改变这些设置，大多数情况可实现配平和稳定。重心位置向后移，稳定性降低，俯仰力矩增大 (上仰特性更强)；相反，重心位置前移，稳定性增大，俯仰力矩减小 (下俯特性更强)。

体襟翼和副翼正偏转具有增强下俯特性并增加稳定性的效果，而负偏转角一般使俯仰力矩增加、稳定性下降。

为了验证航天飞机轨道器体襟翼正 (向下) 偏转 (如 $\eta_{bf} = 10°$) 的影响，研究了 $Ma_\infty = 0.25$、0.6、0.8 的俯仰力矩曲线，这些曲线显示 $\eta_{bf} = 0°$ 时仅为临界稳定性，且几乎无法配平 (图 6.18)。尽管如此，当体襟翼偏转到 $\eta_{bf} = 10°$ 时，这 3 个马赫数下的俯仰力矩都减小，稳定性增加 (这意味着 $\partial C_m / \partial \alpha$ 降低)，且可配平 (图 6.21)。事实上，航天飞机轨道器的下降飞行在高超声速范围是不稳定的[10]。作为主要配平面的体襟翼向下偏转。

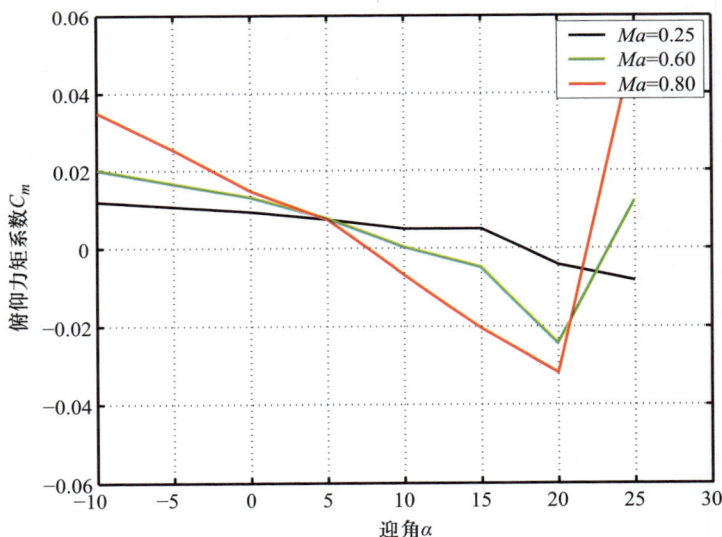

图 6.21 航天飞机轨道器体襟翼偏转角 $\eta_{bf} = 10°$ 时俯仰力矩系数 C_m 随迎角 α 的变化。(图中有 3 个亚声速马赫数数据[5]。重心 x 位置为 $x_{cog}/L_{ref} = 0.65$)

横向气动特性

侧向力、偏航和滚转力矩系数示于图 6.22 ~ 图 6.33。为了更好地对这些图进行解释，同样将马赫数范围分成亚 - 跨声速、跨 - 超声速和超 - 高超声速三部分。图中大多数马赫数下，侧向力系数随侧滑角 β

线性变化，且曲线的负斜率随马赫数增大而减小，非常靠近跨声速区域除外 (图 6.22 ~ 图 6.24)。图 6.25 为侧向力系数随马赫数的变化 ($\beta = 6°$)，该图重点突出跨声速效应。此外，应该指出的是，马赫数大于 $Ma_\infty \approx 8$ 时，侧向力系数与马赫数无关 (图 6.24)。

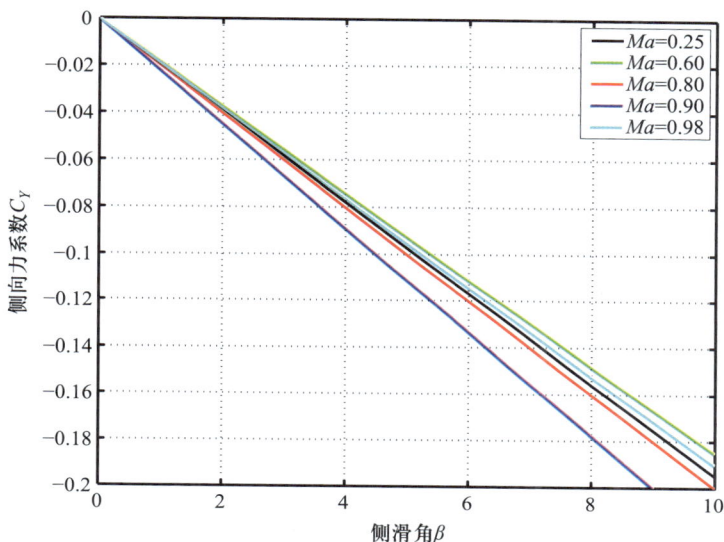

图 6.22 亚 – 跨声速马赫数，迎角 $\alpha = 0°$ 时侧向力系数 C_Y 随侧滑角 β 的变化[5]

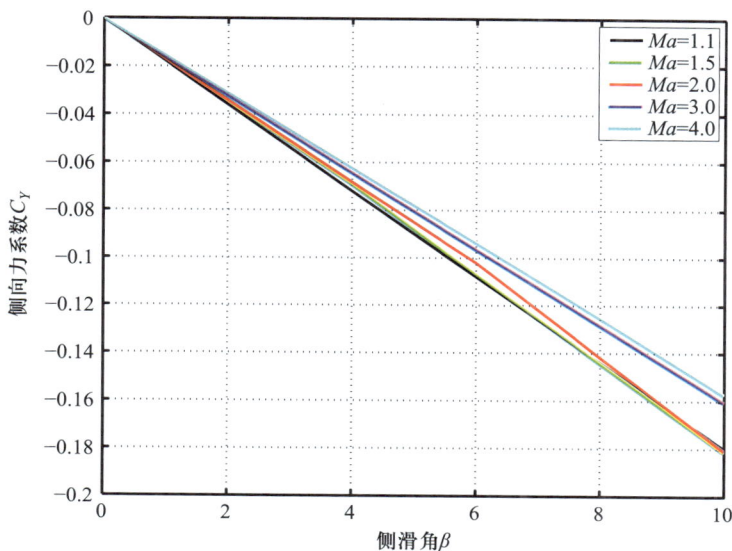

图 6.23 跨 – 超声速马赫数，迎角 $\alpha = 0°$ 时侧向力系数 C_Y 随侧滑角 β 的变化[5]

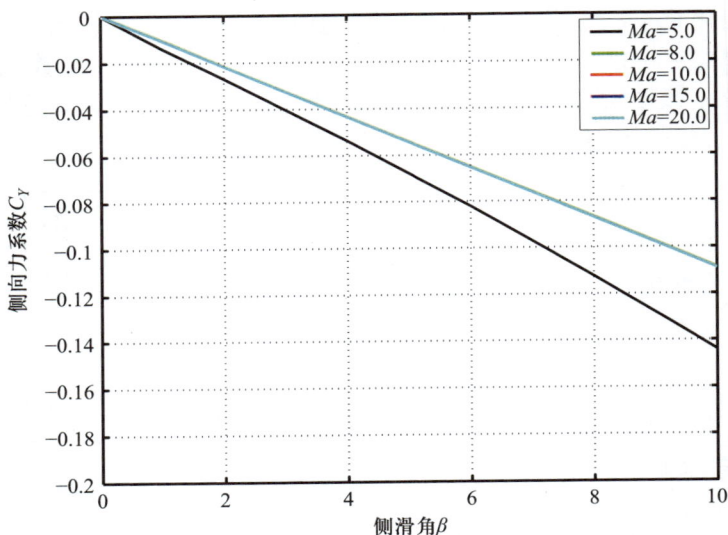

图 6.24 超 – 高超声速马赫数, 迎角 $\alpha = 0°$ 时侧向力系数 C_Y 随侧滑角 β 的变化[5]

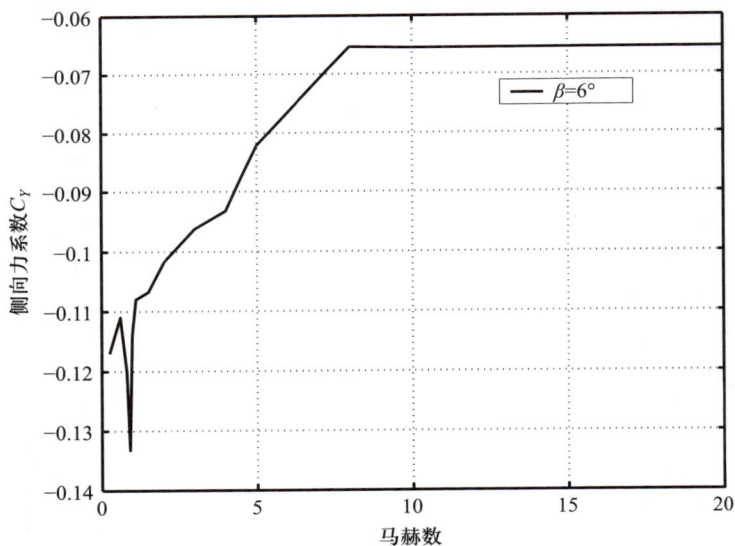

图 6.25 侧滑角 $\beta = 6°$ 时侧向力系数 C_Y 随马赫数 ($\alpha = 0°$) 的变化[5]

$\alpha = 0°$ 时, 在整个马赫数范围内的偏航力矩 C_n 斜率为正, 表明飞行器是方向稳定的 (图 6.26 ~ 图 6.28)。斜率为单调趋势, 与侧向力的斜率趋势类似，即随马赫数增大而减小，而在跨声速区域附近出现拐点，在该处斜率最大 (图 6.29)。$Ma_\infty \approx 8$ 以上与马赫数无关 (图 6.28)。

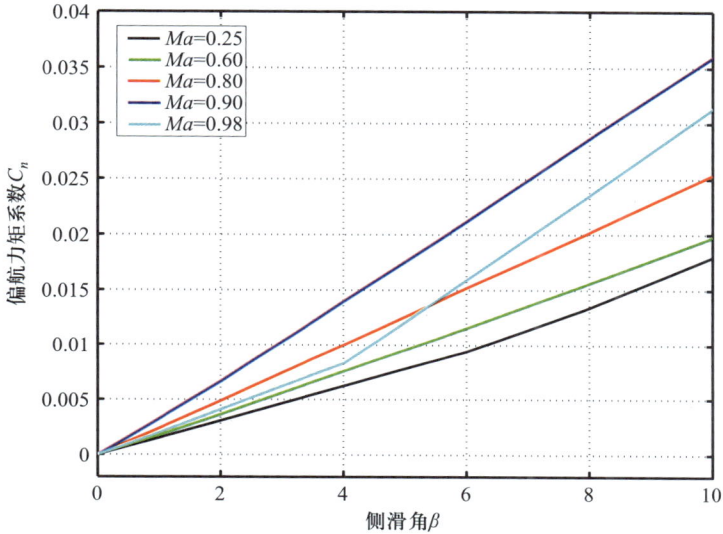

图 6.26 亚 – 跨声速马赫数，迎角 $\alpha = 0°$ 时偏航力矩系数 C_n 随侧滑角 β 的变化[5]

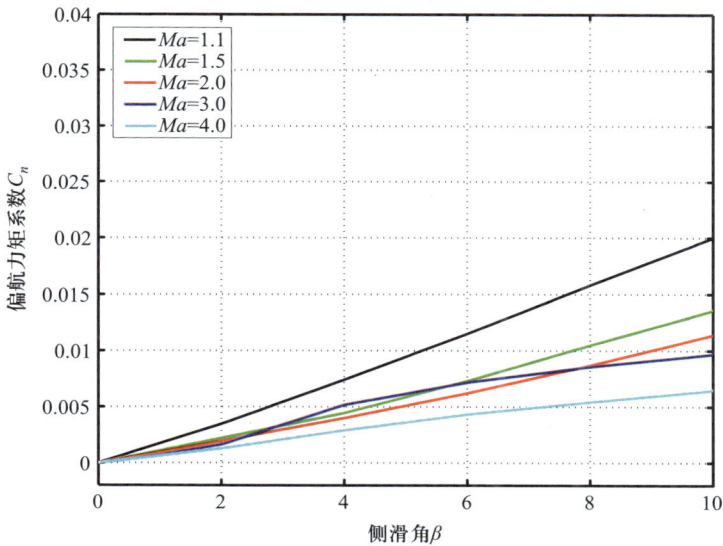

图 6.27 跨 – 超声速马赫数，迎角 $\alpha = 0°$ 时偏航力矩系数 C_n 随侧滑角 β 的变化[5]

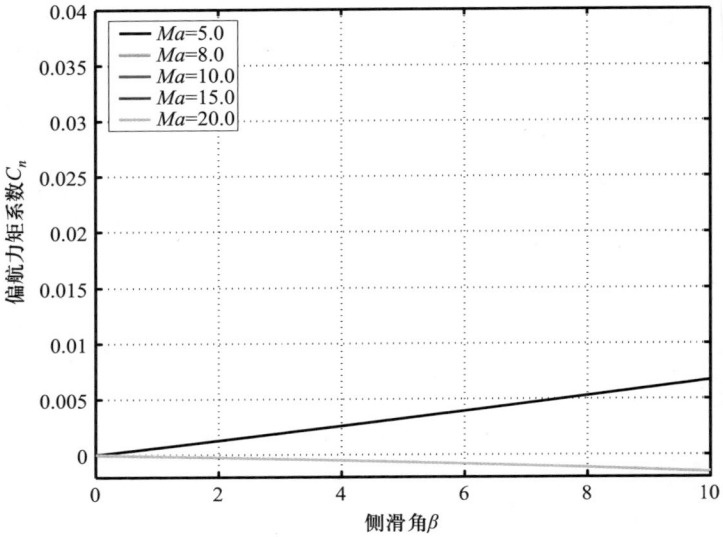

图 6.28 超 – 高超声速马赫数，迎角 $\alpha = 0°$ 时偏航力矩系数 C_n 随侧滑角 β 的变化[5]

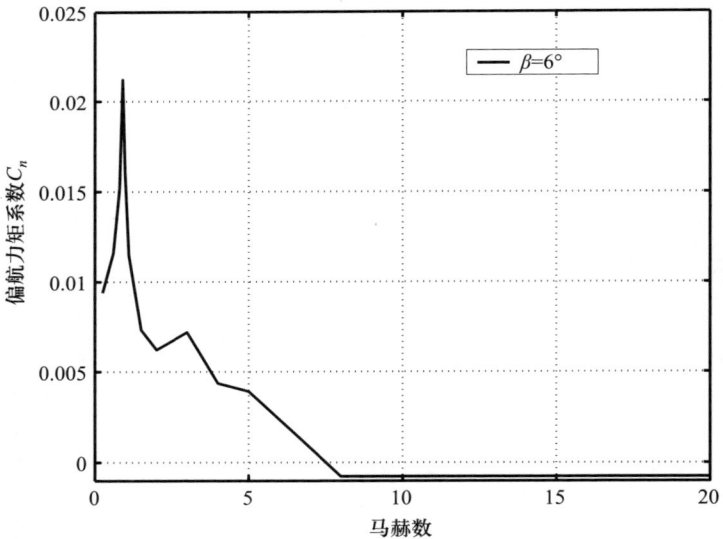

图 6.29 侧滑角 $\beta = 6°$ 时偏航力矩系数 C_n 随马赫数的变化 $(\alpha = 0°)$[5]

　　图 6.30 ∼ 图 6.32 是 $\alpha = 0°$ 时的滚转力矩 C_l，其斜率总为负，表明存在滚转阻尼效应，且斜率随马赫数增大而减小，与上面所述的其他值一样，同样跨声速区域附近除外 (图 6.33)。

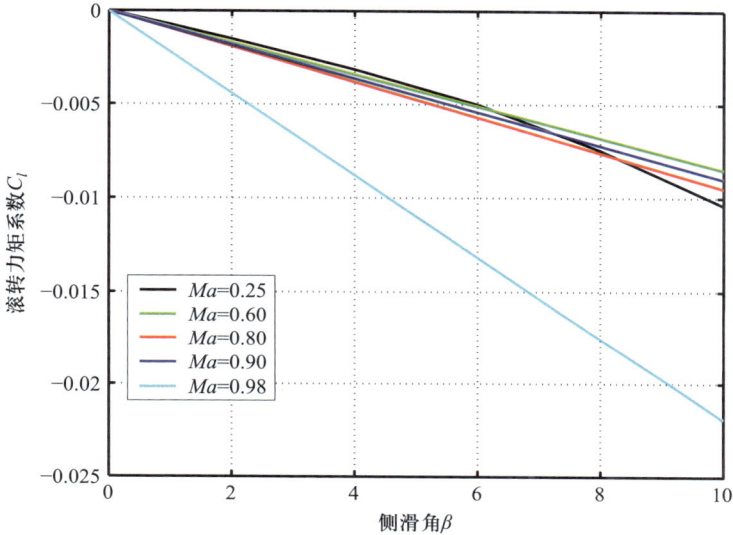

图 6.30　亚 – 跨声速马赫数，迎角 $\alpha = 0°$ 时滚转力矩系数 C_l 随侧滑角 β 的变化[5]

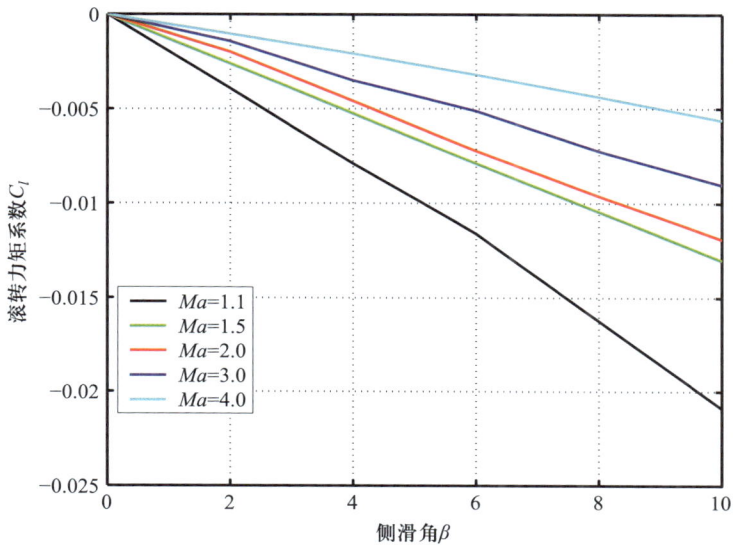

图 6.31　跨 – 超声速马赫数，迎角 $\alpha = 0°$ 时滚转力矩系数 C_l 随侧滑角 β 的变化[5]

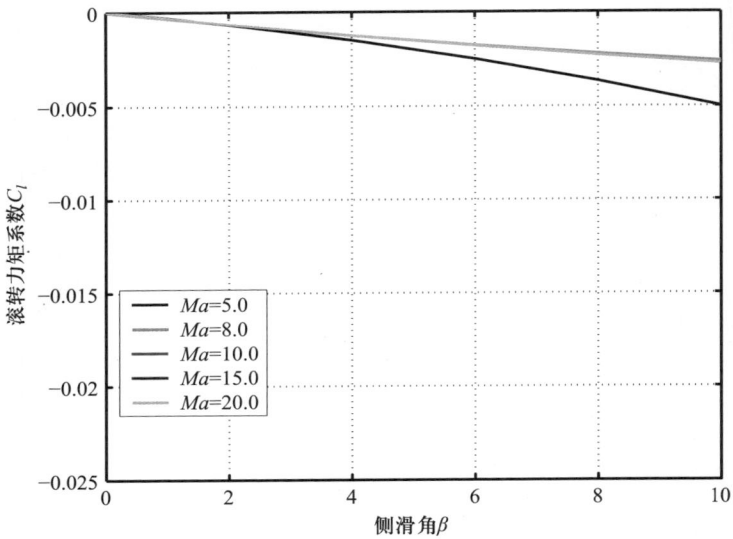

图 6.32 超 – 高超声速马赫数, 迎角 $\alpha = 0°$ 时滚转力矩系数 C_l 随侧滑角 β 的变化[5]

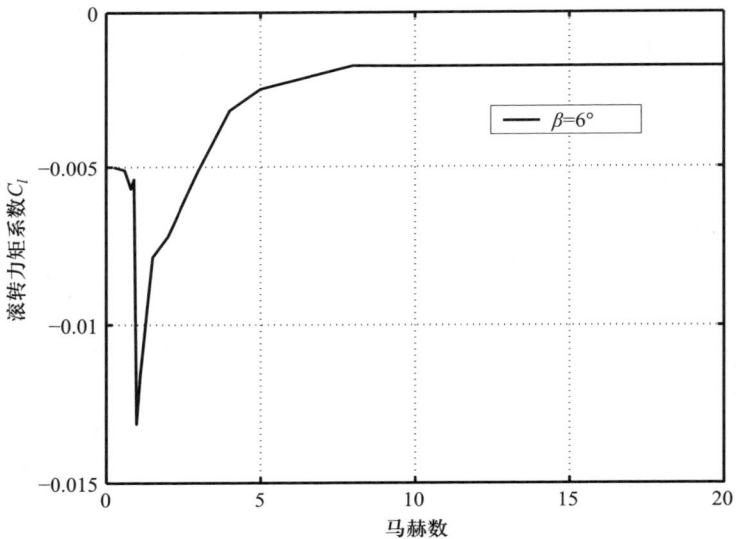

图 6.33 侧滑角 $\beta = 6°$ 时滚转力矩系数 C_l 随马赫数的变化 $(\alpha = 0°)$[5]

得出的结论是, 航天飞机轨道器飞行是横向稳定的。

6.2.3 动态气动力数据

动态俯仰运动通常用系数 $C_{m\dot{\alpha}} + C_{mq}$ 描述，其中，$C_{m\dot{\alpha}}$ 为迎角变化率 $\dot{\alpha}$ (每弧度) 产生的俯仰力矩系数的变化，C_{mq} 为俯仰速率 q (每弧度) 产生的俯仰力矩系数的变化。文献 [5] 没有区分这些分量，因此仅考虑了 $C_{mq}(C_{mq} \equiv C_{m\dot{\alpha}} + C_{mq}!)$。图 6.34、图 6.35 显示，对所有马赫数和迎角，C_{mq} 值均为负，这表明在整个范围确保有俯仰阻尼。

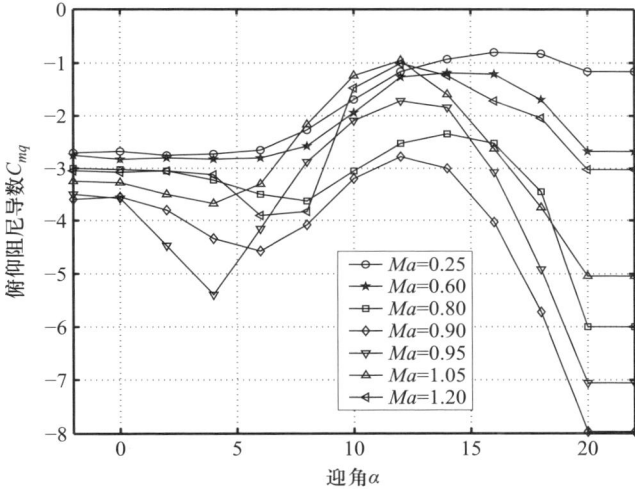

图 6.34 亚 – 跨声速马赫数时俯仰阻尼系数 C_{mq} 随迎角 α 的变化[5]

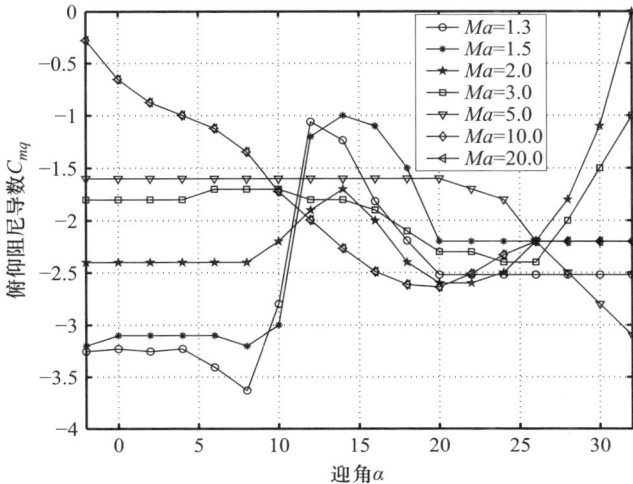

图 6.35 跨 – 超声速马赫数时俯仰阻尼系数 C_{mq} 随迎角 α 的变化[5]

6.3 X-33 飞行器 (美国)

美国航天飞机系统的研制和建造，首次实现了利用有翼航天飞行器将人员和有效载荷送入空间的创举。航天飞机计划于 1972 年开始实施，1981 年 4 月进行首次飞行 (6.2 节)。在此之前，人员和有效载荷只能用返回舱 (无翼再入飞行器) 送入空间，而返回舱运送单位有效载荷质量的成本非常高。人们期望航天飞机系统能使费用大幅减少，但是由于航天飞机轨道器的整修费用非常高 (还有其他因素)，未能使成本降低。为了解决这个问题，NASA 曾考虑过完全可重复使用的单级入轨航天飞行器，此类飞行器采用冲压/超燃冲压/火箭组合推进系统，能够水平起飞和着陆 (NASA 的 NASP)[12]。但事实证明，该方案充满技术挑战，当时根本无法实现。因此，1993 年 NASP 取消。

取而代之的是，1996 年 NASA 启动了一项研究计划[①]，旨在研发关键技术，然后用缩尺试验飞行器进行测试。其中一个飞行器是 X-33 验证飞行器[②]。X-33 验证飞行器为单级入轨可重复使用运载器 (RLV)，能垂直发射，在常规跑道上水平着陆 (图 6.36)。推进系统为两个线性塞式发动机，这是一种特殊的火箭发动机[13]。其目的是通过关键技术演示验证和飞行器操作特性，证明单级入轨可重复使用运载器 (SSTO-RLV) 概念的可行性。然而，由于技术和成本的原因，该项目于 2001 年取消。

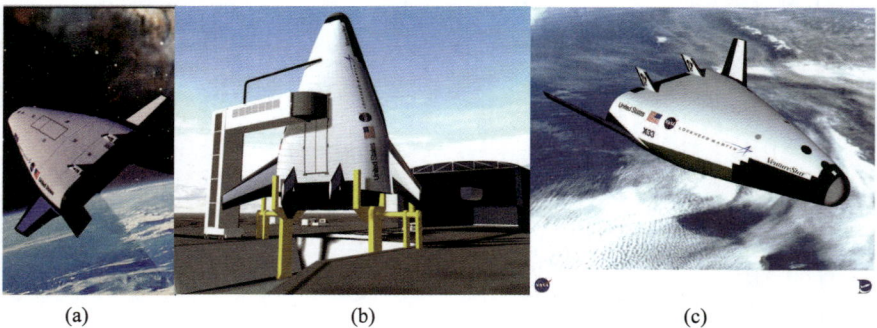

图 6.36　X-33 验证飞行器三幅想象图[4]
(a) 后视图；(b) 处于发射状态的飞行器；(c) 正视图。

①该"可重复使用运载器技术计划"由 NASA、美国空军和私人企业合作进行。
②X-33 验证飞行器项目的主承包商是洛克希德·马丁公司，洛克希德·马丁公司还计划在 X-33 的基础上建造一个大小为 X-33 2 倍的可飞行的高超声速飞行器，称为"冒险星"(Venture Star)。

6.3.1 构型特征

X-33 飞行器外形由一个三角形升力体 (有两个上反 20° 的斜置尾翼)、两片迎风侧体襟翼和两个垂尾组成 (图 6.37)。所建造的升力体大小能容纳下液氧液氢贮箱，液氧和液氢为线性塞式火箭发动机推进剂。

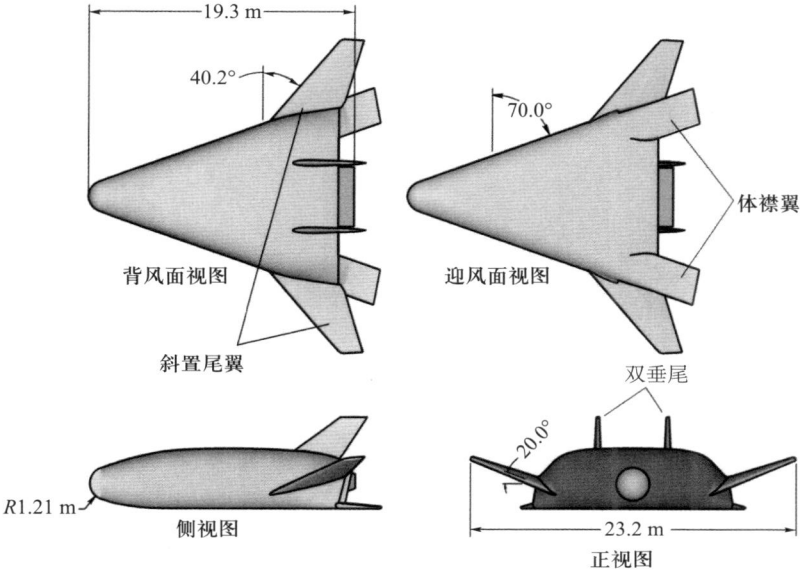

图 6.37　X-33 构型的形状定义，工程图及尺寸[14,15]

X-33 飞行器的参考值如表 6.2 所列。

表 **6.2**　X-33 飞行器的参考值[15]

参考长度	$L_{\mathrm{ref}} = 19.3$ m (63.2 英尺)
参考面积	$S_{\mathrm{ref}} = 149.4$ m^2 (1608 英尺^2)
俯仰力矩参考点	$x_{\mathrm{ref}} = 12.71$ m (41.7 英尺) $\Rightarrow 0.66 L_{\mathrm{ref}}$

6.3.2 稳态气动力数据

获得了马赫数范围 $4 \leqslant Ma_\infty \leqslant 10$ 和迎角范围 $0° \leqslant \alpha \leqslant 50°$ 的气动力数据。风洞试验和数值流场模拟两种手段都对气动力数据集的建立做出了贡献。应用 NASA 兰利研究中心的 $Ma_\infty = 6$ 和 10 两座风洞[①]获得了纵横向气动力和力矩的基本数据。

在兰利的 CF_4 风洞[②]中进行了 $Ma_\infty = 6$ 的试验，旨在研究激波密度比大小对气动力系数的影响。尽管 CF_4 风洞的气体为理想状态，但这些数据表明真实气体效应对气动特性有影响，这是由于 CF_4 的比热比为 $\gamma_{CF_4} = 1.22$，比理想气体 $\gamma_{air} = 1.4$ 低得多。

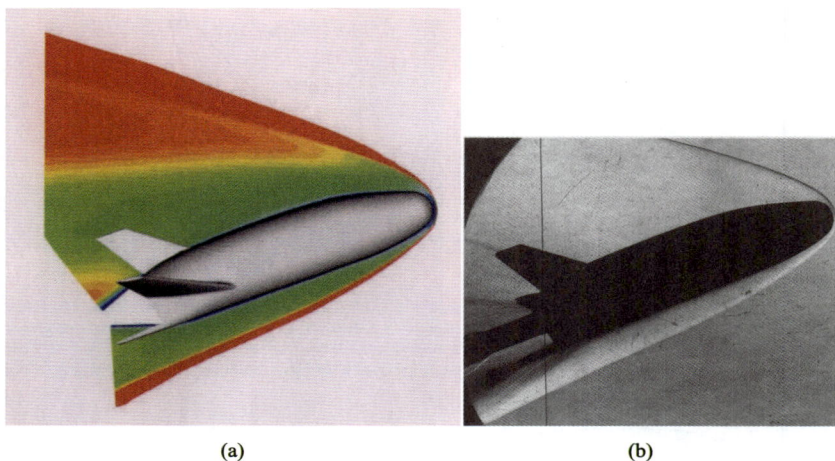

(a)　　　　　　　　　　　　**(b)**

图 6.38　X-33 流场 (风洞条件：$Ma_\infty = 6$，$\alpha = 20°$)[14]

(a) 数值求解的马赫数等值线；(b) 风洞纹影图。

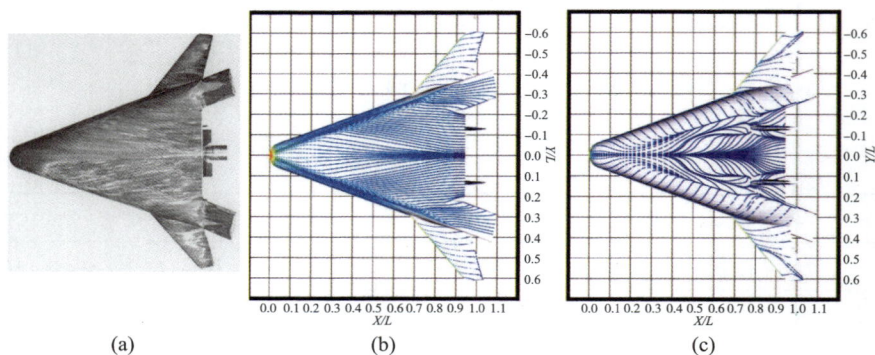

(a)　　　　　　　(b)　　　　　　　(c)

图 6.39　X-33 流场 (风洞条件：$Ma_\infty = 6$，$\alpha = 20°$)[14]

(a) 迎风面油流图；(b) 迎风面表面摩擦力线；(c) 背风面表面摩擦力线。(均由数值解获得)

---

①兰利研究中心的 20 英寸马赫 6 风洞和兰利研究中心的 31 英寸马赫 10 空气风洞。

②兰利研究中心的 20 英寸马赫 6 CF_4 风洞。

纵向气动特性

图 6.40 ~ 图 6.43 所示气动力系数取自文献 [14, 15]。马赫数 $Ma_\infty = 6$ 和 10 的曲线源于前面提到的 NASA 风洞试验[15]，而 $Ma_\infty = 4$、5 和 8 的数据则源自 N-S 方程的数值解[14]。

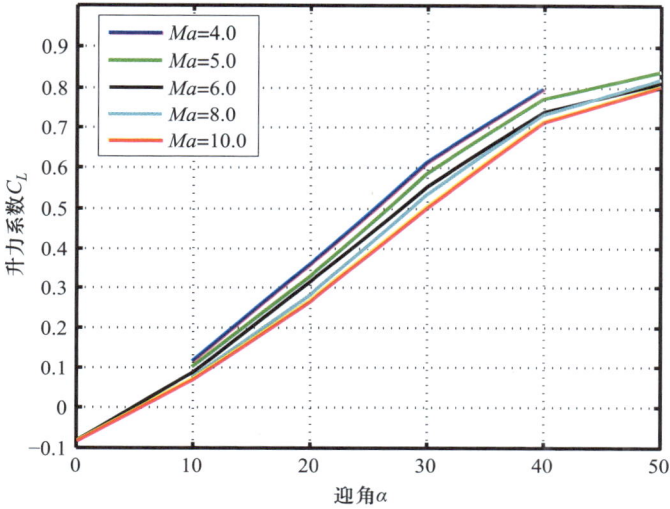

图 6.40 超 – 高超声速马赫数时升力系数 C_L 随迎角 α 的变化[14,15]

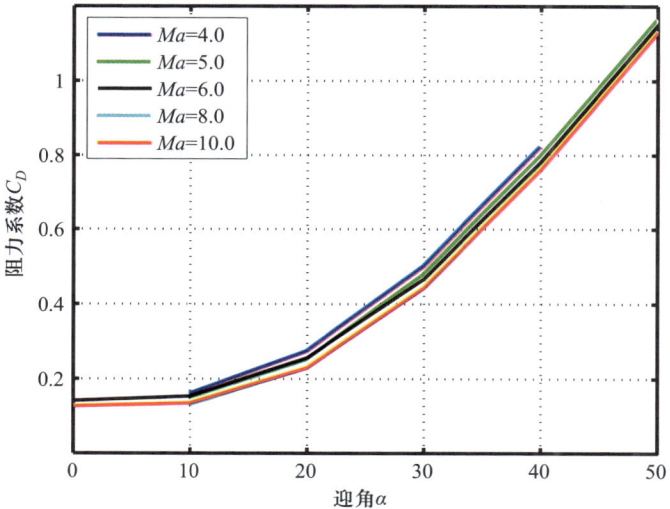

图 6.41 超 – 高超声速马赫数时阻力系数 C_D 随迎角 α 的变化[14,15]

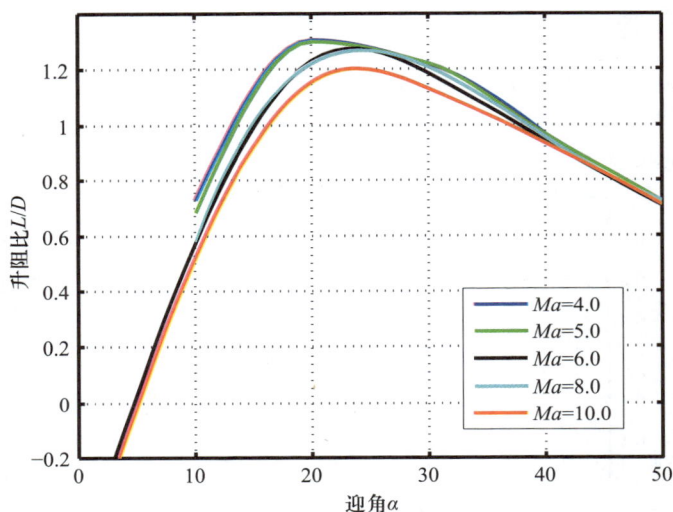

图 6.42 超 – 高超声速马赫数时升阻比 L/D 随迎角 α 的变化[14,15]

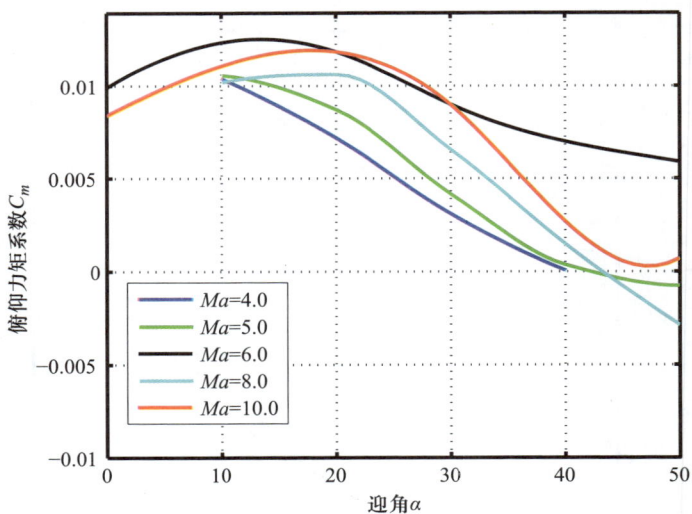

图 6.43 超 – 高超声速马赫数时俯仰力矩系数 C_m 随迎角 α 的变化[14,15] (力矩参考点为 $x_{\mathrm{ref}} = 0.66 L_{\mathrm{ref}}$)

在 $\alpha \approx 10° \sim 40°$，所有马赫数的升力系数数据基本都呈现出线性特性。$\alpha$ 值更大时，由于背风面涡的产生，C_L 变为非线性，这是所有三角翼构型共有特性。另一种总的趋势是：随着马赫数增大 C_L 减小 (图 6.40)。阻力系数 C_D 也是同样的趋势，对图中马赫数值 $(4 \leqslant Ma_\infty \leqslant 10)$，其阻力数据的差异很小 (图 6.41)。$Ma_\infty = 4$ 的升阻比最佳，在 $\alpha \approx 20°$ 时 $L/D_{max} = 1.25$；而 $Ma_\infty = 10$ 时 $L/D_{max} = 1.2$，且对应迎角变为 $\alpha \approx 24°$ (图 6.42)。

俯仰力矩特性示于图 6.43。所有马赫数下在一定的迎角范围内飞行器是静稳定的。通常情况下，对于给定的参考点 $x_{ref} = 0.66L_{ref}$，源自数值模拟的数据 $(Ma_\infty = 4$、5 和 8[14]) 与风洞数据 $(Ma_\infty = 6$ 和 10[15]) 的 C_m 略有差异，差异原因不明。C_m 表明，在 $Ma_\infty = 4，10° \leqslant \alpha \leqslant 40°$；$Ma_\infty = 5，10° \leqslant \alpha \leqslant 50°$；$Ma_\infty = 6，15° \leqslant \alpha \leqslant 50°$；$Ma_\infty = 8，20° \leqslant \alpha \leqslant 50°$；$Ma_\infty = 10，22° \leqslant \alpha \leqslant 45°$ 时飞行器是纵向稳定的。值得一提的是，数值解的 C_m 值明显有略微减小的趋势 (上仰力矩减小)。

此外，值得注意的是，$Ma_\infty = 6$ 和 10 时的 C_m 曲线存在原因不明的交叉点，试验和数值模拟都观察到了这一现象[15,16]。

最终的结论是：如 NASA 的 CF$_4$ 马赫 6 风洞[15] 和数值解[17] 所显示一样，在所考虑的马赫数范围内，真实气体效应对 X-33 飞行器气动力系数的影响很小。

图 6.43 中的俯仰力矩数据表明：$Ma_\infty = 4$、5 和 8 时，飞行器在 $\alpha \approx 40°$ 时可配平，但 $Ma_\infty = 6$ 和 10 时无法配平。如前所述，数据的唯一性确实有歧义，尽管如此，研究体襟翼偏转对俯仰力矩的影响是很有用的。图 6.44 研究了 $Ma_\infty = 6$、体襟翼偏转角为 $\eta_{bf} = 0°$、10°、20° 对俯仰力矩的影响。从图可看出，偏转角为 $\eta_{bf} = 10°$ 时会导致很强的下俯效果，使飞行器可在 $\alpha_{trim} \approx 20°$ 时配平。这表明，该体襟翼的效能足以控制飞行器，这主要是因为体襟翼的最大偏转角为 $\eta_{bf} = 30°$。

但是，我们将讨论另一种与体襟翼有关的流动效应，即 $\eta_{bf} = 20°$ 时俯仰力矩曲线在 $\alpha \approx 37°$ 附近有一拐点 (图 6.44)。当弓形激波与嵌入激波相互作用时产生一个膨胀区，在 $\alpha \approx 37°$ 附近时，该膨胀区冲刷到体襟翼下表面。相应地，体襟翼下表面的压力下降，上仰效应增大。

横向气动特性

当 C_n 相对于侧滑角 β 的斜率为正时，飞行器具有方向稳定性。如图 6.45 所示，$Ma_\infty = 6$ 和 10 时，X-33 飞行器并非如此。图中，在整个

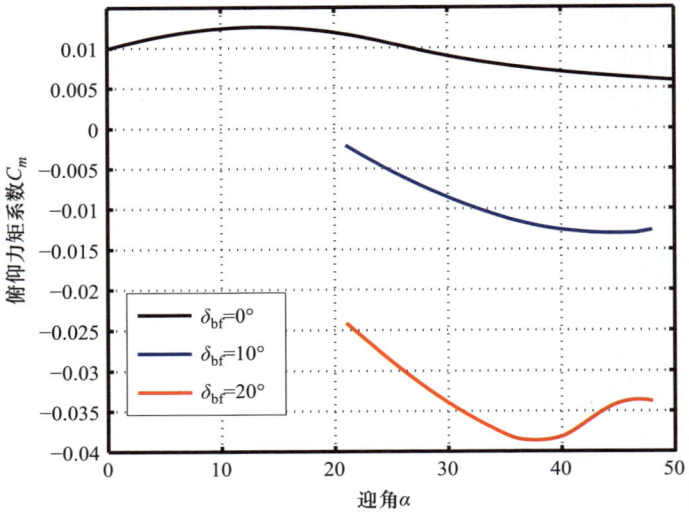

图 6.44 自由流马赫数 $Ma_\infty = 6$ 时，体襟翼偏转角对俯仰力矩系数 C_m 的影响随迎角 α 的变化[15] (力矩参考点为 $x_{\text{ref}} = 0.66L_{\text{ref}}$)

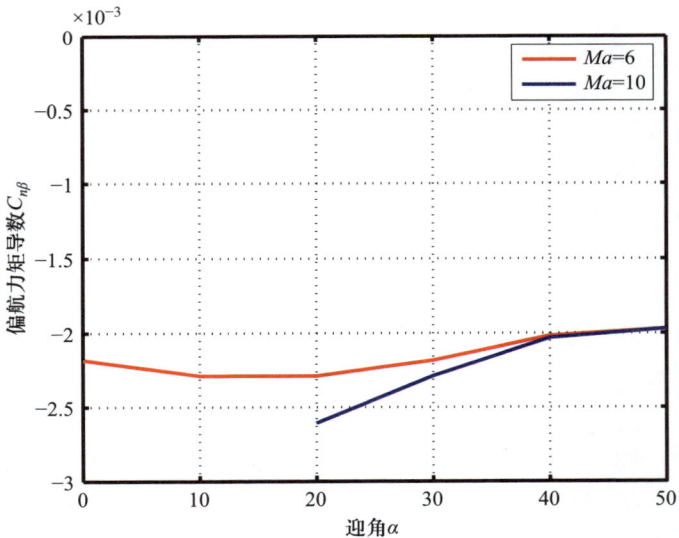

图 6.45 自由流马赫数 $Ma_\infty = 6$ 和 10 时，偏航力矩导数 $C_{n\beta}$ (方向稳定性判据) 随迎角 α 的变化[15]

迎角范围, $\partial C_n/\partial \beta$ 为负, 表明为方向不稳定, 这对这类航天飞行器构型很常见。飞行器上表面尾部的小型双垂尾对偏航稳定性的贡献很小, 特别是当迎角较大时, 垂尾位于流场的高超声速阴影区。

对所有 $\alpha > 4°$ 的迎角, 滚动力矩导数 $\partial C_l/\partial \beta$ 为负。负 $\partial C_{l\beta}$ 主要由两个上反 20° 的斜置尾翼产生, 表明对滚转运动有阻尼作用, 滚转阻尼随着迎角增大近线性增加 (图 6.46)。机翼上反 (正和负) 是早已熟知的确保滚转阻尼的措施。

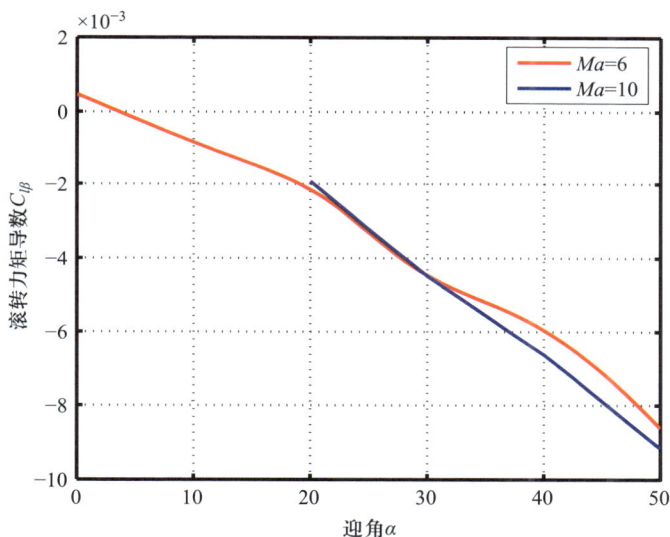

图 6.46 自由流马赫数 $Ma_\infty = 6$ 和 10 时, 滚转力矩导数 $C_{l\beta}$ (斜置尾翼产生的上反效应) 随迎角 α 的变化[15]

6.3.3 动态气动力数据

没有获得动稳定性研究结果。

6.4 X-34 飞行器 (美国)

6.3 节已经提到, NASA 于 1993 年取消了 NASP 计划, 并于 1996 年启动了一项 "可重复使用运载器技术计划", 这是一项 NASA、美国空军和私营企业之间的合作计划。该计划包括三个演示验证飞行器,其主要目标是发展和研究关键技术，这些技术能显著降低进入空间的成本，且为未来可重复使用运载器设计和运行所必需。

首个飞行验证飞行器是后续的三角快帆 (Delta Clipper) 试验 (DC-XA)[①]飞行器，由麦道公司启动、设计和试验 (图 6.47)。

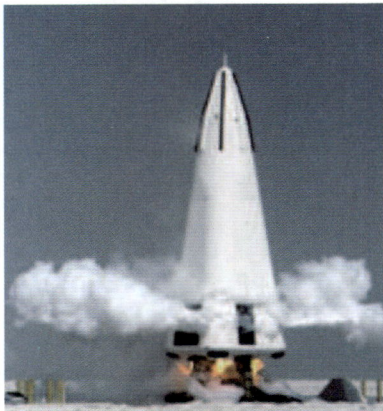

图 6.47　三角快帆试验先进飞行器[4]

该飞行器主要验证[12,18]：
- 飞行控制系统；
- 缩短周转时间，如普通飞机一样运行的可能性；
- 垂直上升和着陆的能力。

经过氧气贮箱爆炸事故后，该计划于 1996 年年底终止。

第二个飞行器是 X-33 验证飞行器 (已在 6.3 节介绍)，洛克希德·马丁公司为主承包商。

第三个验证飞行器称为 X-34，由轨道科学公司研制，用作新型技术和先进操作方法的测试平台[18−20]。测试项目包括：
- 轻质复合材料主、辅结构；
- 可重复使用的混合推进剂贮箱；
- 先进热防护系统；
- 嵌入式大气数据系统；
- 利用差分全球定位系统 (GPS) 的综合低成本航电设备；

①20 世纪 90 年代初期麦道公司就已经启动名为"三角快帆试验 (DC-X)"的项目。

- 快速周转时间；
- 各种天气条件下像飞机一样运行；
- 自主飞行，包括自动着陆。

为了开展这项雄心勃勃的飞行试验计划，建造了三个飞行器，飞行试验的最终目标是实现在 76 km 高空以最大速度 $Ma_\infty = 8$ 飞行。X-34 将由载机 L-1011 挂载，在高度约 11500 m、$Ma_\infty = 0.7$ 时空中发射 (图 6.48)。由一台名为"捷径"(FASTRAC) 的新型低成本火箭发动机驱动。图 6.49 示出了 X-34 飞行器在地面时的两张照片。

(a)　　　　　　　　(b)

图 6.48　挂载在 L-1011 载机下的 X-34 飞行器 (a)，自由飞行测试，包括自动末端进场着陆 (b)[4,21]

(a)　　　　　　　　(b)

图 6.49　停放于试验靶场的 X-34 飞行器[4,21]

(a) 前向侧视图；(b) 后向侧视图。

由于完成该飞行器的项目成本达到无法接受的水平，且计划技术风险太多，2001 年 3 月 NASA 取消了 X-34 飞行器计划。

6.4.1 构型特征

X-34 的平面形状与航天飞机轨道器的平面形状有点类似。该飞行器有一个双三角翼,主翼后掠角为 45°,前沿边条后掠 80°。为了控制滚转运动,选择了 6° 的机翼上反角。X-34 的参考值列于表 6.3。全翼展副翼对称偏转时用于俯仰控制,非对称偏转时用于滚转控制。另一个提供俯仰运动控制的部件是体襟翼,它安装在发动机喷管下方、机身尾部。只要迎角和马赫数使尾翼不处于流动阴影区内,垂直尾翼就能确保方向稳定性。图 6.50 示出了飞行器构型以及其主要尺寸。

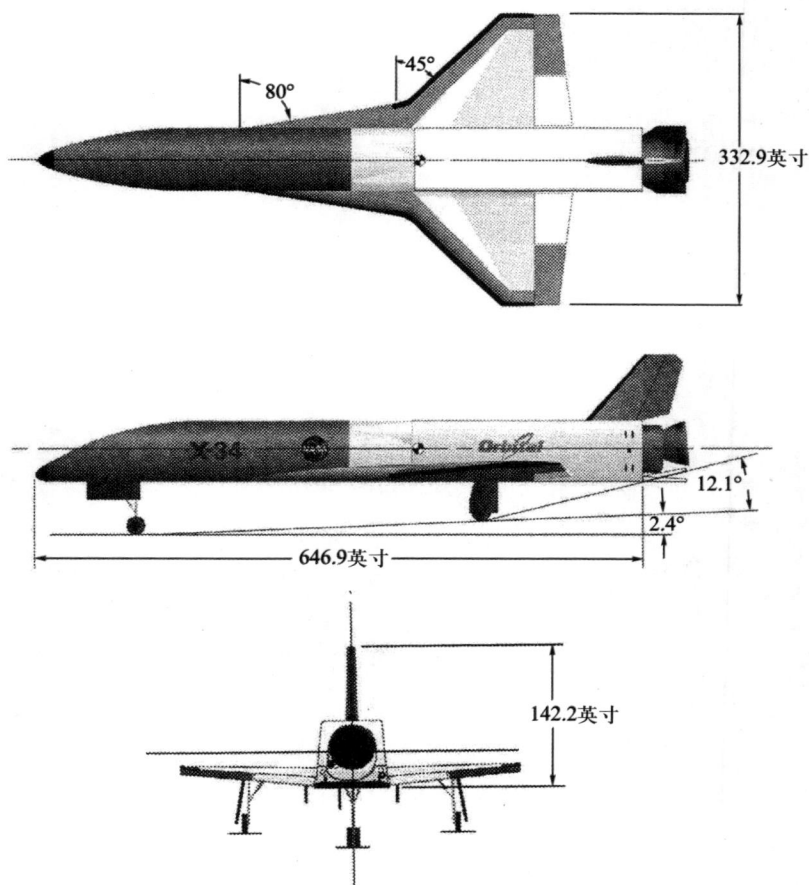

图 6.50 X-34 构型的外形定义、合成图像及尺寸[18,19]

表 6.3 X-34 飞行器的参考尺寸[18,19]

参考长度	$L_{\text{ref}} = 646.9$ 英寸(16.43 m)
参考宽度	$B_{\text{ref}} = 332.9$ 英寸(8.45 m)
参考高度	$H_{\text{ref}} = 142.2$ 英寸(3.61 m)
参考面积	$S_{\text{ref}} = 357.5$ 英尺^2 (33.21 m^2)
力矩参考点	$x_{\text{ref}} = 420$ 英寸(10.67 m)$\Rightarrow 0.65 L_{\text{ref}}$

6.4.2 稳态气动力数据

获得了纵横向稳态气动力数据。主要研究工作是在 NASA 兰利研究中心的风洞试验①。马赫数范围为 0.25 ~ 10,迎角范围为 $-5° ~ 40°$[18-20]。另外对 $1.25 \leqslant Ma_\infty \leqslant 6$、迎角 $-4° \leqslant \alpha \leqslant 32°$ 进行了欧拉数值模拟[22]。

纵向气动特性

$Ma_\infty = 0.4$ 时的升力系数 C_L (图 6.51) 直到 $\alpha \approx 12°$ 均是线性的,

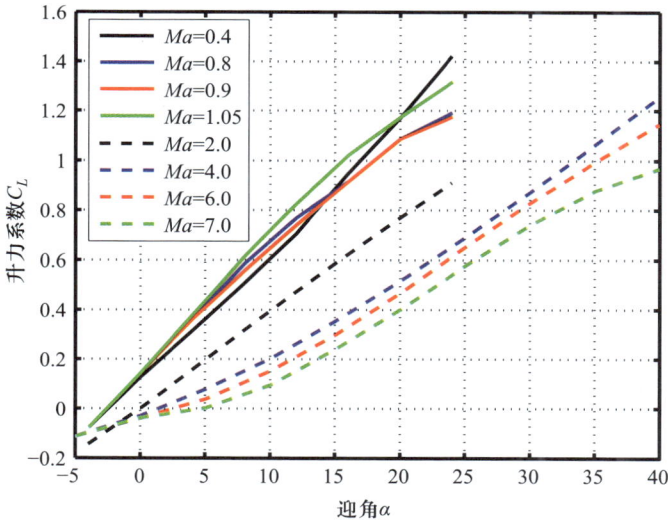

图 6.51 亚声速 – 高超声速马赫数时,升力系数 C_L 随迎角 α 的变化[18,19]

① 利用了下面 5 座风洞:
- $Ma_\infty = 0.25$ 时采用 LaRC 的 14×22 英尺亚声速风洞 (LTPT);
- $0.3 \leqslant Ma_\infty \leqslant 1.3$,$-4° \leqslant \alpha \leqslant 25°$ 时采用 LaRC 的 16 英尺跨声速风洞 (16-ft TT);
- $-12° \leqslant \alpha \leqslant 22°$ 时采用 LaRC 统一规划风洞 (UPWT-1、UPWT-2):$1.45 \leqslant Ma_\infty \leqslant 2.86$ (UPWT-1),$2.3 \leqslant Ma_\infty \leqslant 4.6$ (UPWT-2);
- $Ma_\infty = 6$,$-4° \leqslant \alpha \leqslant 40°$ 时采用 LaRC 的 20 英寸马赫 6 空气风洞;
- $Ma_\infty = 10$,$-4° \leqslant \alpha \leqslant 40°$ 时采用 LaRC 的 31 英寸马赫 10 空气风洞。

而后可以观察到曲线斜率增大，这是由于机翼上涡的形成 (涡升力) 所致。当马赫数增大时 ($Ma_\infty = 0.8$、0.9、1.05)，涡升力减弱。$Ma_\infty = 2$ 时，在图中绘制的迎角范围 C_L 是线性的。马赫数增大至 $Ma_\infty \geqslant 4$，C_L 曲线呈现出这类飞行器众所周知的典型非线性。

在给定迎角 α，跨声速 ($Ma_\infty = 1.05$) 时阻力值最大。在迎角 $0°$ 附近，亚声速阻力 ($Ma_\infty = 0.4$) 和高超声速阻力 ($Ma_\infty = 6$) 值相同。更大迎角时高超声速马赫数的阻力最小 (图 6.52)。

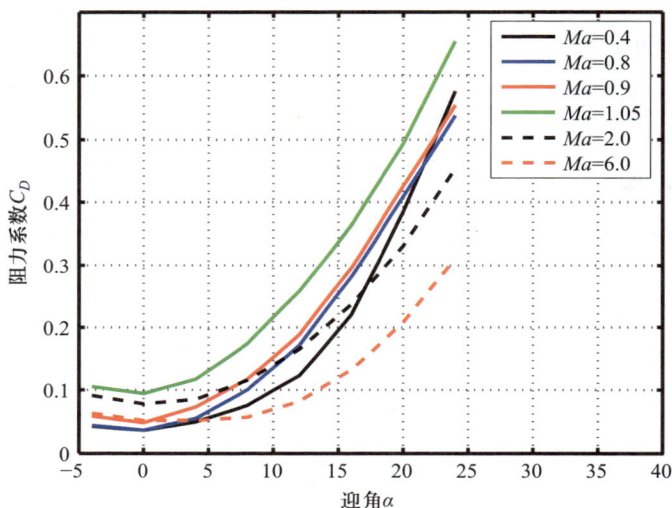

图 6.52 亚声速 – 高超声速马赫数时，阻力系数 C_D 随迎角 α 的变化[18,19]

亚声速马赫数 $Ma_\infty = 0.4$ 时，升阻比 L/D 有最大值，$L/D_{\max} \approx 7$，对应 $\alpha_{\max} \approx 7°$。$Ma_\infty < 1$ 时，随着马赫数增大，L/D 最大值减小，同时 $\alpha_{\max}$ 减小。超 – 高超声速流动中，L/D 曲线变缓，最大 L/D 约为 2.5 (图 6.53)。

俯仰力矩图 (图 6.54) 显示，对所有马赫数和迎角，C_m 均为负 (机头向下的力矩)。这表明要配平飞行器需控制面为负偏转 (向上偏转)。较低迎角 ($\alpha \leqslant 12°$) 时，飞行器在亚声速范围 ($Ma_\infty \leqslant 0.8$) 为不稳定或中立稳定。在跨 – 超声速范围 ($Ma_\infty = 0.9$、1.05、2)，由于压心后移，该飞行器直到迎角 $\alpha \leqslant 13°$ 才变为稳定的 ($\partial C_m/\partial \alpha < 0$)。对于给定的力矩参考点 ($x_{\mathrm{ref}} = 0.65 L_{\mathrm{ref}}$) 可观察到，迎角 $\alpha \leqslant 25°$ 时，飞行器在高超声速范围为静不稳定，而且发现对较大迎角 α 值有趋于静稳定的趋势 (图 6.54)。通常，当马赫数达到高超声速值时，机头向下的俯仰力矩更小。

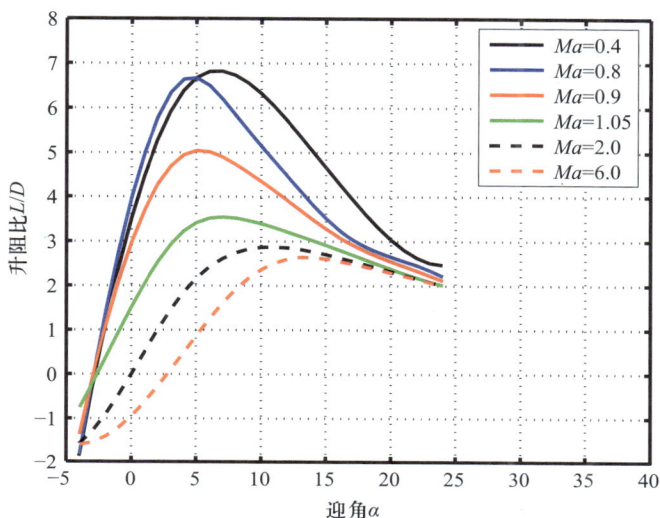

图 6.53 亚声速 – 高超声速马赫数时, 升阻比 L/D 随迎角 α 的变化[18,19]

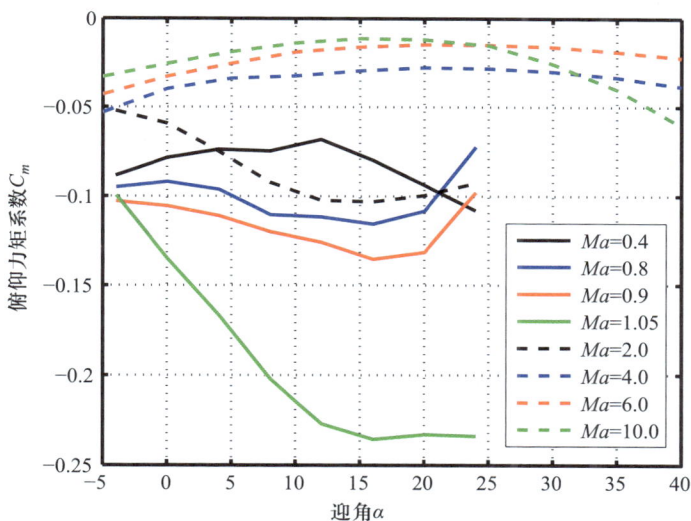

图 6.54 亚声速 – 高超声速马赫数时, 俯仰力矩系数 C_m 随迎角 α 的变化[18,19] (力矩参考点为 $x_{ref} = 0.65L_{ref}$)

横向气动特性

从飞行器的方向稳定性 (偏航力矩) 来看, 图 6.55 和图 6.56 有歧义。众所周知, 方向稳定性要求偏航力矩系数 C_n 关于侧滑角 β 的梯度为正 ($\partial C_n / \partial \beta > 0$)。在图中绘制的马赫数 ($Ma_\infty = 1.25$、2、6), 迎角

$\alpha = 18°$ 时 $\partial C_n/\partial \beta$ 为负，这表明飞行器是方向不稳定的 (图 6.55)。而图 6.56 却显示，$Ma_\infty = 1.25$ 时，飞行器在较低迎角 ($\alpha \leqslant 12°$) 时是方向稳定的，$Ma_\infty = 0.9$ 时也是如此，而当马赫数逐渐增大时 ($Ma_\infty = 2$、6)，飞行器又明确呈现出方向不稳定性。

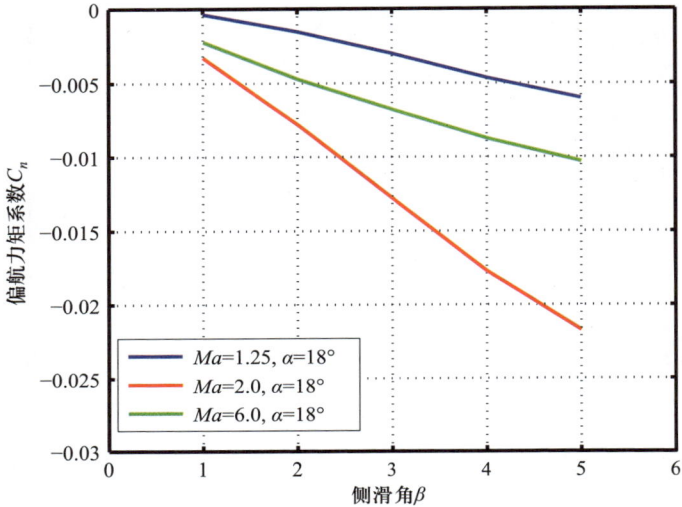

图 6.55　偏航力矩系数 C_n 随侧滑角 β 的变化[18,19] (力矩参考点为 $x_{\rm ref} = 0.65 L_{\rm ref}$)

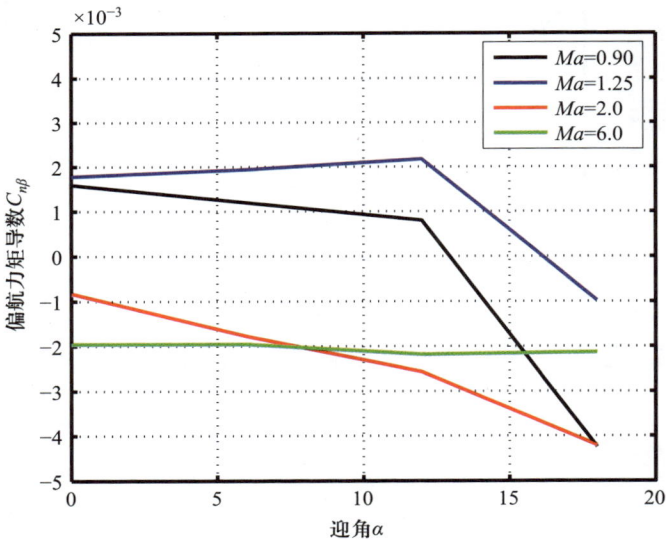

图 6.56　偏航力矩导数 $C_{n\beta}$ 随迎角 α 的变化[18,19] (力矩参考点为 $x_{\rm ref} = 0.65 L_{\rm ref}$)

图 6.57 和图 6.58 显示的是滚转运动的滚转衰减或滚转阻尼。如果滚转力矩系数关于侧滑角 β 的导数为负，则滚转运动是衰减的，飞行器滚转稳定。$\alpha = 18°$ 时，对所有马赫数均是如此 (图 6.57)，

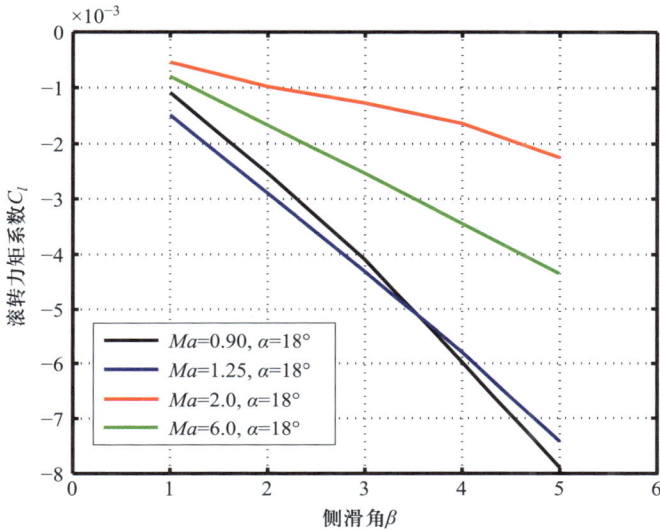

图 6.57   滚转力矩系数 C_l 随侧滑角 β 的变化[18,19]

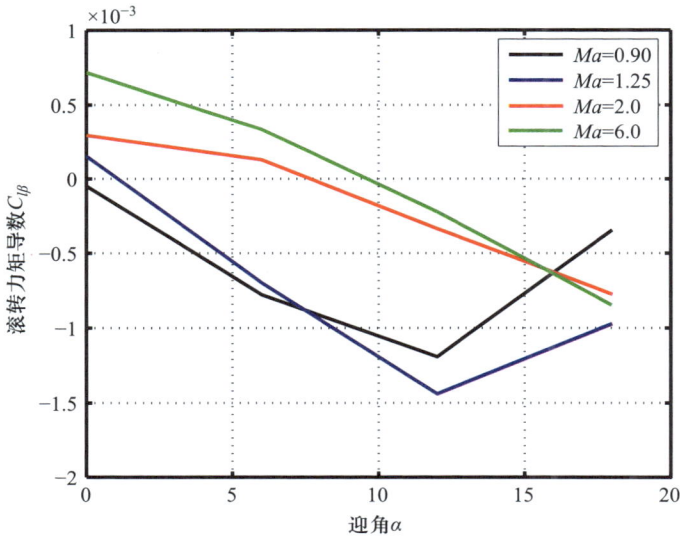

图 6.58   滚转力矩导数 $C_{l\beta}$ 随迎角 α 的变化[18,19]

而随着马赫数逐渐增大，飞行器滚转稳定性变差。跨声速马赫数 $(Ma_\infty = 0.9 \, 、 1.25)$ 时，几乎所有迎角下 $\partial C_l / \partial \beta$ 为负；而对较高马赫数 $(Ma_\infty = 2 \, 、6)$，迎角 $\alpha \leqslant 10°$ 时出现滚转不稳定 (图 6.58)。通常，迎角增大时，由于机翼上反效应增大，$\partial C_l / \partial \beta$ 负值更大。

6.4.3　动态气动力数据

没有获得动稳定性研究结果。

6.5　X-37 飞行器 (美国)

X-37 是继 X-33 和 X-34 飞行器之后的第三架先进可重复使用技术验证飞行器。这几架验证飞行器计划在较低高度和速度进行飞行试验技术的验证，X-37 将是首个探索轨道飞行和再入飞行阶段的验证飞行器。图 6.59 显示了 X-33、X-34 和 X-37 这三架航天飞行器的包络线[23]。

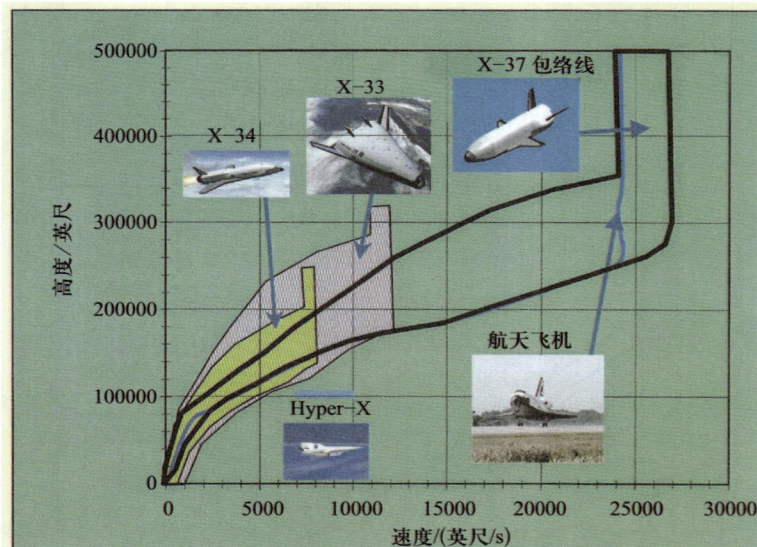

图 6.59　X-33、X-34 和 X-37 三架航天飞行器的试验包络线[23]

1996 年，美国开始利用 X-33 飞行器进行验证活动，X-33 为单级入轨验证飞行器，采用线性塞式发动机。X-34 飞行器是一个技术和操作飞行实验室。由于过高的技术风险和预算问题，这两个项目均在 2001

年终止。

为了验证可重复使用空间技术和轨道空间飞行任务,1999 年启动了 X-37 项目,其最初的方案是由航天飞机轨道器货舱将该飞行器运送至地球轨道。2004 年, X-37 项目从 NASA 转移给美国国防高级研究计划局,并重新设计,以便用阿特拉斯5 型 (Atlas V) 火箭发射。

波音公司是 X-37 飞行器的主承包商。该项目包括研制和建造两个验证飞行器。一个用于飞行轨迹的进场着陆验证,一个用于离轨和再入验证。

2010 年进行了首次轨道飞行, 2011 年和 2012 年进行了另外两次轨道飞行,验证技术包括改善的热防护系统 (热结构、保形可重复使用的绝缘材料、耐高温密封件等)、航电设备和自主制导、导航和控制系统。所有飞行均是保密的。

图 6.60 和图 6.61 是 X-37 飞行器的一些艺术想像图,取自文献 [21,23]。

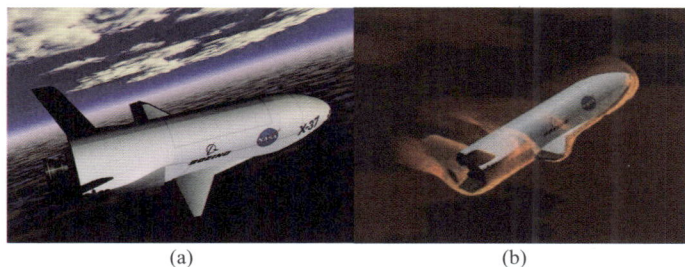

(a)　　　　　　　　　　(b)

图 6.60　X-37 飞行器的想象图[21]

(a) 在轨飞行;(b) 再入过程的大气层飞行。

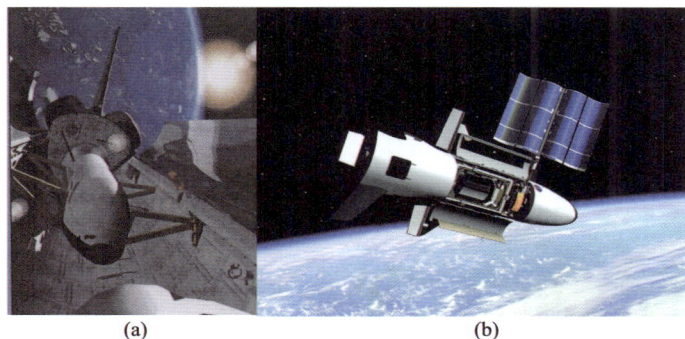

(a)　　　　　　　　　　(b)

图 6.61　X-37 飞行器的想象图[21,23]

(a) X-37 在航天飞机轨道器的货舱中;(b) 在轨飞行,太阳能电池帆板展开。

6.5.1 构型特征

X-37 长 8.382 m (27.5 英尺)，翼展约为 4.572 m (15 英尺)，重约 6 t。X-37 飞行器的外形是 X-40 构型 120% 放大版[23]，X-40 也是由波音公司研制和建造。

6.5.2 稳态和动态气动力数据

作者无法获取该飞行器的气动力数据。

6.6 X-38 飞行器 (美国 – 欧洲)

20 世纪 90 年代，NASA 曾设想为国际空间站的运行任务研制乘员救生飞行器，用以取代俄罗斯"联盟"号飞船，而且如有必要，还可取代航天飞机轨道器。在机组乘员生病或其他紧急情况下，乘员救生飞行器能将整个国际空间站的机组人员 (最多七名航天员) 带回地球。最重要的一点是，乘员返回能实现无人驾驶，即该飞行器是自主运行的。为了执行这种任务，选择了升力体构型，即 X-24A 外形[24]，并命名为 X-38。

该飞行器必须具备以下特征：

- 准确软着陆以允许运送受伤机组乘员；
- 过载最小；
- 足够的横向机动能力，即使在恶劣天气条件下也能到达选定的着陆点。

严格来讲，X-38 飞行器不是有翼再入飞行器。作为升力体，它离轨助推后能够像有翼再入飞行器一样滑翔，沿既定的轨道无动力下滑到特定的高度，然后通过可控的大型翼伞系统进行最后的下降和着陆 (图 6.62)。由于这种升力体在亚声速飞行范围内升阻比 L/D 太低不能实现气动辅助 (有翼) 末端进场和着陆，所以必须有翼伞系统。

图 6.62 X-38 飞行器的投放试验，包括翼伞降落，构型 8.3 版有对接端口[4]

为能给七名机组人员提供足够的空间，将 X-24A 外形按 1.2 倍扩大，并对机身背风面进行了重新设计以增大容积。最终的外形命名为 X-38 8.3 版，用作 CRV 原型机的技术验证飞行器。

NASA、欧洲的企业、机构和研究团体 (达索公司、EADS 宇航公司、MAN、ESA、DLR、ONERA 等) 之间开展密切合作，特别是在建立气动力数据库方面。图 6.63 显示的是风洞试验的各种照片。此外，图 6.64 绘制的是 N-S 方程数值解的一些估算结果。

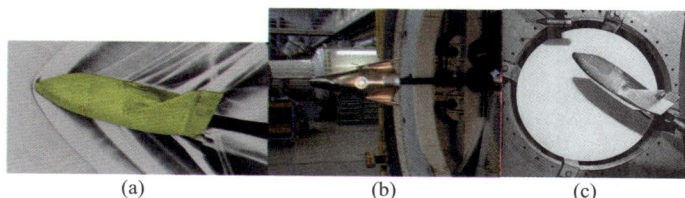

(a)　　　　　　(b)　　　　　　(c)

图 6.63　X-38 飞行器：不同风洞试验图片

(a) 风洞流场[25]；(b) 在科隆 DLR TMK 风洞中的模型[26,27]；(c) 在摩丹 ONERA S4 风洞中的模型[28]。

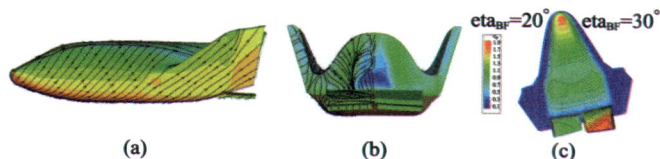

(a)　　　　　　(b)　　　　　　(c)

图 6.64　X-38 飞行器的 N-S 解。压力分布和表面摩擦力线

$$(Ma_\infty = 15, \alpha = 40°, \eta_{bf} = 20°)$$

(a) 侧视图；(b) 后视图，包括体襟翼凹腔[29]；(c) 两个不同体襟翼偏转角 ($\eta_{bf} = 20°$ 和 $\eta_{bf} = 30°$) 状态下的下表面压力分布[30]。

遗憾的是，2002 年 NASA 改变战略，计划研制一种多用途飞行器，该飞行器同时具备乘员运输和乘员返回的能力，从而取代单一用途飞行器 X-38[①]。2002 年 6 月，X-38 项目取消。到目前为止 (2013 年) 没有启动后续项目。

尽管如此，还是比较圆满地完成了气动力数据库方面的工作。因此，我们能够在下面部分详细介绍纵横向气动特性以及一些动稳定性研究的气动力数据。所有这些数据由风洞试验和欧拉或 N-S 方程的数值解获得。

---

①单一用途飞行器意味着：通过航天飞机轨道器货舱将 X-38 飞行器送入地球轨道，然后与 ISS 对接。

多用途飞行器意味着：X-38 能运输机组人员往返于国际空间站，进行自主上升 (不依赖于航天飞机轨道器)。

6.6.1　构型特征

图 6.65 是 X-38 飞行器 8.3 版的三维视图, 包括与国际空间站对接的装置 (对接端口)。图中所显示的外形其体襟翼偏转角 $\eta_{bf} = 20°$, 在飞行器后视图中 (图 6.65(b)) 可看到体襟翼的偏转。对于大多数建立气动力数据库的试验和数值研究, 名义体襟翼偏转角为 $\eta_{bf} = 20°$ (见下节)。图 6.66 为侧视图和俯视图, 图中还包括一些尺寸和名义力矩参考点。

(a)　　　　　　　(b)

图 6.65　X-38 飞行器的三维外形 (带对接端口的构型 8.3 版)

L=8.626 m, W=4.877 m
L_{ref}=8.412 m, Δx=0.1524 m

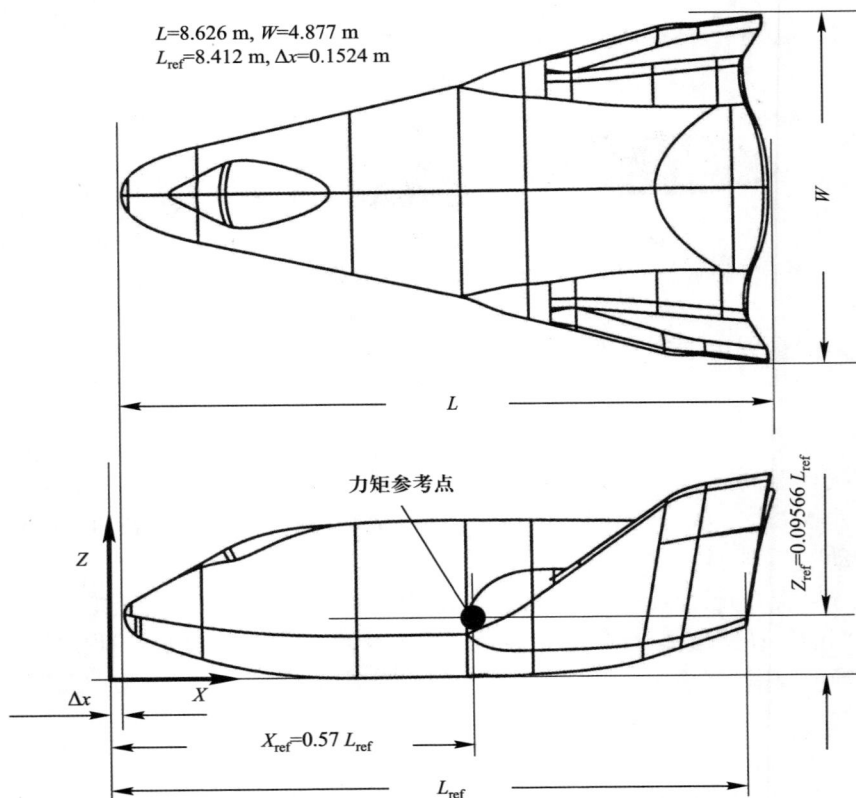

力矩参考点

Z_{ref}=0.09566 L_{ref}

X_{ref}=0.57 L_{ref}

L_{ref}

图 6.66　X-38 飞行器的外形定义 (构型 8.3 版)[31]

6.6.2 稳态气动力数据

纵向气动特性

如上所述, X-38 飞行器为升力体, 严格意义上它不属于有翼再入飞行器。典型的有翼再入飞行器能够利用其自身的外形着陆, 这意味着这样的外形在亚声速飞行状态下产生的最小升阻比 L/D 值为 $4.5 \sim 5$。研究图 6.69 中 X-38 飞行器亚声速的升阻比, 发现其 L/D 值为 2, 远低于所要求的值。这就是为什么 X-38 飞行器末端下降和着陆要利用可控翼伞系统的原因[32,33]。图 6.67 ~ 图 6.70 展示了 X-38 在亚、跨、超声速马赫数时的升力、阻力和俯仰力矩系数以及升阻比 L/D。大部分数据取自由法国达索航空公司收集的气动力数据库 (ADB)[34], 还有一些数据源自文献 [35] 的数值欧拉解。小迎角下俯仰力矩很大 (图 6.70), 这是由于 X-38 飞行器下表面采用大型船型后体所致, 参见图 6.66。观察到的 X-38 外形的另一个气动特性是其阻力系数明显比其他有翼再入飞行器大得多 (图 6.68)。除了俯仰力矩系数在 $Ma_\infty = 1.72$ 时有一些偏差, 欧拉计算结果与 ADB 数据一致。

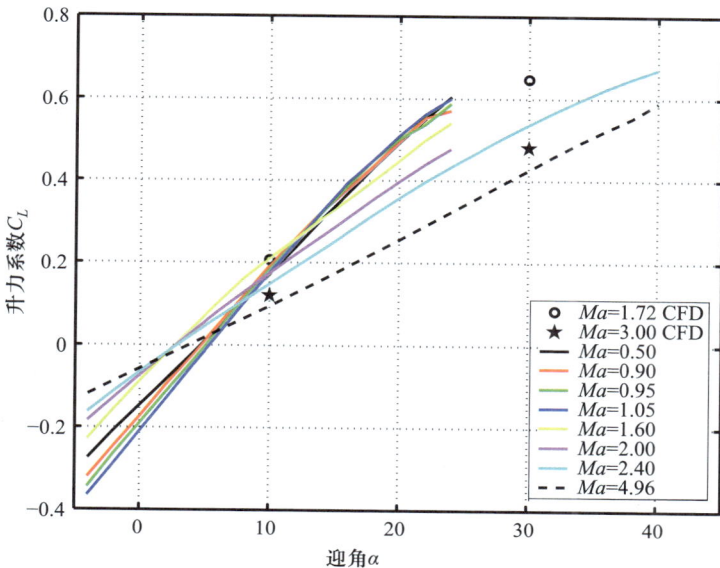

图 6.67　亚 – 跨 – 超声速马赫数时, 升力系数 C_L 随迎角 α 的变化[34,35] (体襟翼偏转角 $\eta_{bf} = 20°$)

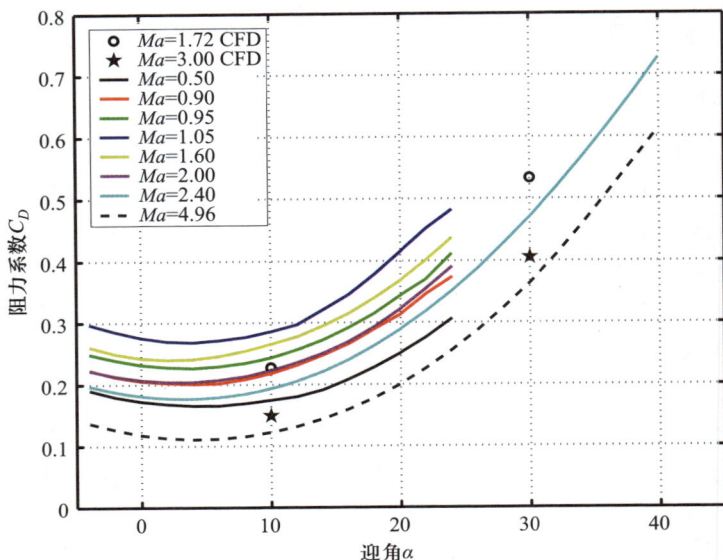

图 6.68　亚 – 跨 – 超声速马赫数时, 阻力系数 C_D 迎角 α 的变化[34,35] (体襟翼偏转
角 $\eta_{bf} = 20°$)

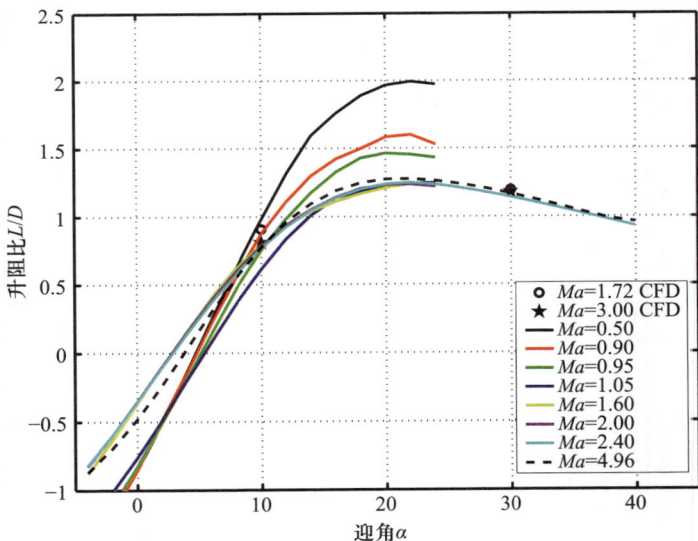

图 6.69　亚 – 跨 – 超声速马赫数时, 升阻比 L/D 随迎角 α 的变化[34,35] (体襟翼偏
转角 $\eta_{bf} = 20°$)

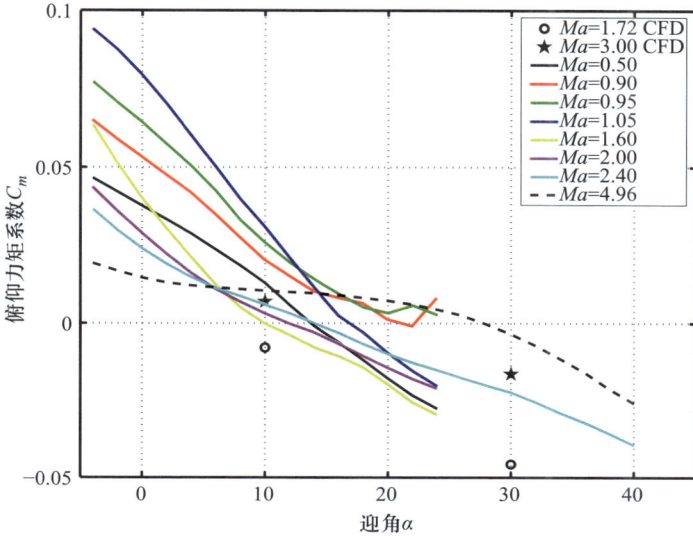

图 6.70   亚 – 跨 – 超声速马赫数时，俯仰力矩系数 C_m 随迎角 α 的变化[34,35] (体襟翼偏转角 $\eta_{bf} = 20°$，力矩参考点：$x_{ref} = 0.57L_{ref}$，$z_{ref} = 0.09566L_{ref}$)

图 6.71 ~ 图 6.74 研究了超声速和高超声速马赫数的气动特性。这

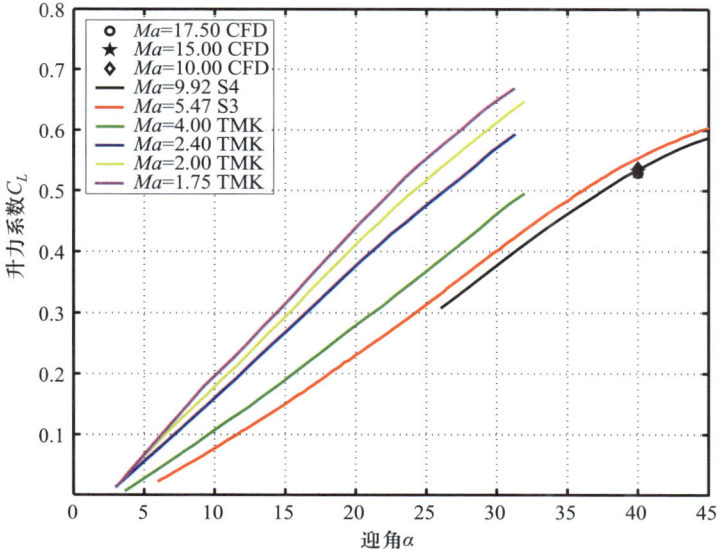

图 6.71   超声速和高超声速马赫数时，升力系数 C_L 随迎角 α 的变化[28,30,36,37] (体襟翼偏转角 $\eta_{bf} = 20°$)

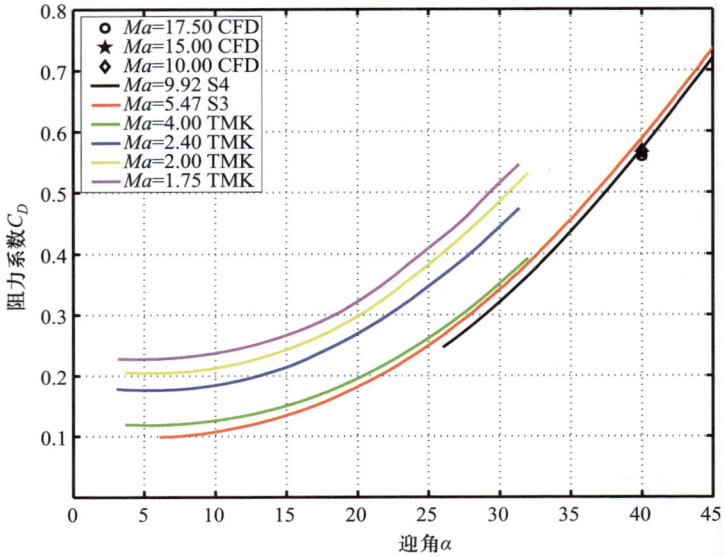

图 6.72　超声速和高超声速马赫数时, 阻力系数 C_D 随迎角 α 的变化[28,30,36,37] (体襟翼偏转角 $\eta_{\mathrm{bf}} = 20°$)

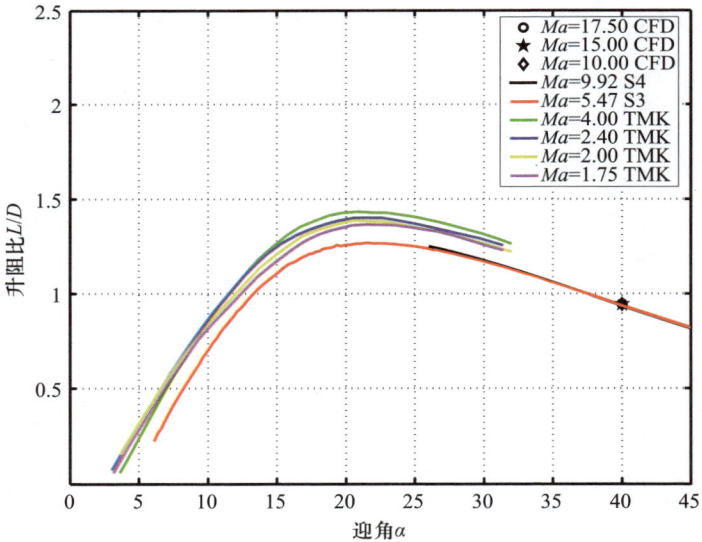

图 6.73　超声速和高超声速马赫数时, 升阻比 L/D 随迎角 α 的变化[28,30,36,37] (体襟翼偏转角 $\eta_{\mathrm{bf}} = 20°$)

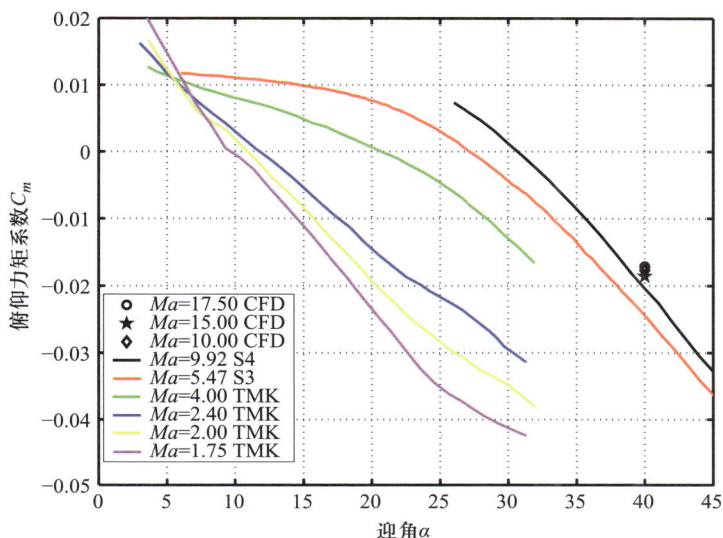

图 6.74 超声速和高超声速马赫数时，俯仰力矩系数 C_m 随迎角 α 的变化[28,30,36,37]
（体襟翼偏转角 $\eta_{bf} = 20°$，力矩参考点为：$x_{ref} = 0.57L_{ref}$，$z_{ref} = 0.09566L_{ref}$）

些数据主要由风洞试验获得①[28,36,37]，并且用一些 N-S 计算对这些数据进行了验证[30]。超声速马赫数时的升阻比 L/D 约为 1.4，高超声速马赫数时升阻比 L/D 下降至 1.3。而且还发现，当 $Ma_\infty \approx 5$ 时，气动力系数逐渐变得与马赫数无关。由 N-S 计算获得的 $Ma_\infty = 10$、15、17.5 在 $\alpha = 40°$ 时的数据与风洞数据非常吻合。

图 6.75 中的配平迎角取自图 6.70 和图 6.74 中的数据。通过对该图的仔细观察，有三个发现：

(1) 在 $\eta_{bf} = 20°$，$x_{ref} = 0.57L_{ref}$ 条件下，$Ma_\infty = 0.9$ 和 0.95 时显然不存在配平迎角，见图 6.70；

(2) 马赫数范围为 $1.6 \leqslant Ma_\infty \leqslant 5.5$ 的配平迎角 (取自图 6.70 和图 6.74) 彼此略有不同，但曲线的斜率非常相近；

(3) 高超声速飞行范围的配平迎角接近 30° 左右。由于 X-38 飞行器再入飞行轨迹所需迎角约为 40° (高超声速飞行)，所以必须调整其体襟翼偏转角 η_{bf} 和/或重心 x_{ref} (图 6.76、图 6.77)。

$Ma_\infty = 9.92$ 时力矩参考点对俯仰力矩系数 (S4 风洞数据) 的影响

---

① 利用了下列风洞：德国科隆 DLR 的 TMK 风洞、法国摩丹 ONERA 的 S3 和 S4 风洞。

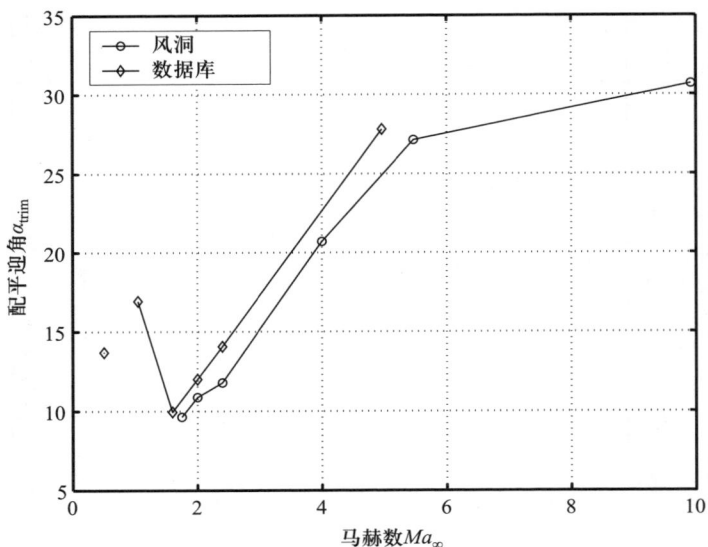

图 6.75   配平迎角, 根据图 6.70 的数据以及图 6.74 的风洞值估算得到 (力矩参考
点: $x_{\mathrm{ref}} = 0.57 L_{\mathrm{ref}}$, $z_{\mathrm{ref}} = 0.09566 L_{\mathrm{ref}}$)

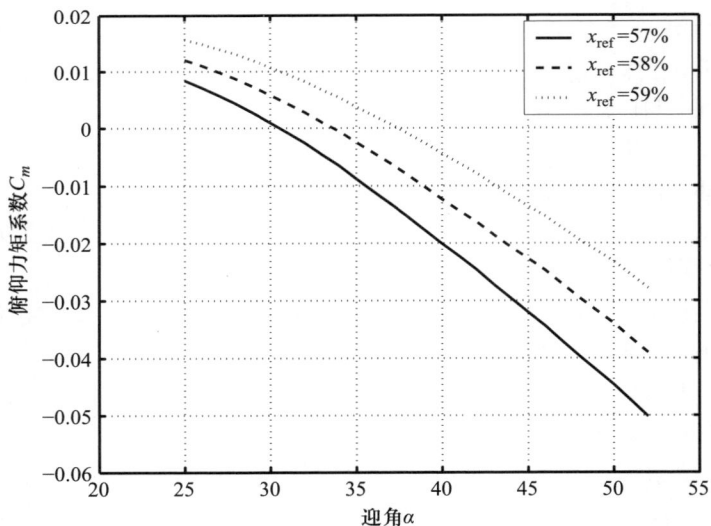

图 6.76   力矩参考点变化 (其中 $z_{\mathrm{ref}} = 0.09566 L_{\mathrm{ref}} = $ 常值) 对俯仰力矩系数的影响随
迎角 α 的变化 (根据 $Ma_\infty = 9.92$ 的 S4 风洞数据估算[28])

如图 6.76 所示。如预期一样, 随着 x_{ref} 增大俯仰力矩增大 (关于正俯仰力矩的定义见图 8.2), 这使得配平迎角从 $x_{\mathrm{ref}} = 57\%$ 时的 $\alpha_{\mathrm{trim}} \approx 30°$ 增大到 $x_{\mathrm{ref}} = 59\%$ 时的 $\alpha_{\mathrm{trim}} \approx 59°$。导致配平迎角增大的另一种可能是体襟翼偏转角减小。将体襟翼偏转角 η_{bf} 从 20° 减小到 10°, 配平迎角从 $\alpha_{\mathrm{trim}} \approx 30°$ 增大为 $\alpha_{\mathrm{trim}} \approx 45°$ (图 6.77)。这其中的物理本质是: 当 η_{bf} 减小时, 体襟翼迎风面的压力减小, 进而使压心 (或总气动力作用线, 见文献 [10]) 前移, 导致俯仰力矩增大。

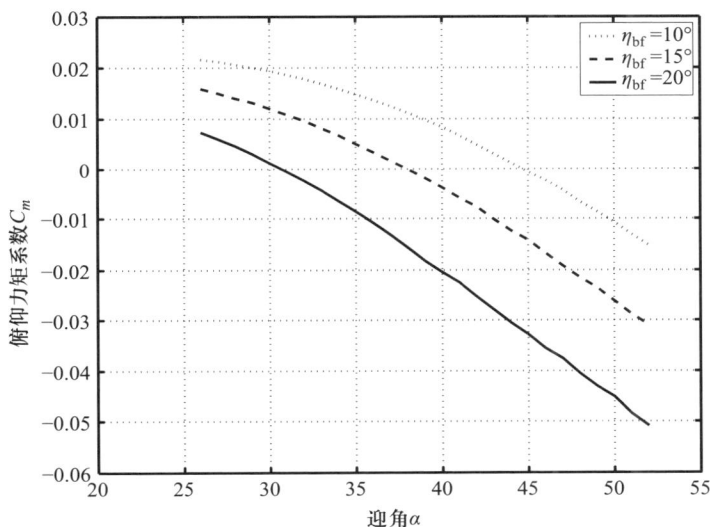

图 6.77　体襟翼偏转角对俯仰力矩系数的影响 (力矩参考点: $x_{\mathrm{ref}} = 0.57 L_{\mathrm{ref}}$, $z_{\mathrm{ref}} = 0.09566 L_{\mathrm{ref}}$。$Ma_\infty = 9.92$ 时的 S4 风洞数据[28])

横向气动特性

　　侧向力系数以及滚转和偏航力矩系数随侧滑角 β 的变化示于图 6.78 ～ 图 6.80, 图中数据取自在 S4、S3 和 TMK 风洞设备中的研究结果。随着马赫数减小, 侧向力系数的斜率增大。$Ma_\infty = 9.92$、$\alpha = 40°$; $Ma_\infty = 5.47$、$\alpha = 40.5°$; $Ma_\infty = 4$、2.4、2、1.75, $\alpha = 20°$ 的滚转和偏航力矩系数绘制于图 6.79 和图 6.80。

　　滚转力矩系数斜率一般为负, 这表明飞行器存在滚转运动阻尼。马赫数较小且迎角增大 (迎角至少为 $\alpha \geqslant 10°$) 时, 滚转运动阻尼增大 (图 6.81)。偏航力矩斜率一般为正, 这表明飞行器具有方向稳定性。如图 6.82 所示, 较大迎角时方向稳定性增大, 马赫数增大时方向稳定性减小。

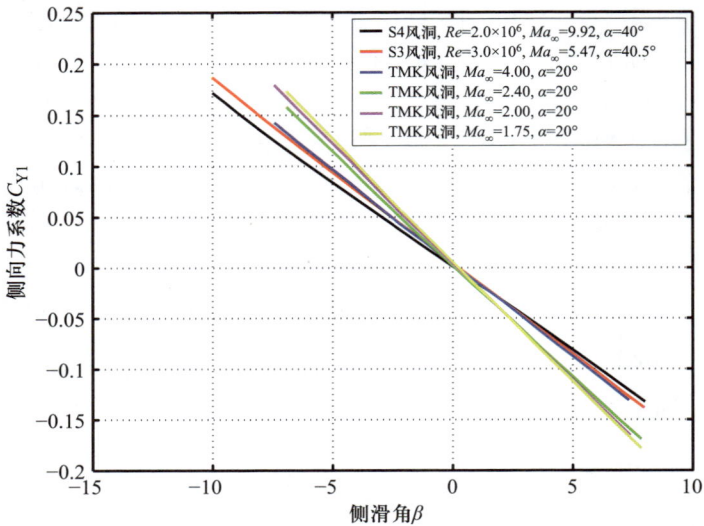

图 6.78 超声速和高超声速马赫数时, 侧向力系数 C_{Y1} 随侧滑角 β 的变化[28,36,37] (体襟翼偏转角 $\eta_{\mathrm{bf}} = 20°$)

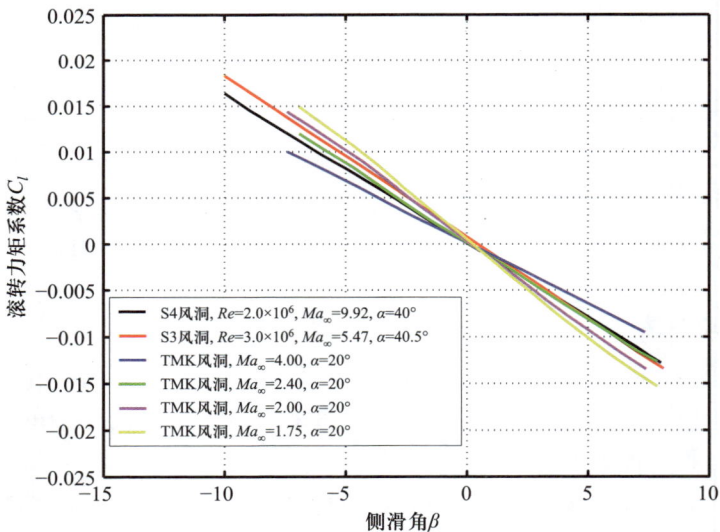

图 6.79 超声速和高超声速马赫数时, 滚转力矩系数 C_l 随侧滑角 β 的变化[28,36,37] (体襟翼偏转角 $\eta_{\mathrm{bf}} = 20°$)

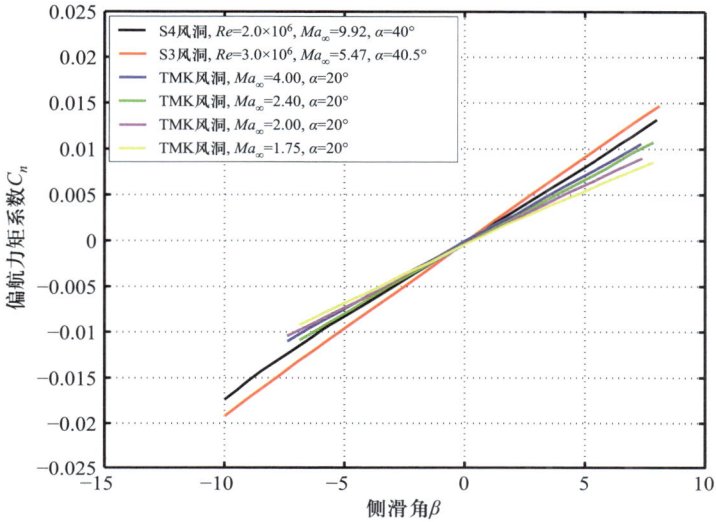

图 6.80   超声速和高超声速马赫数时，偏航力矩系数 C_n 随侧滑角 β 的变化[28,36,37]
（力矩参考点：$x_{\text{ref}} = 0.57 L_{\text{ref}}$，$z_{\text{ref}} = 0.09566 L_{\text{ref}}$。体襟翼偏转角 $\eta_{\text{bf}} = 20°$）

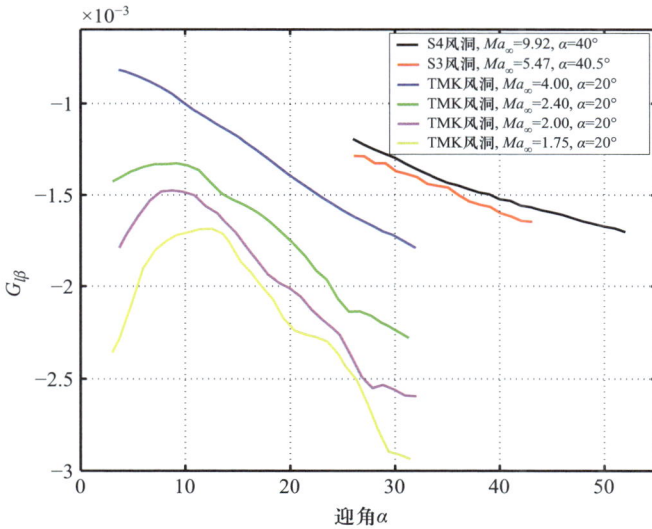

图 6.81   超声速和高超声速马赫数时，单位侧滑角 (每度) 的滚转力矩系数 $C_{l\beta}$ 随迎角 α 的变化[28,36,37] (体襟翼偏转角 $\eta_{\text{bf}} = 20°$)

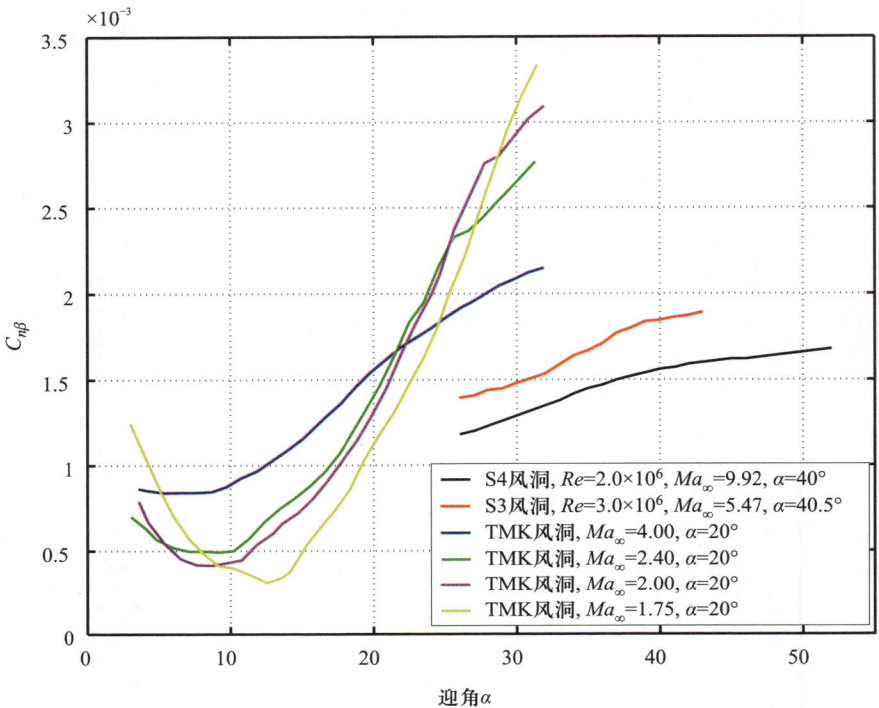

图 6.82 超声速和高超声速马赫数时,单位侧滑角 (每度) 的偏航力矩系数 $C_{n\beta}$ 随迎角 α 的变化[28,36,37] (力矩参考点:$x_{ref} = 0.57L_{ref}$,$z_{ref} = 0.09566L_{ref}$。体襟翼偏转角 $\eta_{bf} = 20°$)

6.6.3 动态气动力数据

经验表明,再入飞行器在跨声速马赫数附近,即 $0.8 \leqslant Ma_\infty \leqslant 1.2$ 的动态特性非常关键,而较高马赫数的动导数只能发挥很小的作用。因此,下面介绍跨声速飞行区域纵向运动的俯仰阻尼导数 $C_{mq} + C_{m\dot{\alpha}}$(图 6.83)。虚线由五个点建立,每个点数据由非定常三维 N-S 方程计算生成[38,39]。因为在所考虑的马赫数范围内 $C_{mq} + C_{m\dot{\alpha}}$ 为负,所以 X-38 飞行器的动态运动 (如俯仰振荡) 将受到阻尼作用。

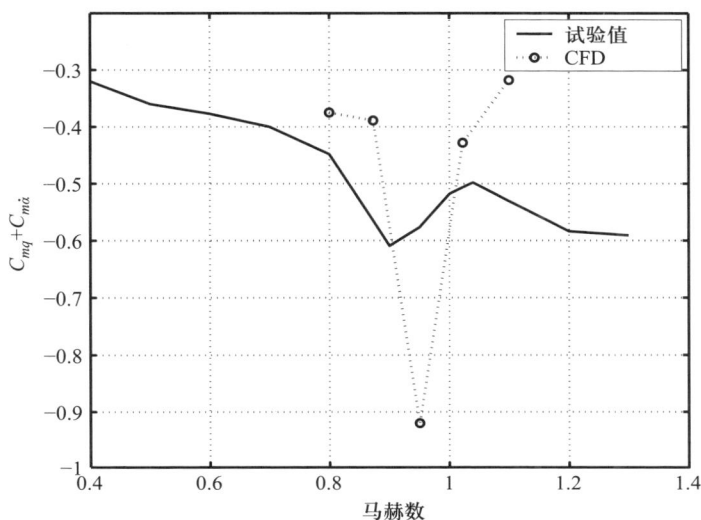

图 6.83 纵向俯仰运动的阻尼导数 $C_{m\dot{\alpha}} + C_{mq}$ (数据源自文献 [38, 39])

6.7 PHOENIX 验证飞行器 (德国)

在 FESTIP 框架内, 设计和研究了几种可重复使用运载器方案, 旨在使进入空间更可靠且成本更低。FESTIP 的主要目标: 首先是以同样的基准比较运载器方案; 其次要确定利用已有的技术哪些方案具有技术可行性, 并确定欧洲短期内必须发展的方案。选定了 8 个前景较好的备选方案, 这些备选方案代表了最重要的设计理念: 运载器级数、推进系统类型、起飞和着陆模式、飞行器构型和飞行任务[12]。

其中一个方案是 HOPPER 飞行器 (图 6.84(a)), 预计该飞行器可沿亚轨道飞行[40], 也就是说该飞行器没有达到进入地球目标轨道①所需的速度, 同时也表明该飞行器无法返回到发射基地, 而必须飞到另一个着陆场。

该系统的主要特点是具有水平起飞 (滑车发射) 和着陆能力, 飞行器大部分可重复使用。从滑车发射后, HOPPER 飞行器由三台 Vulcain 2 发动机②推进。

---

① 例如, 高度 $H = 400$ km 的圆地球轨道需要航天飞行器的速度为 7671.74 m/s[33]。
② Vulcain 2 火箭发动机是欧洲 "阿里安" 5 火箭改进型的主发动机。

为了验证该飞行器外形的低速性能和着陆特性, 在德国 ASTRA[①]计划框架下研制和建造一架 1 : 7 缩尺的飞行验证飞行器, 称为 PHOENIX (图 6.84(b))。为了保证 PHOENIX 验证飞行器的飞行能代表全尺寸 HOPPER 飞行, 这两个飞行器的升阻比、重心位置、飞行品质和着陆速度 (71 m/s) 均相同[41,42]。

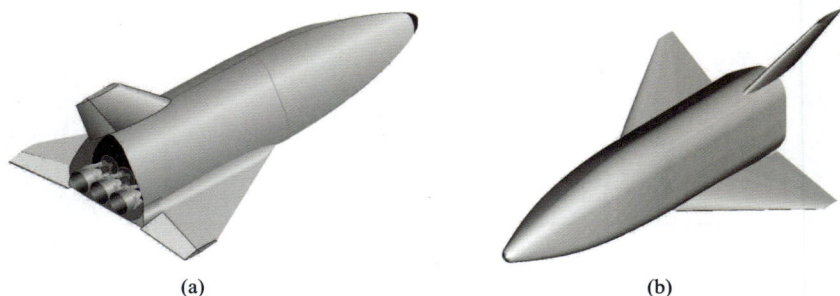

(a)   (b)

图 6.84   HOPPER 外形 (包括三台 Vulcain 2 型火箭) 的三维模型 (a), PHOENIX 验证飞行器的三维模型 (b)[44,45]

PHOENIX 飞行器的气动力数据库源自 6 座风洞[②]的试验数据和数值模拟 (欧拉和 N-S 计算)。

图 6.85 显示的是其中两座风洞的流场和模型图片。数值模拟求解

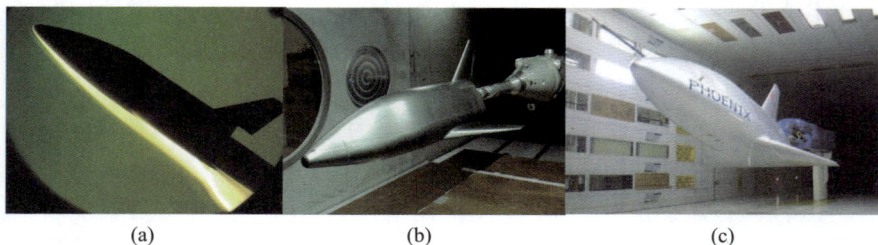

(a)   (b)   (c)

图 6.85   在亚琛工业大学的 TH2 激波风洞试验的 PHOENIX 模型。试验条件: $Ma_\infty = 6.6$, $\alpha = 35°$, $T_0 = 7400$ K, $\eta_{bf} = 20°$ (a)[46]。在荷兰 NLR 的 HST 风洞中的 PHOENIX 模型 (b)。德/荷 DNW 大型低速设备 (LLF) 中的 PHOENIX 的 1 : 1 模型 (c)[41,42]

---

① ASTRA ⇒ 未来欧洲空间运输系统应用的先进系统与技术。
② DLR 的 NWB 风洞 (亚声速)、DLR 的 TWG 风洞 (亚 – 跨 – 低超声速)、NLR 的 HST 风洞 (亚 – 跨 – 低超声速)、NLR 的 SST 风洞 (超声速)、DNW 的 LLF 风洞 (低速)、亚琛工业大学的 TH2 激波风洞 (高超声速)。

(特别是当黏性效应开始起作用 (N-S 解) 时) 计算的三维流场提供了揭示特殊流动现象的可能性, 其中一些算例示于图 6.86, 显示了翼梢涡和尾涡 (图 6.86(a))、辐射 – 绝热壁温度分布[43] (图 6.86(b)) 和表面摩擦力线 (图 6.86(c))。

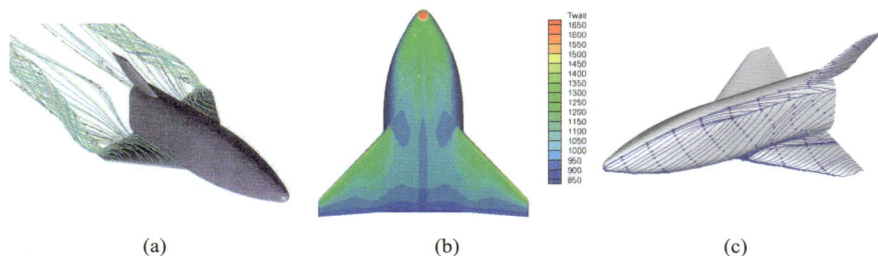

图 6.86   PHOENIX 构型的 N-S 解, 湍流。翼梢涡和尾涡, $Ma_\infty = 0.6$, $\alpha = 12°$ (a), 迎风侧的辐射 – 绝热壁面温度分布, $Ma_\infty = 11.1$, $\alpha = 19.6°$, $H = 55.4$ km (b), 表面摩擦力线, 求解时假设为真实气体, $Ma_\infty = 15$, $\alpha = 25°$, $H = 54.5$ km (c)[44,47]

PHOENIX 飞行器着陆能力的验证是在 Vidsel (瑞典北部) 的北欧航空航天试验靶场 (NEAT) 进行的。试飞时, 飞行器在 2.4 km 高度、距跑道约 6 km 的空中从直升机上投放。随后的自由飞行包括加速俯冲进入可重复使用运载器典型的陡峭最终进场轨迹, 接着是长距离的拉平动作和在跑道着陆 (图 6.87)[42]。

图 6.87   PHOENIX 验证飞行器: 2004 年 5 月, 在瑞典的 Vidsel 测试亚声速自由飞 (直升机投放试验) 和自动着陆能力[41,42]

6.7.1　构型特征

可重复使用运载器必须要满足其执行空间任务期间相互冲突的要求。其任务全部飞行阶段包括发射、上升和到达目标轨道的最后助推以及离轨、再入、高超声速飞行和末端进场着陆。因此，这类飞行器的特点是外形结构紧凑，采用小翼展和气动控制。

PHOENIX 验证飞行器的外形是 1：7 缩尺的 HOPPER 构型，总长 6.90m，翼展 3.84m，总高 2.56m(图 6.88 ～ 图 6.90)。

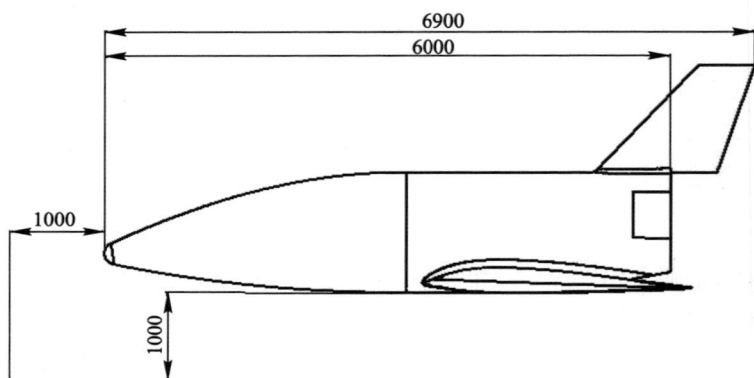

图 6.88　PHOENIX 外形的工程图：侧视图[44]

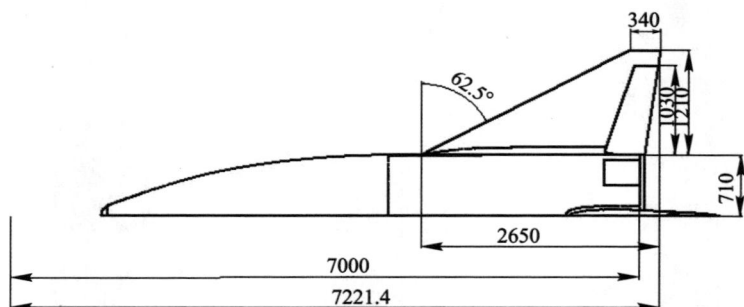

图 6.89　PHOENIX 外形的工程图 (半模)：俯视图[44]

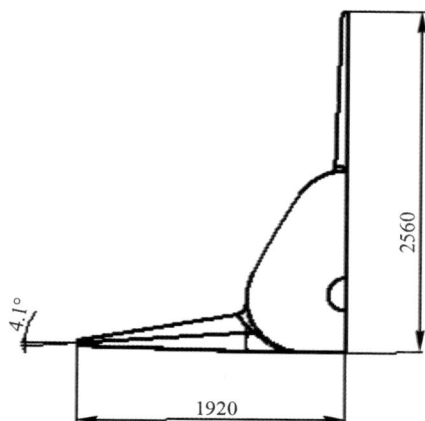

图 6.90 PHOENIX 外形的工程图 (半模)：正视图[44]

6.7.2 稳态气动力数据

如前所述，其气动力数据库是通过几座风洞试验以及数值模拟 (三维欧拉和 N-S 计算) 建立的。数值模拟包括新型湍流模型[①]和真实气体效应 (必要时)[44,47]。

纵向气动特性

图 6.91 和图 6.92 显示的是亚 – 跨、跨 – 超声速马赫数时升力系数 C_L 随迎角 α 的变化。在亚 – 跨声速范围，随着马赫数增大，升力系数相对于迎角的斜率 $\partial C_L/\partial \alpha$ 略有增加，而当马赫数增大时，在较小迎角其升力系数的线性特性就遭到破坏。$Ma_\infty = 1.1$ 时 $\partial C_L/\partial \alpha$ 值最大，然后随着马赫数增大，$\partial C_L/\partial \alpha$ 值不断减小。另外，在跨 – 超声速范围，到更大迎角时 C_L 线性特性才遭到破坏 (图 6.92)。

图 6.93 和图 6.94 示出了两个马赫数范围 (亚 – 跨、跨 – 超声速) 的阻力系数 C_D。如预期的一样，在亚声速范围，随着马赫数增大 C_D 增大，在 $Ma_\infty \approx 1$ 附近 C_D 达到最大值。然后，在超声速范围 C_D 再次减小。值得注意的是，中等迎角时，$Ma_\infty = 0.95 \Rightarrow Ma_\infty = 1.1$ 这一段，C_D 值有一个很大的跳跃，即阻力发散。

---

① 可按全湍流或固定层流 – 湍流转捩流动处理。

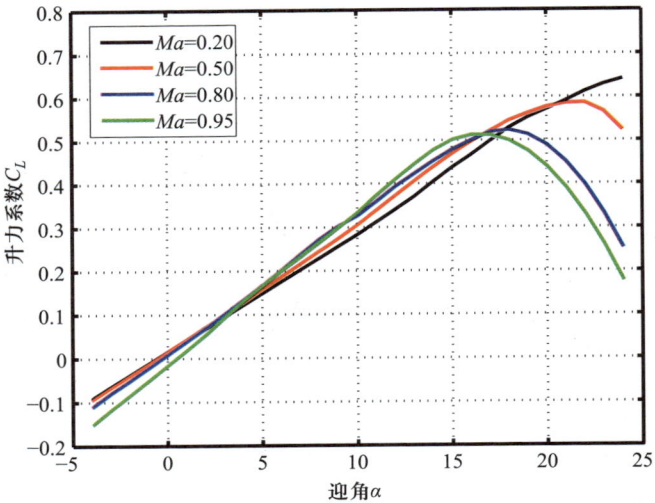

图 6.91 亚 – 跨声速马赫数时，升力系数 C_L 随迎角 α 的变化[48]

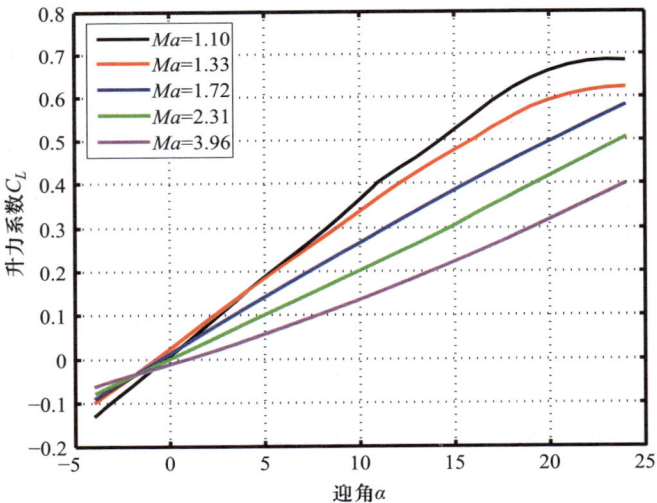

图 6.92 跨 – 超声速马赫数时，升力系数 C_L 随迎角 α 的变化[48]

根据经验，无动力航天飞行器自主滑翔着陆，要求其升阻比 L/D 必须在 5 左右。如图 6.95 所示，PHOENIX 的 $L/D_{Ma_\infty=0.2} \approx 5.5$，这足以进行自主着陆。对于研究的 $Ma_\infty \approx 1.1$ 以上的所有马赫数, 其最大升阻比值降至 $L/D_{max} \leqslant 2$ (图 6.96)。

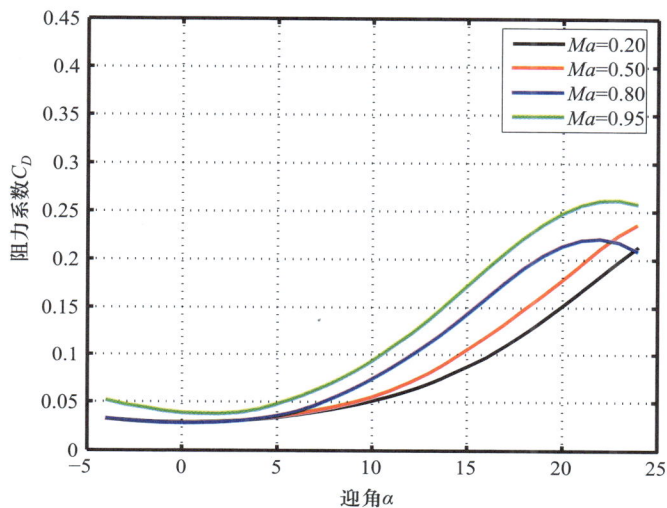

图 6.93   亚 – 跨声速马赫数时, 阻力系数 C_D 随迎角 α 的变化[48]

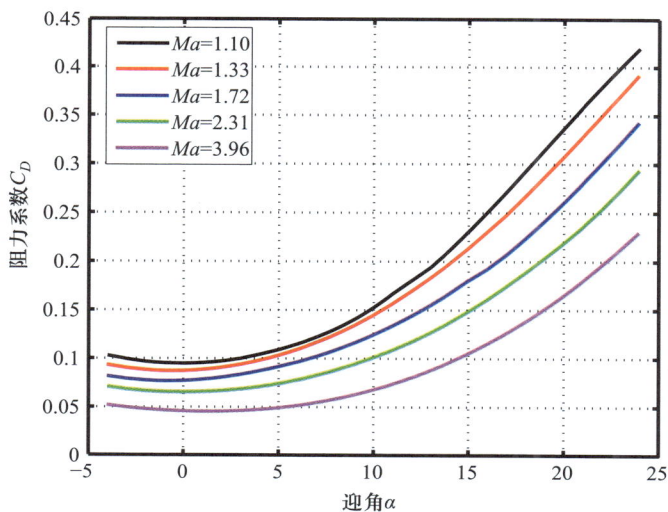

图 6.94   跨 – 超声速马赫数时, 阻力系数 C_D 随迎角 α 的变化[48]

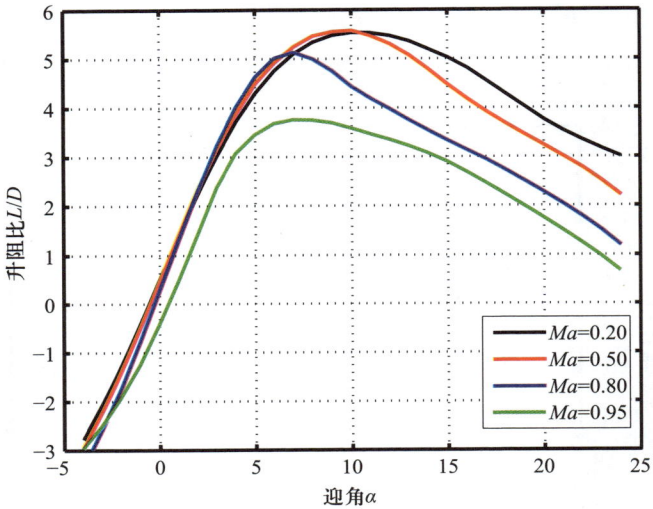

图 6.95 亚 – 跨声速马赫数时, 升阻比 L/D 随迎角 α 的变化[48]

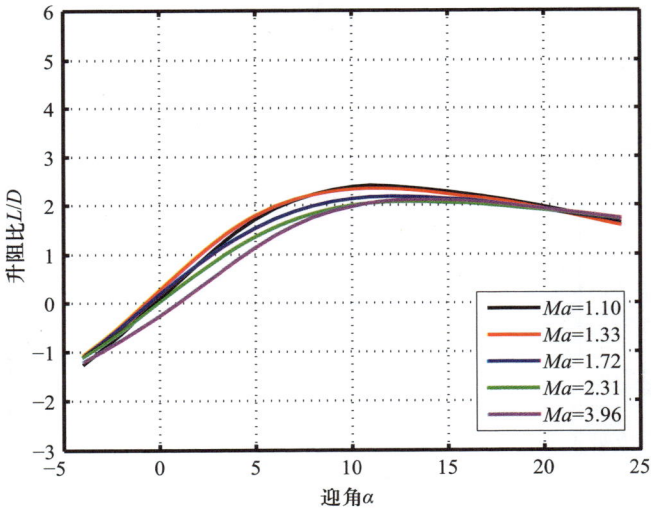

图 6.96 跨 – 超声速马赫数时, 升阻比 L/D 随迎角 α 的变化[48]

俯仰力矩曲线显示, 对选定的重心位置 $x_{ref} = 0.68L_{ref}$[①], 图

[①] PHOENIX 验证飞行器布局受到飞行试验仪器和其他试验设备等硬件的很大影响。因此, 实际飞行器的重心移至 $x_{ref} = 0.70L_{ref}$, 进而导致在亚声速范围飞行器更加静不稳定[42]。

6.97 中的全部亚 – 跨声速马赫数以及跨 – 超声速范围的马赫数 $Ma_\infty = 1.1$、1.33、1.72，飞行器都呈现静稳定性 (图 6.98)。在实际跨声速范围 $(0.8 \leqslant Ma_\infty \leqslant 1.33)$ 斜率 $\partial C_m/\partial\alpha$ 最大，这表明静稳定性很大，迎角 $\alpha \geqslant 15°$ 时呈现静不稳定性。低速时为临界稳定，而增大超声速马赫数，飞行器表现出静不稳定性。小迎角时该飞行器仅可在 $Ma_\infty = 0.95$ 和 1.1 时配平 (所有气动控制面处于中立位置)。

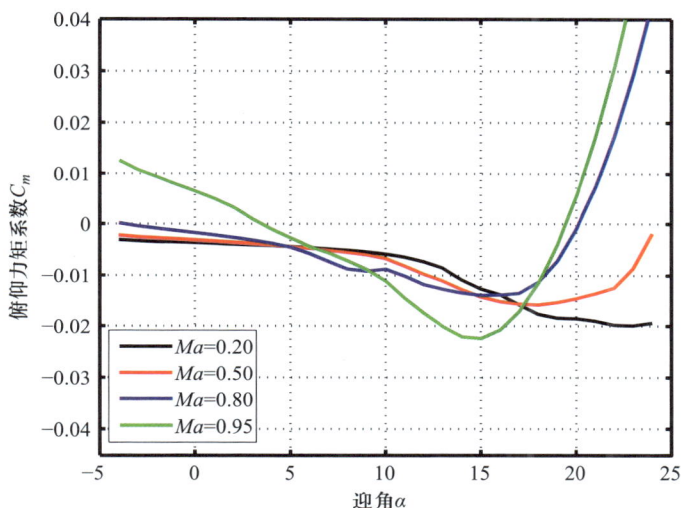

图 6.97　亚 – 跨声速马赫数时，俯仰力矩系数 C_m 随迎角 α 的变化[48] (力矩参考点 $x_{\rm ref} = 0.68L_{\rm ref}$)

较高马赫数 (超 – 高超声速) 范围的研究全部采用数值模拟工具 (CFD) (图 6.99 ~ 图 6.102)。在高超声速范围，随着马赫数增大，升力和阻力系数减小，而且在高超声速范围呈现众所周知的马赫数无关特性 (图 6.99 和图 6.100)。

升阻比 L/D 并没有显示出严格的高超声速马赫数无关性，而是随着马赫数增大 L/D 不断减小，例如 $Ma_\infty = 10$ 时 $L/D_{\max} \approx 2$，$Ma_\infty = 15$ 时 $L/D_{\max} \approx 1.75$ (图 6.101)。

在超 – 高超声速范围，俯仰力矩系数 C_m 的特性与预期相符。图 6.98 的趋势是：随马赫数增大，飞行器静不稳定度增大 (图 6.102)。尽管单一轨迹点 $Ma_\infty = 11.1$、$\alpha = 19.6°$ 和 $Ma_\infty = 14.4$、$\alpha = 31.3°$ 的数值模拟无法证实图 6.102 的情况，但实际情况确实如此。

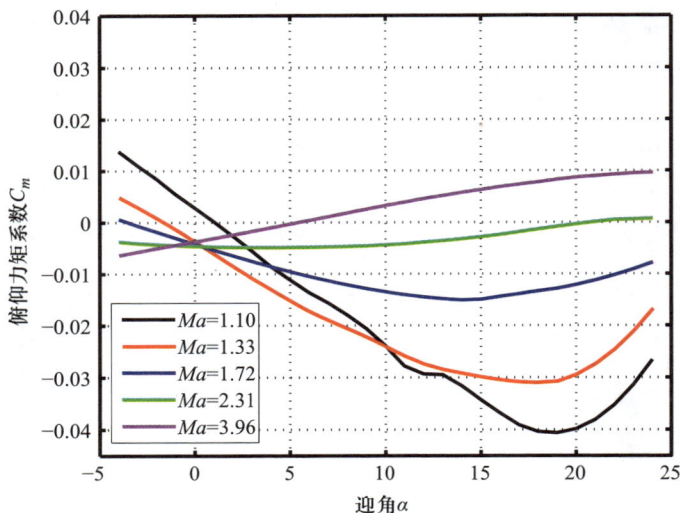

图 6.98 跨 – 超声速马赫数时, 俯仰力矩系数 C_m 随迎角 α 的变化[48] (力矩参考点 $x_{\text{ref}} = 0.68L_{\text{ref}}$)

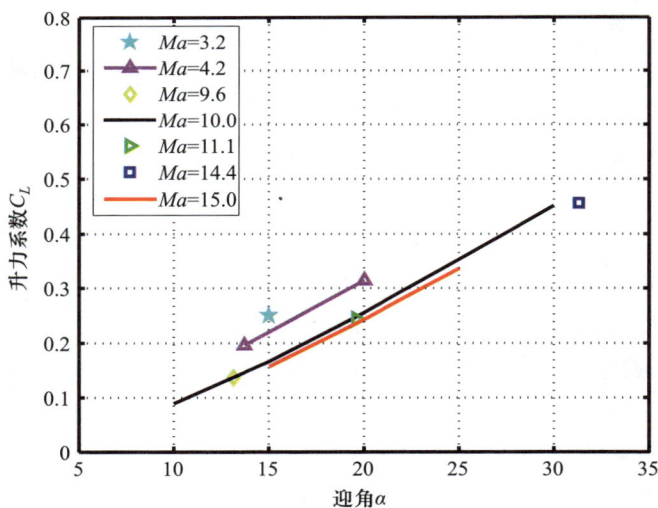

图 6.99 超 – 高超声速马赫数时, 升力系数 C_L 随迎角 α 的变化[44,47] (数据由 N-S 解得)

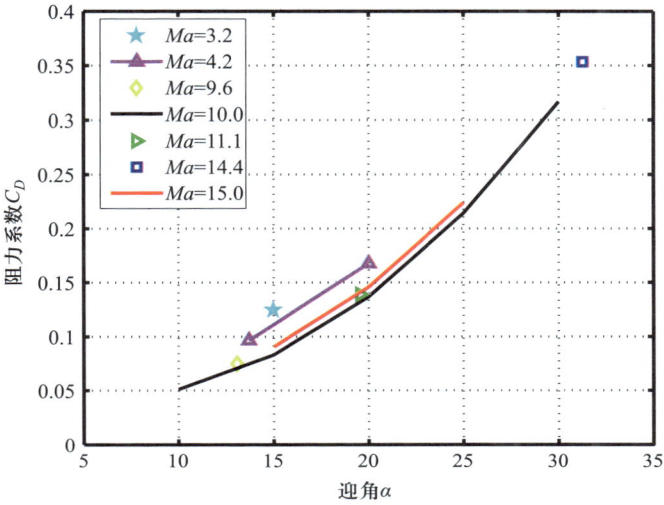

图 6.100　超 – 高超声速马赫数时, 阻力系数 C_D 随迎角 α 的变化[44,47] (数据由 N-S 解得)

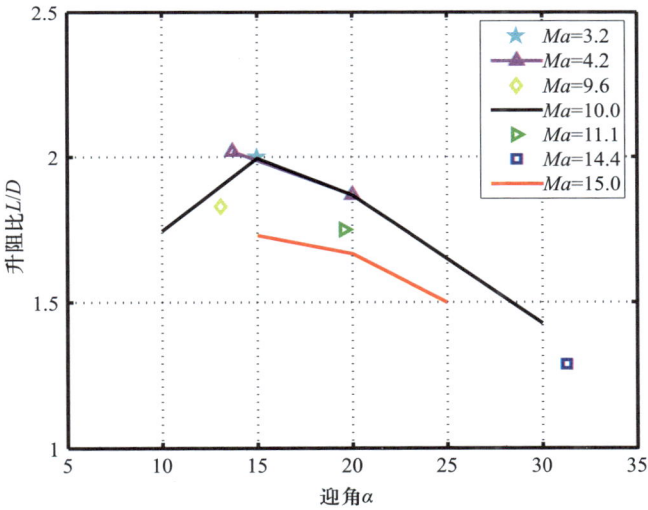

图 6.101　超 – 高超声速马赫数时, 升阻比 L/D 随迎角 α 的变化[44,47] (数据由 N-S 解得)

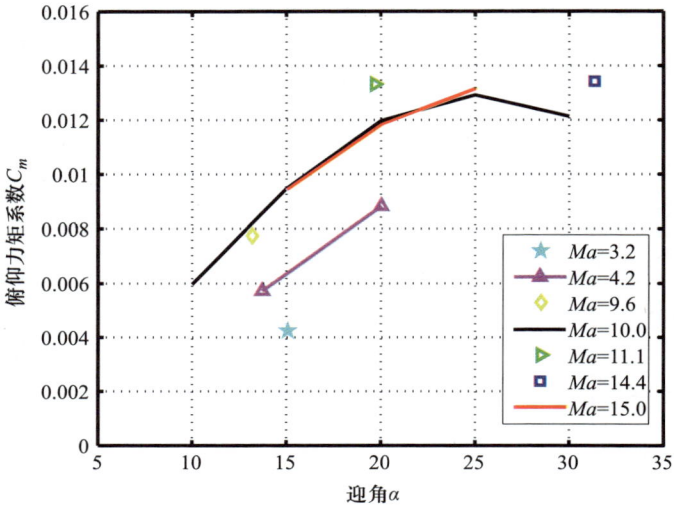

图 6.102 超 – 高超声速马赫数时，俯仰力矩系数 C_m 随迎角 α 的变化[44,47] (力矩参考点 $x_{\mathrm{ref}} = 0.68 L_{\mathrm{ref}}$，数据由 N-S 解得)

现介绍航天飞行器的俯仰力矩系数特性与 PHOENIX 外形 $Ma_\infty = 3.96$ 的特性类似，如何能够使其实现纵向静稳定和配平的一些措施 (图 6.98)。为此，下面说明体襟翼偏转角和重心前移对静稳定性和配平的影响。通常，体襟翼正 (向下) 偏转 ($\eta_{\mathrm{bf}} > 0$) 会产生低头效果，使俯仰力矩系数减小。相反，体襟翼负偏转 ($\eta_{\mathrm{bf}} < 0$) 会产生附加的抬头力矩，见图 6.103。对沿着典型再入轨迹飞行的再入飞行器来说，$Ma_\infty \approx 4$ 时迎角范围一般为 $20° \leqslant \alpha \leqslant 30°$[10]。由图 6.103 可见，似乎仅在 $\alpha \approx 30°$、体襟翼偏转 $\eta_{\mathrm{bf}} = +10°$ 时才能实现配平和静稳定飞行。

实现静稳定性的另一种可能是将重心前移 (图 6.104)。其基本原理是，重心前移静稳定性增强。在此处所考虑的情况下，$\eta_{\mathrm{bf}} = +10°$ 时附加低头力矩使飞行器无法配平，而体襟翼偏转 $\eta_{\mathrm{bf}} = -10°$，$\alpha \approx 28°$ 时呈现出静稳定性，并能配平飞行。尽管如此，这仅在飞行器在一定姿态和马赫数下才有可能实现，即此时向上偏转的配平面不处于高超声速阴影区。

横向气动特性

飞行器横向运动用侧向力系数 C_Y[①]，滚转力矩系数 C_l 和偏航力矩

---

① 侧向力系数 C_Y 通常在机体固定坐标系中定义 (式 (8.2))，但利用 $C_Y = -C_D \sin\beta + C_{Ya} \cos\beta$ 可转换到气流坐标系 (图 8.1)。

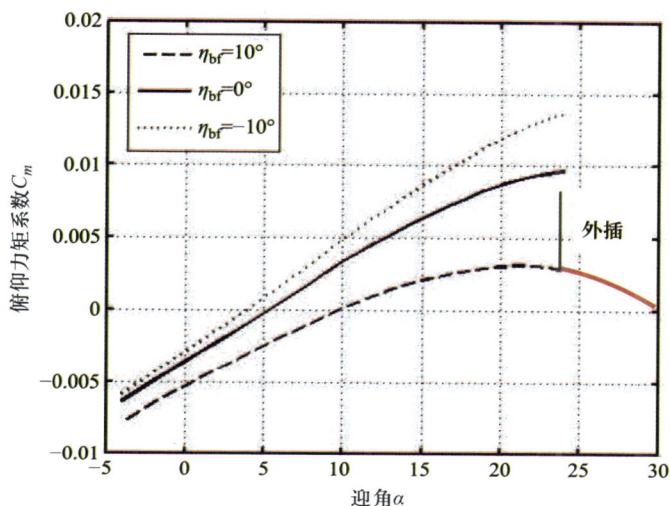

图 6.103 PHOENIX 外形不同体襟翼偏转角 η_{bf} 的俯仰力矩特性 (力矩参考点 $x_{\mathrm{ref}} = 0.680 L_{\mathrm{ref}}$, $Ma_\infty = 3.96$。数据源自文献 [48])

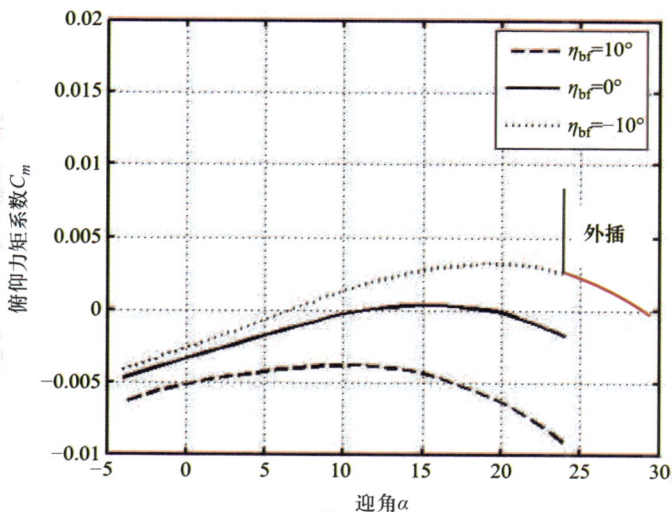

图 6.104 PHOENIX 外形不同体襟翼偏转角 η_{bf} 的俯仰力矩特性 (力矩参考点变为 $x_{\mathrm{ref}} = 0.655 L_{\mathrm{ref}}$, $Ma_\infty = 3.96$。数据源自文献 [48])

系数 C_n 定义。所有系数随侧滑角 β 的变化示于图 6.105 ~ 图 6.110。一般来说，侧向力关于侧滑角的导数 $\partial C_Y / \partial \beta$ 很小，所以，与偏航力矩导数 $\partial C_n / \partial \beta$ 和滚转力矩导数 $\partial C_l / \partial \beta$ 相比，通常可以忽略不计。

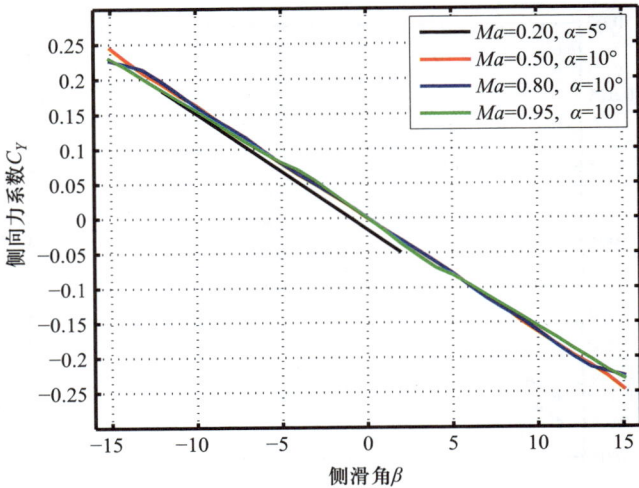

图 6.105　亚－跨声速马赫数时，机体固定坐标系中侧向力系数 C_Y 随侧滑角 β 的变化[48]

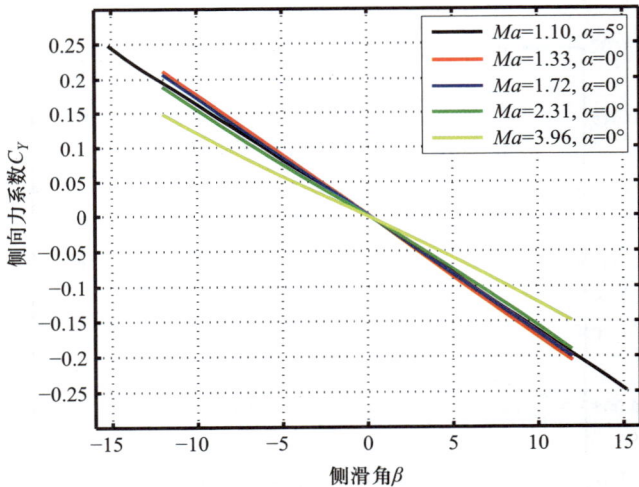

图 6.106　跨－超声速马赫数时，机体固定坐标系中侧向力系数 C_Y 随侧滑角 β 的变化[48]

　　图 6.105 和图 6.106 所示的亚－跨声速和跨－超声速范围的侧力系数呈线性特性，侧力系数关于侧滑角 β 的斜率基本上为常值，$Ma_\infty = 3.96$ 是个例外，其斜率略有减小。

　　方向稳定性要求 $\partial C_n / \partial \beta$ 为正，即随着侧滑角 β 增大，航天飞行器

恢复到中立位置 (迎风位置, $\beta \to 0°$) 的能力增强。图 6.107 表明, 在亚 - 跨声速范围, 方向稳定性处于临界状态。另外, 在跨 - 超声速范围 (图 6.108), 随着马赫数增大, 飞行器方向不稳定度增大。

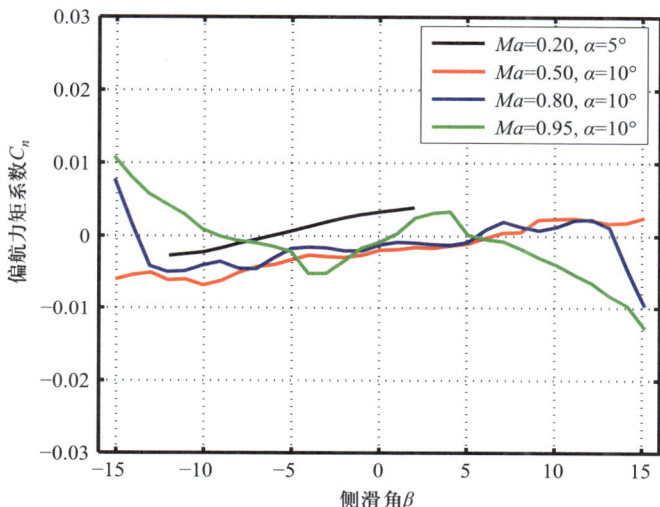

图 6.107　亚 - 跨声速马赫数时, 偏航力矩系数 C_n 随侧滑角 β 的变化[48] (力矩参考点: $x_{\mathrm{ref}} = 0.680 L_{\mathrm{ref}}$)

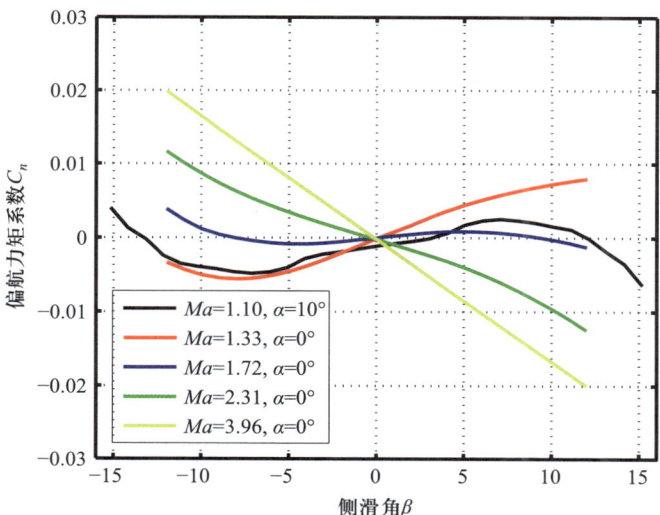

图 6.108　跨 - 超声速马赫数时, 偏航力矩系数 C_n 随侧滑角 β 的变化[48] (力矩参考点: $x_{\mathrm{ref}} = 0.680 L_{\mathrm{ref}}$)

由于滚动力矩特性与偏航力矩特性截然不同 (滚转力矩不存在恢复效应), 所以可以认为, 在此处所考虑的整个马赫数范围内, 滚转力矩导数 $\partial C_l / \partial \beta$ 大多数为负 (图 6.109 和图 6.110), 产生了对滚转运动的阻尼。飞行器以侧滑角 $\beta > 0°$ 飞行时, 对滚转力矩导数 $\partial C_l / \partial \beta$ 的主要贡

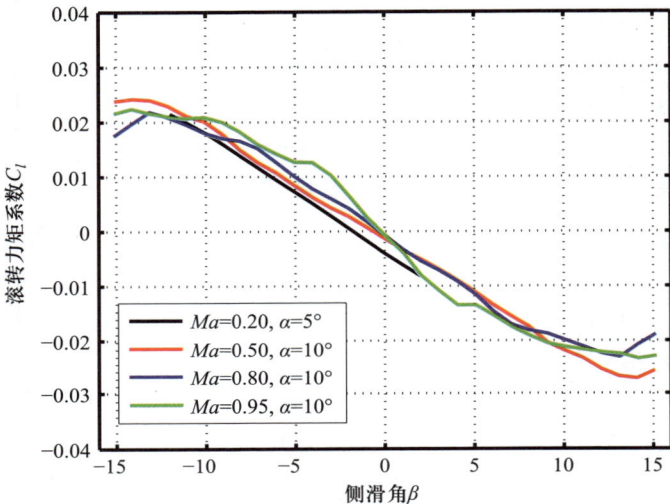

图 6.109　亚 – 跨声速马赫数时, 滚转力矩系数 C_l 随侧滑角 β 的变化[48]

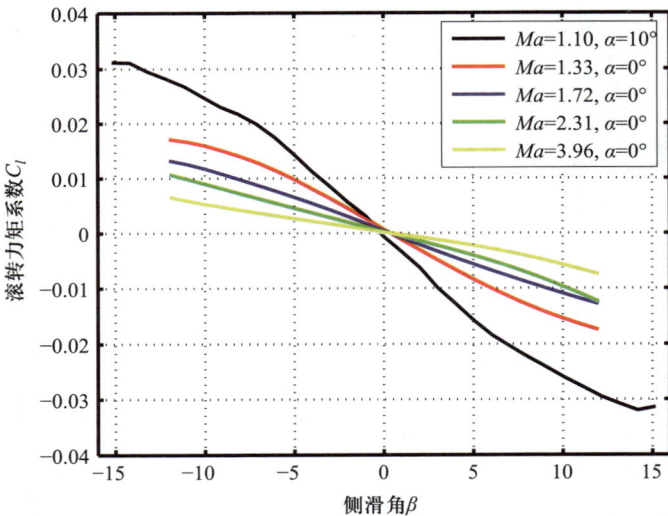

图 6.110　跨 – 超声速马赫数时, 滚转力矩系数 C_l 随侧滑角 β 的变化[48]

献来自机翼上反角、机翼和垂尾后掠角①。所有这些效应对 PHOENIX 验证飞行器滚转力矩的贡献为负 (阻尼作用)。因此，PHOENIX 的滚转力矩导数显示出上述特性不足为奇 (图 6.109 和图 6.110)。

6.7.3　动态气动力数据

没有获得动稳定性研究结果。

6.8　HOPE-X(日本)

20 世纪 80 年代，日本加入争取能够自主进入空间的国家行列。开展自主进入空间研究的有独立的国家 (如美国和苏联) 或国家联盟 (如欧共体)。除了火箭研究活动，日本还开展了一项名为 HOPE 的再入大气层概念飞行器研发工作，计划用于往返国际空间站的有效载荷运输。20 世纪 90 年代，由于预算限制，上面所提及的国家当时大多数载人运输系统的研发都被终止或取消，如欧洲的 HERMES、苏联的 BURAN 以及美国的 X-33、X-34 和 X-38，而日本的 HOPE 计划做了重新调整，改为研发一种更小、更轻且更廉价的飞行器 HOPE-X，该计划于 2003 年取消。HOPE-X 计划的任务是以无人驾驶方式运送有效载荷往返于国际空间站 (图 6.111)。

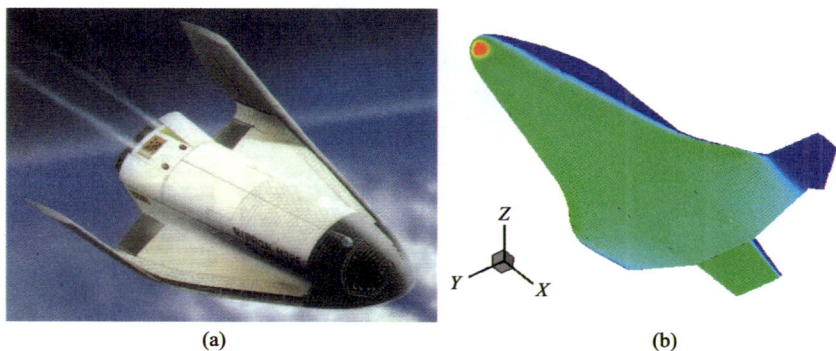

(a)　　　　　　　　　　　　(b)

图 6.111　HOPE-X 外形[51-53] (注意：想像图外形与名义外形略有不同)

(a) 想像图；(b) $Ma_\infty = 3$、$\alpha = 35°$ 时的表面压力分布。

---

① 当然还存在影响滚转力矩的其他效应，如机身和机翼展弦比，但一般情况下，它们影响很小[49,50]。

6.8.1 构型特征

HOPE-X 外形与航天飞机轨道器类似，有一个双三角翼。设计者在翼尖安装了与 HERMES 和 X-38 飞行器类似的翼梢小翼，用于横向运动的控制。图 6.112～图 6.114 为 HOPE-X 外形的三视图，图中所显示的外形表面网格是在德国宇航公司 (Dasa，后来的 EADS) 和日本空间发展局 (NASDA，后来的 JAXA) 的合作框架下生成的。研究了体襟翼四个位置的气动特性，从图 6.113 可清楚地看到体襟翼位置。

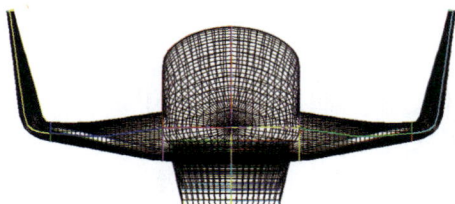

图 6.112　HOPE-X 外形：由四边形面元生成的正视图[53]

图 6.113　HOPE-X 外形：由四边形面元生成的侧视图，包括了四个体襟翼位置[53]

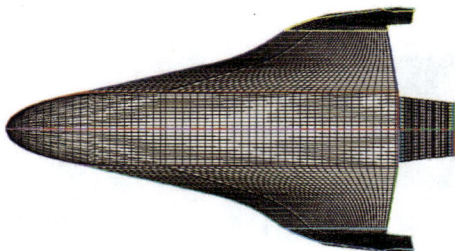

图 6.114　HOPE-X 外形：由四边形面元生成的俯视图[53]

6.8.2 稳态气动力数据

纵向气动特性

给出了马赫数范围 $0.2 \leqslant Ma_\infty \leqslant 3.5$、迎角范围 $-5° \leqslant \alpha \leqslant 30°$[①] 的全部纵向气动力数据，数据源自文献 [53]。

①注：一些曲线仅给出了 $\alpha \leqslant 25°$ 的数据，有两个马赫数其数据是从 $\alpha = 0°$ 开始，而不是从 $\alpha = -5°$ 开始。作者没有获得更高马赫数的数据。

亚－跨声速范围的升力系数 C_L 特性显示：其斜率只有很小的变化，但马赫数 $Ma_\infty = 0.8$ 和 0.9 时稍微偏离线性特性 (图 6.115)。在跨－超声速范围，可以观察到图中曲线发生了变化，均为线性特性，并且随着马赫数增大，斜率单调减小 (图 6.116)。

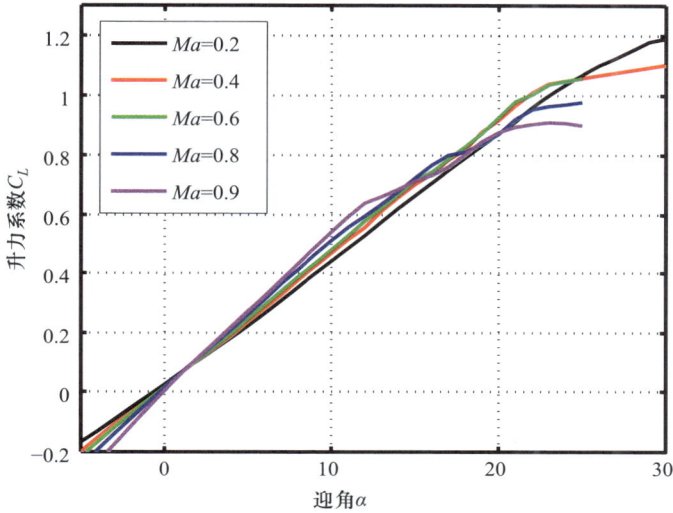

图 6.115　亚－跨声速马赫数时，升力系数 C_L 随迎角 α 的变化[51]

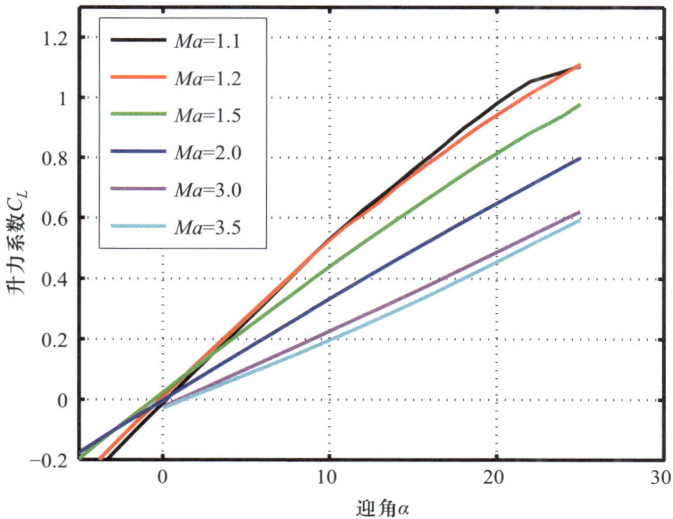

图 6.116　跨－超声速马赫数时，升力系数 C_L 随迎角 α 的变化[51]

亚 – 跨声速范围的阻力系数 C_D 一般随着马赫数增大而增大，但在小迎角范围 ($-2° \leqslant \alpha \leqslant 5°$)，各马赫数的 C_D 基本为常数 (图 6.117)。马赫数大于 1 时 (预计马赫数为 1 时阻力最大)，随着马赫数增大 C_D 值不断减小 (图 6.118)。

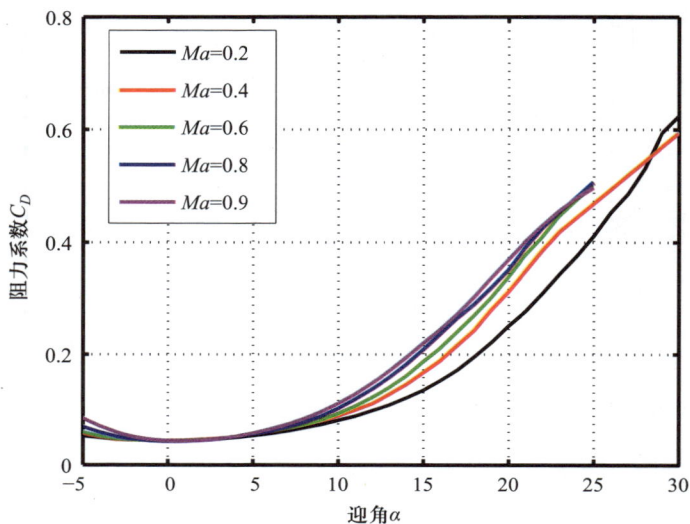

图 6.117　亚 – 跨声速马赫数时，阻力系数 C_D 随迎角 α 的变化[51]

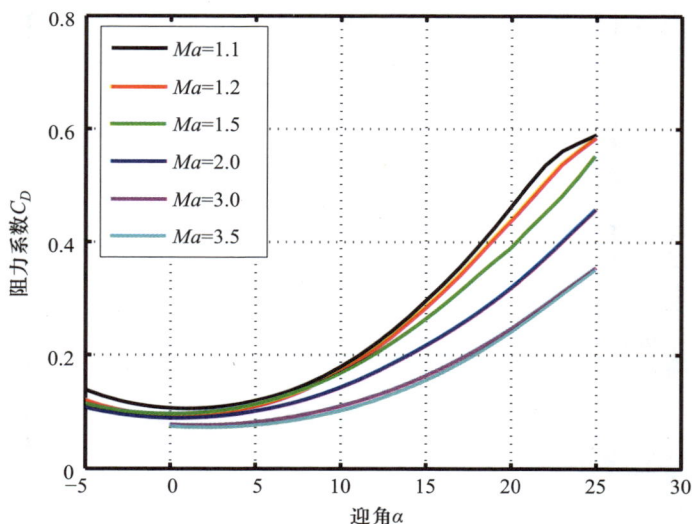

图 6.118　跨 – 超声速马赫数时，阻力系数 C_D 随迎角 α 的变化[51]

最小马赫数 $(Ma_\infty = 0.2)$ 的升阻比 L/D 最大，迎角 $\alpha \approx 11°$ 时 L/D 约为 5.8。随着马赫数增大，最大升阻比 $(L/D_{\max})$ 对应的 α 值更小，而 $L/D_{\max}$ 的大小略有下降 (图 6.119)。当马赫数超过 1 时，$L/D_{\max}$ 值急剧下降至 3 左右 $(Ma_\infty = 1.1)$，随后进一步降至 2 左右 $(Ma_\infty = 3.5)$ (图 6.120)。

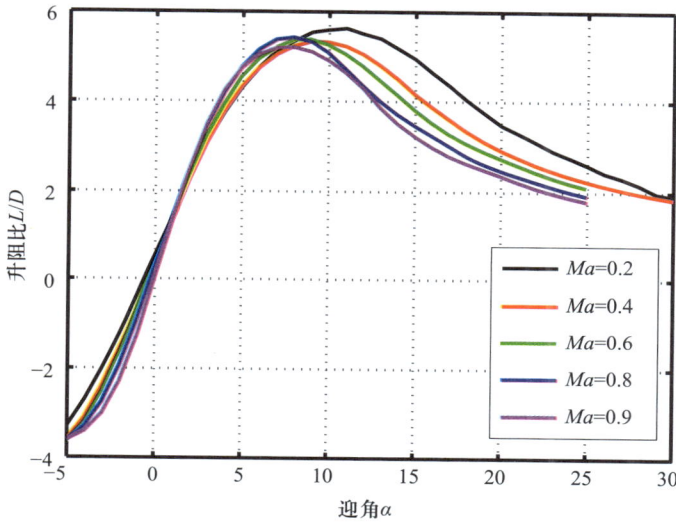

图 6.119　亚 – 跨声速马赫数时，升阻比 L/D 随迎角 α 的变化[51]

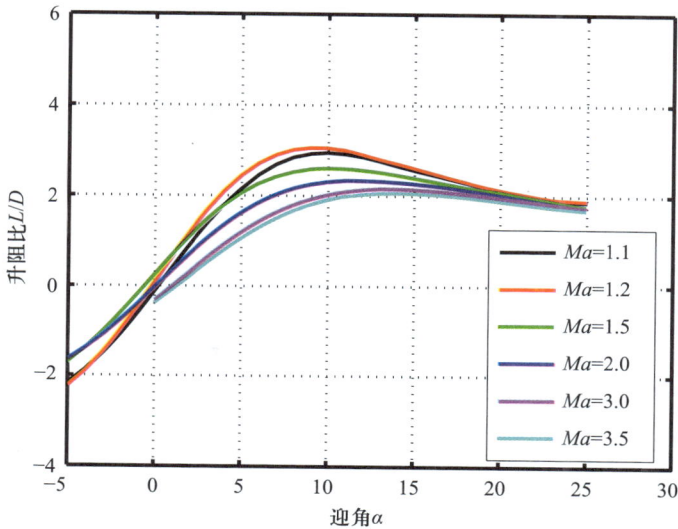

图 6.120　跨 – 超声速马赫数时，升阻比 L/D 随迎角 α 的变化[51]

亚 – 跨声速范围的俯仰力矩系数表明：$Ma_\infty = 0.2$、0.4 和 0.6 时飞行器为弱不稳定，$Ma_\infty = 0.8$ 和 0.9 变得强不稳定，特别是在 $\alpha \geqslant 12°$ 时 (图 6.121)。在该马赫数范围，飞行器似乎是可配平的 ($Ma_\infty = 0.2$ 除外)。另一方面，在跨 – 超声速范围，特别是 $Ma_\infty = 1.1$ 和 1.2，飞行器保持静稳定，但是，随着马赫数增大飞行器失稳。另外，$Ma_\infty = 1.1$ 和 1.2 时飞行器可配平，但配平角为较小负迎角，而在此迎角下飞行器无法操控 (图 6.122)。

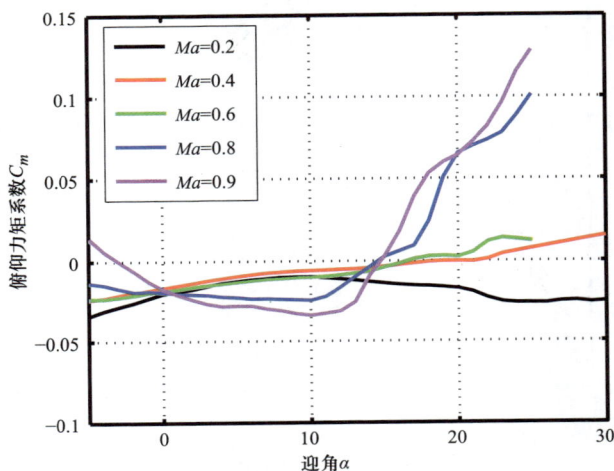

图 6.121　亚 – 跨声速马赫数时，俯仰力矩系数 C_m 随迎角 α 的变化[51]

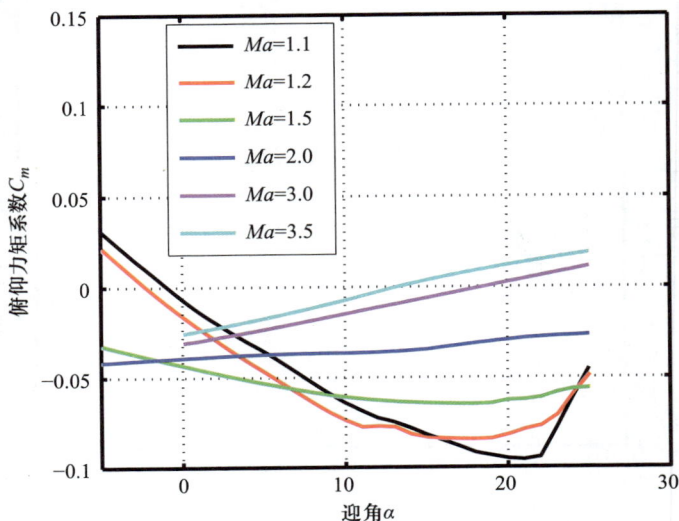

图 6.122　跨 – 超声速马赫数时，俯仰力矩系数 C_m 随迎角 α 的变化[51]

横向气动特性

　　图 6.123 ~ 图 6.128 显示的是单位侧滑角 (每度) 的侧向力系数、滚转力矩系数和偏航力矩系数。在整个迎角范围，亚 - 跨声速范围的大多数马赫数下其滚转力矩斜率 ($\partial C_l / \partial \beta$) 为负，这表明对滚转运动起阻尼作用，唯一例外的是 $Ma_\infty = 0.9$、$\alpha \geqslant 20°$ 的 $\partial C_l / \partial \beta$ 为正 (图 6.125)。在跨 - 超声速范围，滚转力矩斜率在整个迎角范围的总趋势是：随着马赫数增大，$\partial C_l / \partial \beta$ 值由负变正，这意味着，随着马赫数增大，滚转运动阻尼减小，滚转运动甚至会增强 (图 6.126)。

　　众所周知，方向稳定性要求偏航力矩斜率为正 ($\partial C_n / \partial \beta > 0$)。在大多数马赫数和迎角范围内，HOPE-X 飞行器的 $\partial C_n / \partial \beta$ 值为负，这表明飞行器为方向不稳定，其原因也许是翼梢小翼没起作用。只有马赫数 $Ma_\infty = 1.1$ 和 1.2 时，在一个很小的迎角范围内其 $\partial C_n / \partial \beta$ 值为正 (图 6.127 ~ 图 6.128)。

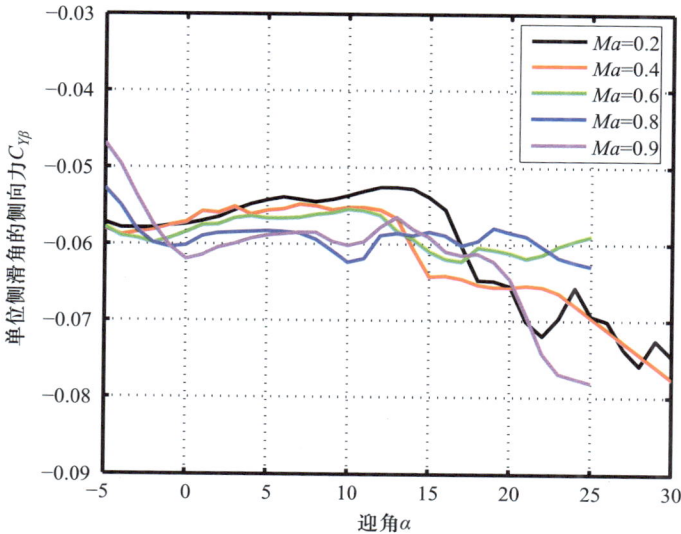

图 6.123　亚 - 跨声速马赫数时，单位侧滑角 (每度) 的侧向力系数 ($\partial C_Y / \partial \beta$) 随迎角 α 的变化[51]

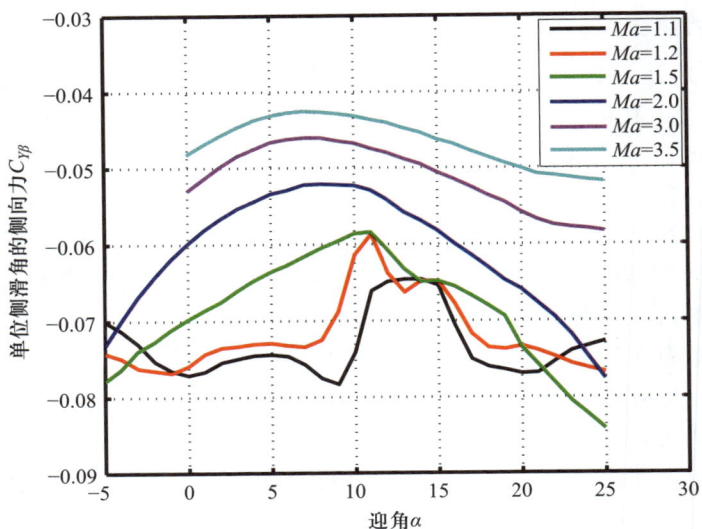

图 6.124 跨 – 超声速马赫数时，单位侧滑角 (每度) 的侧向力系数 $(\partial C_Y / \partial \beta)$ 随迎角 α 的变化[51]

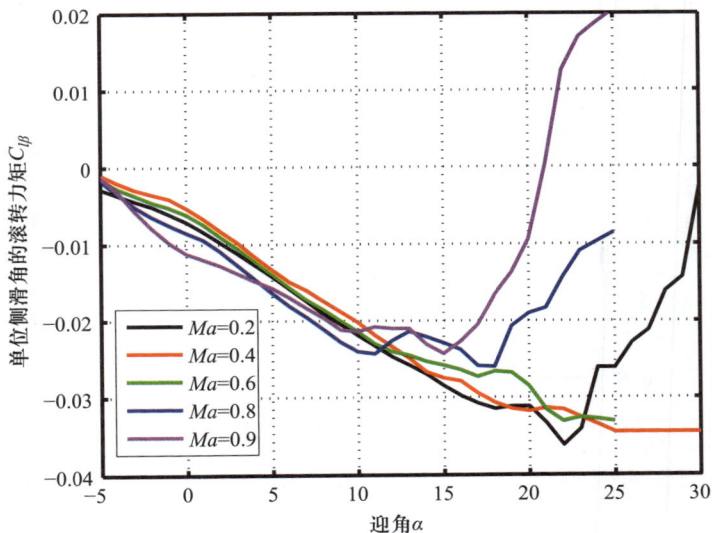

图 6.125 亚 – 跨声速马赫数时，单位侧滑角 (每度) 的滚转力矩系数 $(\partial C_l / \partial \beta)$ 随迎角 α 的变化[51]

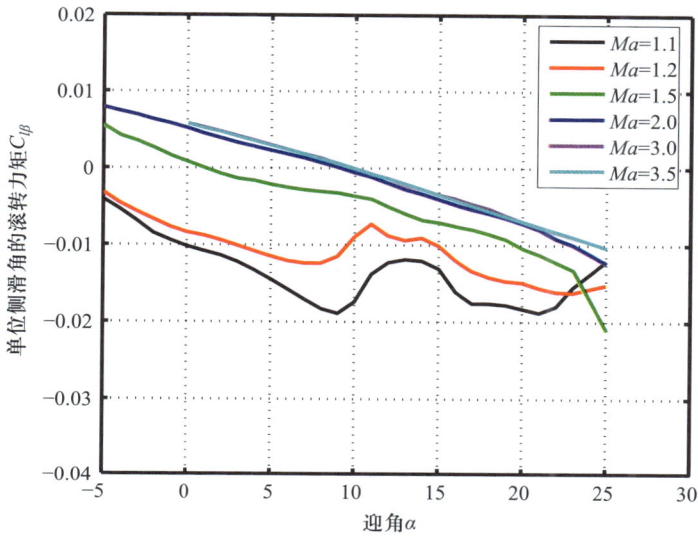

图 6.126 跨 – 超声速马赫数时，单位侧滑角 (每度) 的滚转力矩系数 $(\partial C_l/\partial\beta)$ 随迎角 α 的变化[51]

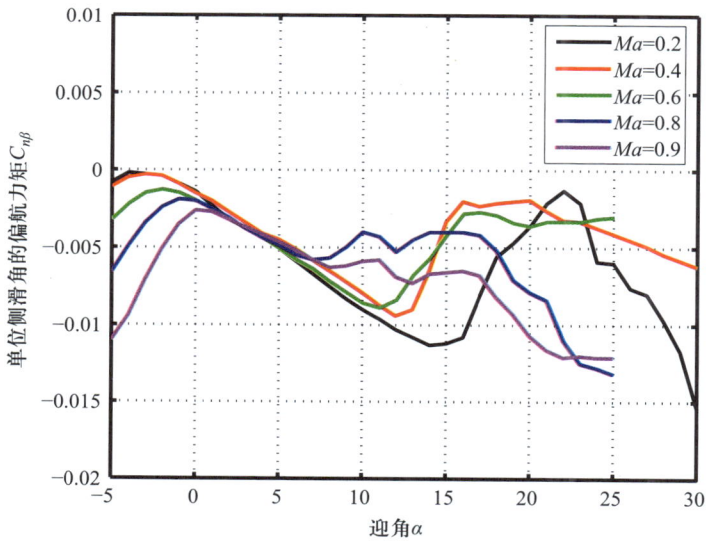

图 6.127 亚 – 跨声速马赫数时，单位侧滑角 (每度) 的偏航力矩系数 $(\partial C_n/\partial\beta)$ 随迎角 α 的变化[51]

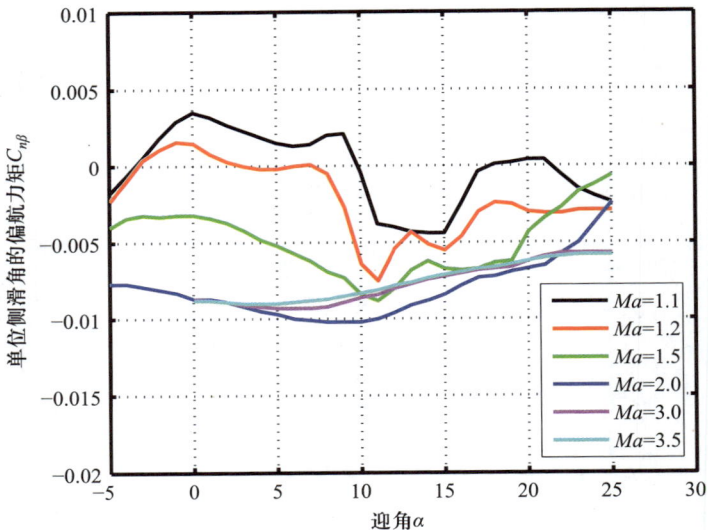

图 6.128 跨 – 超声速马赫数时，单位侧滑角 (每度) 的偏航力矩系数 $(\partial C_n / \partial \beta)$ 随迎角 α 的变化[51]

6.8.3 动态气动力数据

没有获得动稳定性的研究数据。

6.9 多平面 DS6 构型 (德国)

目前的现状是没有采用常规或先进系统和技术的工业项目①能真正替代航天飞机系统。

因此，一些开展航空航天应用的研究机构寻求航天飞行器全新的外形设计方法，特别关注降低有效载荷的运输成本。

其中一个设想是由德国宇航中心提出的用多平面确定飞行器外形，生成锐缘外形。采用这种方式，热防护系统将比航天飞机轨道器更简单、更廉价，而航天飞机几乎所有的热防护系统防热瓦都是独立的。

当然，再入过程中飞行马赫数高达 30，热流极高，表面辐射冷却[43]只在构型曲率半径大的部分有效，这是常规再入飞行器采用钝头体的原因之一，如返回舱、轨道器等。随着可作为热结构，同时在非常高的温

---
① 至少在 2010 — 2015 年这段时间是如此。

度下也能保持其力学性能的现代陶瓷基复合材料 (CMC)，如 C/C-SiC 的出现，前面所说的大钝度头部也许不再是再入飞行器的必要特征。

6.9.1 构型特征

德国宇航中心启动了一项名为 SHEFEX(锐缘飞行实验) 的计划，该计划首先研究的是无翼构型 (图 6.129)，第二个为有翼构型 (图 6.130)，两者都采用多平面和锐缘，研究采用了数值模拟方法、风洞试验和自由飞行试验。其主要目的是分析热载荷 (热流和表面温度，尤其是沿锐缘的热载荷)、升阻比 L/D (纵横向飞行能力)，并利用自由飞行试验获得的数据来验证数值预测方法。2005 年 10 月，进行了第一次自由飞行，此次名为 SHEFEX Ⅰ 的无翼外形由探空火箭发射进入亚轨道[54-56]。图 6.131 显示的是 SHEFEX Ⅰ 的再入构型。2012 年 6 月进行了第二次自由飞行，有翼构型 SHEFEX Ⅱ 被送入空间 (图 6.132)。

图 6.129　多平面构型：无翼外形 SHEFEX Ⅰ，无气动控制面；由德国宇航中心设计。不同角度外形图[54,55]

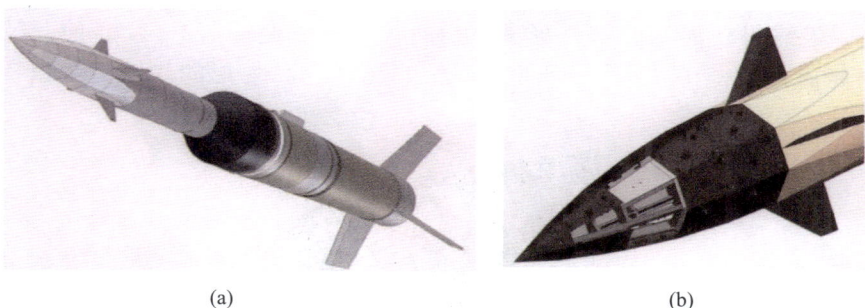

(a)　　　　　　　　　　　　　　　　(b)

图 6.130　多平面构型：有翼外形 SHEFEX Ⅱ，采用了气动控制面；由德国宇航中心设计[56]。航天飞行器位于助推火箭顶部，发射构型 (a)，航天飞行器 (b)

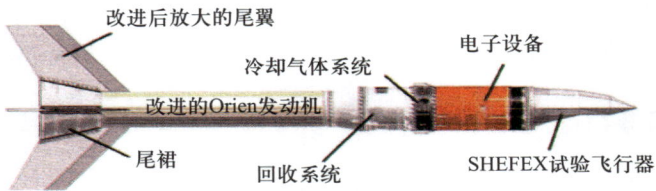

图 6.131 SHEFEX Ⅰ：无翼 SHEFEX Ⅰ试验飞行器的再入构型[55]

图 6.132 SHEFEX Ⅱ：有翼 SHEFEX Ⅱ外形的发射构型[56]

根据多平面构型 (SHEFEX Ⅰ 和 SHEFEX Ⅱ) 和乘波体概念获得的经验，德国宇航中心设计了一个在高超声速范围升阻比 L/D 很高的航天飞行器外形，旨在提高操纵能力，即较低的过载 g、更高的纵横向飞行能力、较低的峰值热流等，以及在载人情况下提高机组成员舒适度[57−59]。

最终得到的是 DS6 外形 (图 6.133)，体襟翼偏转角 $\eta_{bf} = 0°$ 时，在高超声速范围 $L/D > 3$。下面将介绍和讨论这种外形的气动力数据。

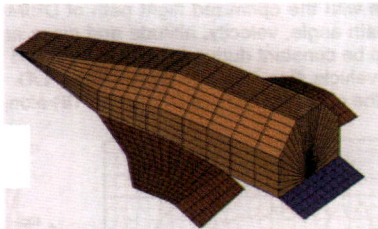

图 6.133 多平面 DS6 构型：有翼外形，有气动配平和控制面；由德国宇航中心设计[57,58]

6.9.2 稳态气动力数据

纵向气动特性

图 6.134 显示了 $Ma_\infty = 8$ 时升阻比 L/D 随迎角 α 的变化。体襟翼不偏转 ($\eta_{bf} = 0°$) 时，L/D 最高 (在 $\alpha \approx 12°$ 附近)。体襟翼正偏转 $\eta_{bf} = 20°$ (向下偏转) 时，升阻比 L/D 明显大幅减小，这主要是阻力增加所致；而体襟翼负偏转 $\eta_{bf} = -20°$ 时，L/D 减小幅度不是很大，这主要是升力减小所致。显然，该构型的缺点是无法恢复纵向静稳定性。但是，如果体襟翼偏转和迎角适中，该飞行器是可配平的 (图 6.135)。

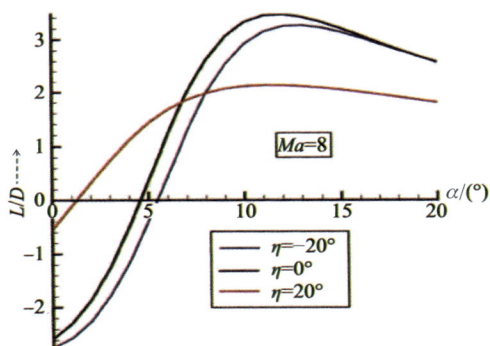

图 6.134　多平面 DS6 构型：$Ma_\infty = 8$、不同体襟翼偏转角时升阻比随迎角 α 的变化[57]

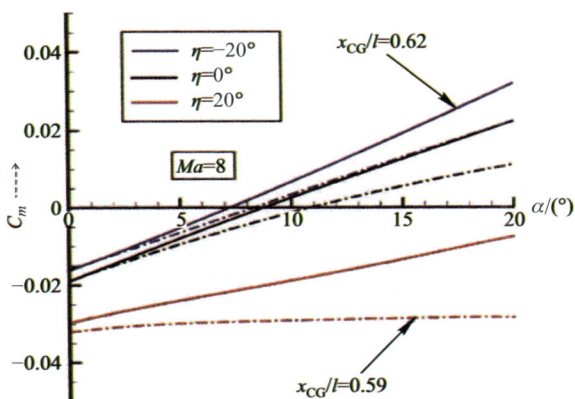

图 6.135　多平面 DS6 构型：$Ma_\infty = 8$、不同体襟翼偏转角时俯仰力矩系数 C_m 随迎角 α 的变化[57]

图 6.136 显示的是马赫数范围 $4 \leqslant Ma_\infty \leqslant 25$ 的 L/D 值，因为体襟翼偏转角 $\eta_{bf} = 10°$，所以其最大 L/D 值不超过 $3^{[57,59]}$。

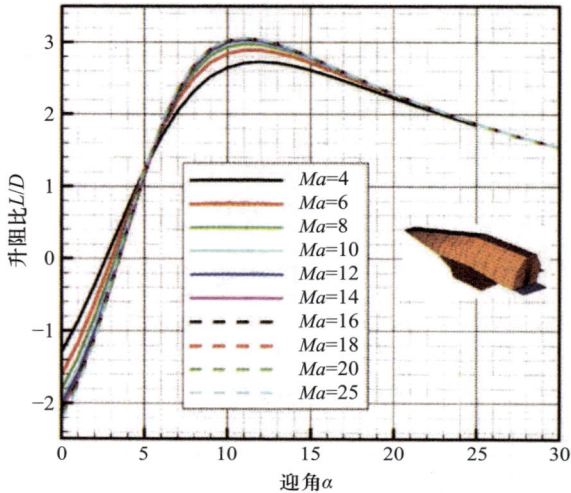

图 6.136　多平面 DS6 构型：高超声速飞行范围升阻比随迎角 α 的变化[57,59] (体襟翼偏转角 $\eta_{bf} = 10°$)

横向气动特性

没有有关横向运动研究的报道。

6.9.3　动态气动力数据

没有获得动稳定性的研究数据。

6.10　PRORA (意大利)

2000 年，意大利启动了航空航天研究计划 PRORA，其目的是增强将航天飞行器送入地球轨道的技术基础和系统认知。之所以启动该计划是因为意大利航天局 (CIRA) 认为，他们在空间应用方面的经验不足，难以参加先进的欧洲和国际空间计划。

在该计划框架下，打算研制一个飞行验证飞行器，名为"无人航天飞行器 (USV)"，利用此飞行器将开展以下工作：

- 大气层再入；
- 持续高超声速飞行；
- 可重复使用。

因此，计划的 USV 飞行模式有：

- 投放式跨声速飞行；
- 亚轨道再入飞行；
- 持续高超声速飞行；
- 轨道再入飞行。

所有投放飞行将由气球将 USV 带到合适的高度，然后从气球释放，而再入和高超声速飞行则由固体火箭助推器推进[60]，最后借助降落伞系统在海上溅落或地面着陆。图 6.137 显示 USV 飞行器准备进行跨声速验证飞行。

图 6.137　CIRA 的 PRORA-USV 飞行器，用于跨声速飞行验证[61]

除了上面所列飞行的系统验证，还将对先进热防护系统材料、飞行控制系统、大气数据系统、气动外形设计等方面的一些技术进行研究。

6.10.1　构型特征

为了尽量减小构型风险，USV 选择的是一种基准外形①。它由机身和双三角翼组成，机身横截面结构紧凑，钝头体；双三角翼位于机身后部，后掠角为 45° 和 76°，机翼后缘前掠角为 6°。此外，为了保持滚转稳定性，机翼有 5° 上反。总长 $L = 8$ m，翼展 $b = 3.56$ m[62]。如图 6.138 所示，USV 外形与 NASA 的 X-34 飞行器有相似之处，而局部类似于航天飞机轨道器。该构型用于 2007 年 2 月进行的跨声速飞行试验。在对首次

---

① 我们称用于跨声速验证飞行的外形为基准外形。

跨声速飞行进行漫长的评估后, 计划于 2013 年开始下一次验证飞行[63]。

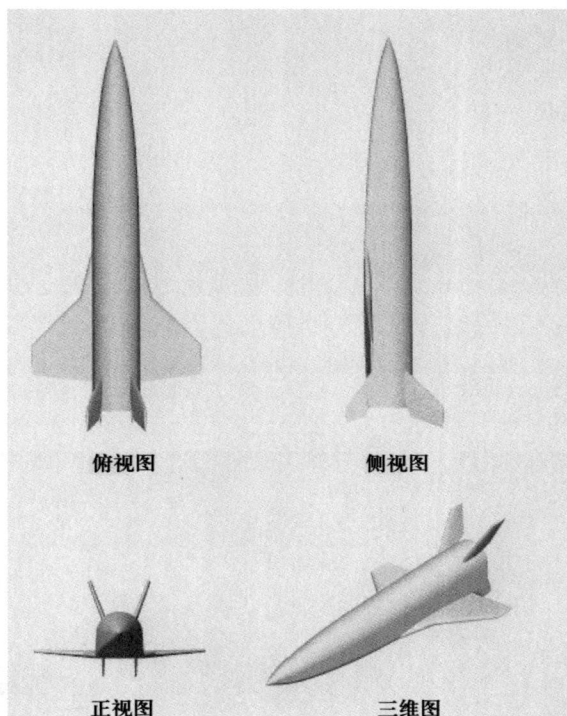

俯视图　　　　　　　侧视图

正视图　　　　　　　三维图

图 6.138　　PRORA-USV 飞行器 (早期外形) 示意图: 俯视图、侧视图、正视图和三维图[62] (飞行器总基准长度为 8 m, 翼展 3.8 m)

对于 USV 外形早期版本, 在文献 [64, 65] 中进行了定义, 为了进行比较, 我们还给出了该外形的一些气动力系数。该外形的结构特征是: 总长 $L = 7\,\text{m}$, 翼展 $B = 3.8\,\text{m}$, 双三角翼后掠角为 $45°$ 和 $80°$。

6.10.2　稳态气动力数据

基准外形气动力数据涵盖的马赫数范围必须达到跨声速验证飞行试验的跨声速范围, 即 $0.7 \leqslant Ma_\infty \leqslant 2$, 于 2007 年 2 月进行了首次飞行试验[61]。气动力数据主要源于风洞试验, 为了进行验证还特地进行了数值模拟, 并外推至飞行条件。应当指出的是, 由于模型支撑对底部流动的影响很强, 很难通过风洞试验确定底阻, 所以下面介绍的阻力系数不包括底阻[62]。

较早外形的气动力数据源自文献 [65]，这些数据由三维欧拉解获得，其中尾翼、底部流动和流动的黏性部分并不包括在内。因此，这些数据为初步结果。底部流动和黏性对气动力系数的影响常常用简单的半经验公式进行计算。

基准外形和早期外形的气动力系数采用不同的值进行无量纲化[62,65]，见表 6.4。

表 6.4 基准外形[62] 和早期外形[65] 的参考值

	基准外形	早期外形
参考长度/m	1.05	8
参考面积/m²	3.60	11.5
参考展长/m	3.56	3.8

图 6.139 显示的是 USV 模型在 $Ma_\infty = 1.2$，$\alpha = 10°$ 条件下进行风洞试验时的纹影照片 (图 6.139(a)) 和风洞模型 (图 6.139(b))[62,66]。跨声速流动状态 $Ma_\infty = 1.035$、$\alpha = 6.405°$ 的表面压力由欧拉解估算。图 6.140(a) 显示的是升降副翼负偏转 $\delta_E = -9.87°$ (向上偏转) 时的压力分布[61,62]；图 6.140(a) 显示的是 $Ma_\infty = 0.70$、$\alpha = 10°$、$Re = 6.5 \times 10^6$ 时沿机翼前缘、翼尖和机身涡的形成，流场采用 N-S 模拟预测[67,68]。

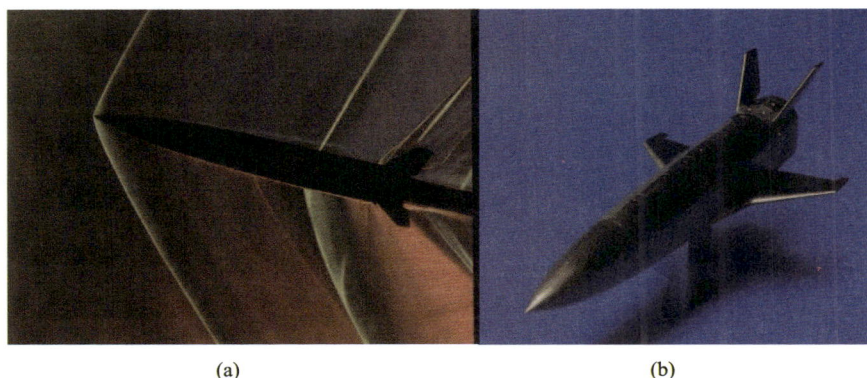

(a)   (b)

图 6.139　PRORA-USV 飞行器：$Ma_\infty = 1.2$，$\alpha = 10°$ 时在风洞中的纹影照片 (a)，风洞模型 (b)[62,66]

(a)   (b)

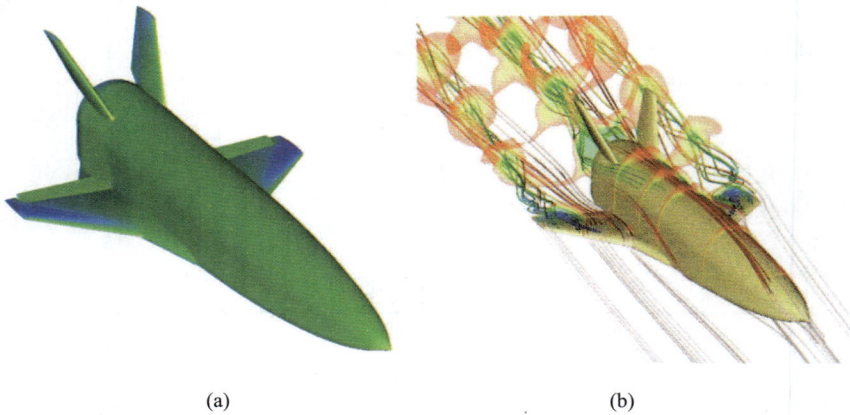

图 6.140   PRORA-USV 飞行器：$Ma_\infty = 1.035$、$\alpha = 6.405°$、$\delta_{\mathrm{E}} = -9.87°$ 时欧拉解的表面压力分布 (a)，$Ma_\infty = 0.70$、$\alpha = 10°$、$Re = 6.5 \times 10^6$ 时 N-S 解，用流线示出了涡的形成 (b)[61,62,67,68]

纵向气动特性

图 6.141 示出的 USV 升力系数呈现出有翼再入飞行器 (RV-W) 类的普遍特性，即随着马赫数增大，升力线斜率 $\partial C_L / \partial \alpha$ 增大，直到跨声

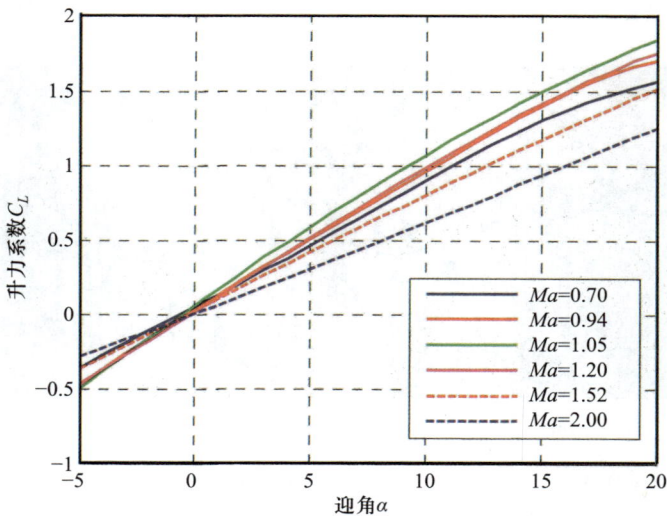

图 6.141   跨 – 超声速马赫数时，升力系数 C_L 随迎角 α 的变化[62]

速马赫数 $Ma_\infty = 1.05$，然后随着超声速马赫数增大升力线斜率减小。而跨声速马赫数（$Ma_\infty = 0.7$、0.94、1.05、1.2）下，在 $\alpha \geqslant 12°$ 时 C_L 不再是线性特性，显然这是机翼涡减弱所致。超声速马赫数（$Ma_\infty = 1.52$、2）时 C_L 仍保持线性特性。

请注意，阻力系数 C_D 不包含底阻，这将在下面更详细地进行解释。可观察到阻力的一般特性，即在 $Ma_\infty \approx 1$ 附近阻力最大（图 6.142）。

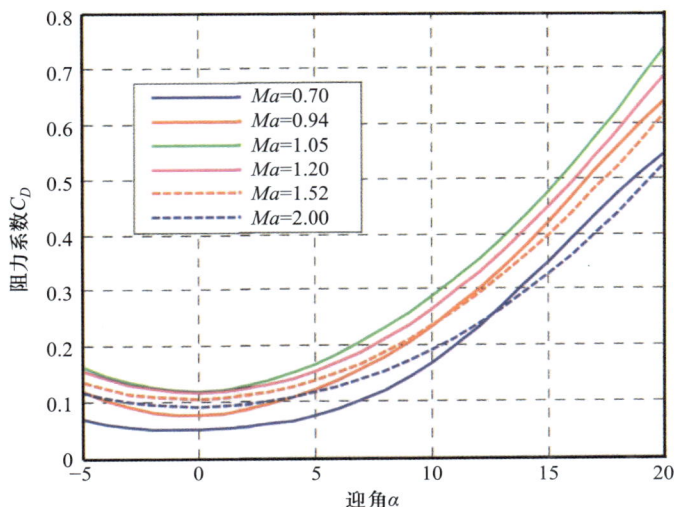

图 6.142　跨–超声速马赫数时，阻力系数 C_D 随迎角 α 的变化[62]

为了说明基准 USV 飞行器升阻比的一般特点，以 $Ma_\infty = 0.7$、1.05、2 为例给出了升阻比 L/D 曲线图，尽管阻力系数不包括底阻（图 6.143）。

底阻主要由压力系数 $C_{p,\text{base}}$ 确定：

$$C_{p,\text{base}} = \frac{(p_{\text{base}} - p_\infty)}{0.5\rho_\infty v_\infty^2} = \frac{2}{\gamma Ma_\infty^2}\left(\frac{p_{\text{base}}}{p_\infty} - 1\right) \tag{6.1}$$

$p_{\text{base}} = p_\infty$ 时 $C_{p,\text{base}}$ 为 0，而且 $Ma_\infty \Rightarrow \infty$ 时 $C_{p,\text{base}}$ 也为 0，这是高超声速流动的牛顿极限。当 $C_{p,\text{base}} \Rightarrow 0$ 时，对总阻力没有贡献。$C_{p,\text{base}} > 0$ 时总阻力减小，而在 $C_{p,\text{base}} < 0$ 的情况下总阻力增大。由于在 USV 飞行器底部的流动膨胀，$C_{p,\text{base}}$ 可能为负，这意味着总阻

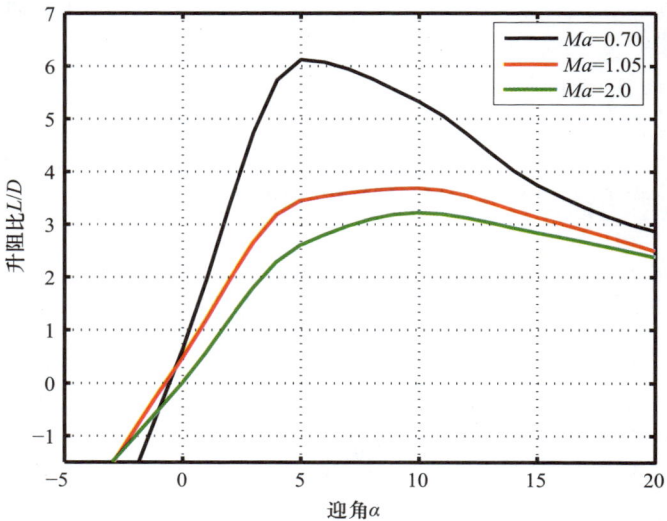

图 6.143   跨 – 超声速马赫数时，升阻比 L/D 随迎角 α 的变化[62]。

力增加，L/D 减小。因此，图 6.143 的 L/D 值肯定过高。毫无疑问，实际 L/D 量值更接近于图 6.145 中早期 USV 外形的值。

图 6.144 俯仰力矩图表明，迎角 $\alpha \leqslant 15°$ 时，在所考虑的马赫数范围内，飞行器呈现出静稳定性 ($Ma_\infty = 2$ 除外)。经证实，此类飞行器通常在 $Ma_\infty \approx 1$ 附近纵向静稳定性最大。$Ma_\infty = 0.94$、1.05、1.2、1.52 时，在迎角 $0°$ 附近是可配平的。而另一方面，由于迎角约为 $10°$ 时，飞行器在此马赫数范围应能实现飞行轨迹配平，因此，俯仰力矩曲线必须是向上翘。可通过升降副翼负偏转 ($\delta_E < 0$) 和/或将重心后移来实现俯仰力矩系数增加，即获得俯仰力矩正增量 (抬头力矩)。

图 6.145 简单示出了早期 USV 飞行器的气动力系数。值得注意的是，气动力系数采用了不同的无量纲量 (表 6.4)。如预期一样，基准外形与早期外形的气动特性非常相似。

横向气动特性

侧向力系数 C_Y 随侧滑角 β 的变化 (图 6.146) 呈现线性特性 ($\partial C_Y / \partial \beta \approx$ 常量)，并在 $Ma_\infty = 1.05$ 时曲线斜率最大。当然，大迎角时尾翼位于机身的阴影区，横向气动力系数随 α 变化较大。

滚转力矩系数斜率为负 ($\partial C_l / \partial \alpha < 0$)，这表明存在滚转运动阻尼，

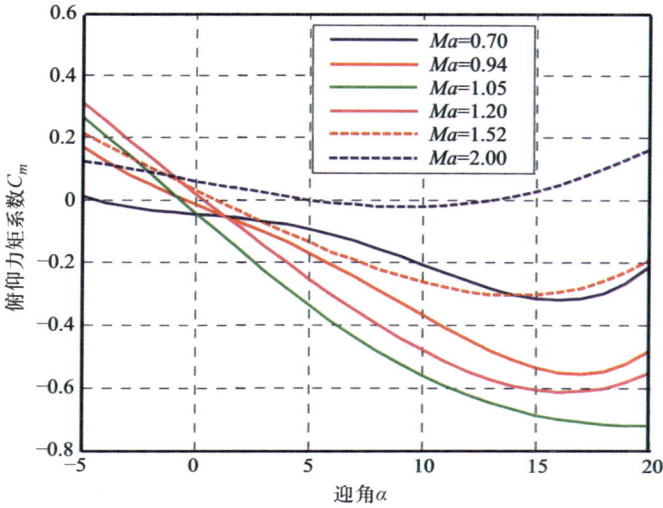

图 6.144 跨 – 超声速马赫数时，俯仰力矩系数 C_m 随迎角 α 的变化[62] (力矩参考点位于机身长度 ($L = 8$ m) 的 68.5% 处)

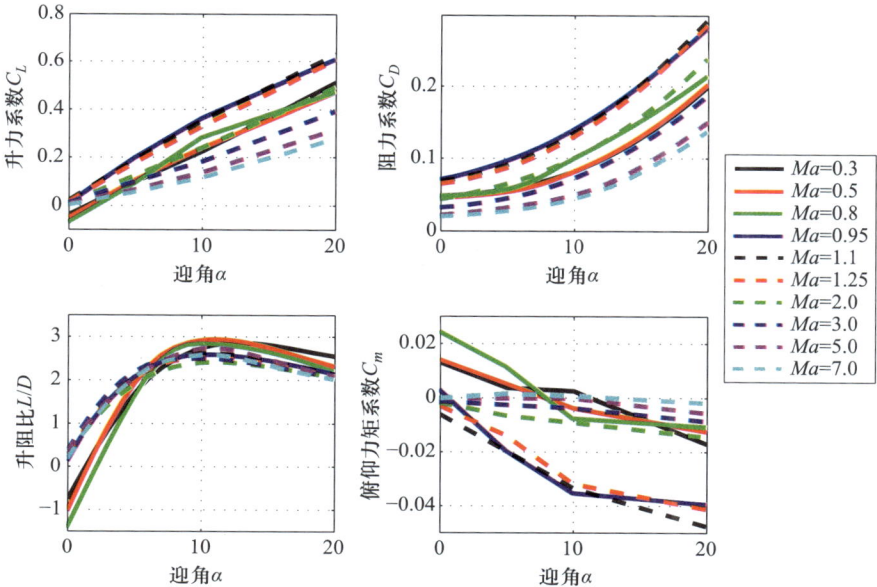

图 6.145 USV 外形早期版本的纵向气动力系数随迎角 α 的变化[65]

因此是滚转稳定的 (图 6.147)。图中所绘制的 6 个马赫数，其中 3 个跨声速马赫数的线性特性略差，而其他 3 个马赫数 ($Ma_\infty = 0.7$、1.52、2) 是严格线性的，$Ma_\infty = 1.05$ 时斜率最大。

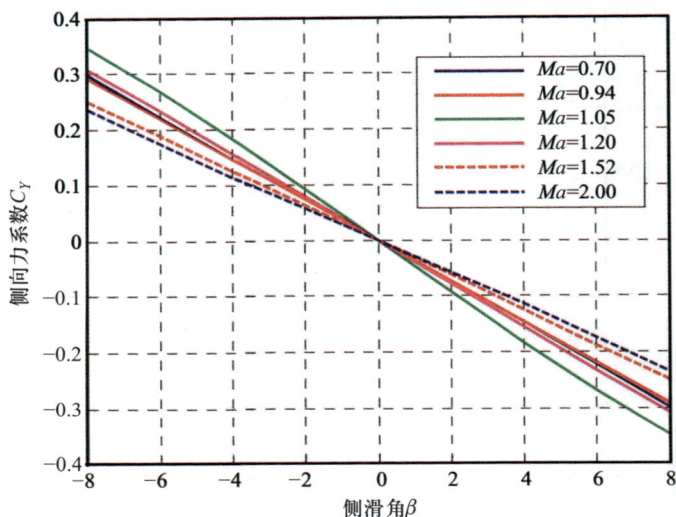

图 6.146　跨 – 超声速马赫数、$\alpha = 5°$ 时，侧向力系数 C_Y 随侧滑角 β 的变化[62]

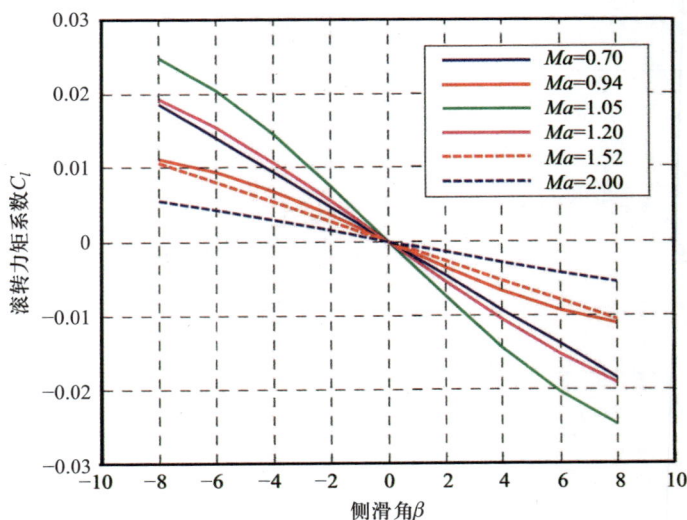

图 6.147　跨 – 超声速马赫数、$\alpha = 5°$ 时，滚转力矩系数 C_l 随侧滑角 β 的变化[62]

最早的偏航力矩测量值表明飞行器仅为临界方向稳定性。为了改善其方向稳定性，在飞行器下表面 (迎风面) 增加了腹鳍 (参见图 6.138 左下方的前视图)。事实上，上述气动稳定面使飞行器在马赫数大于 $Ma_\infty = 1.2$ 时是方向稳定的 $(\partial C_n / \partial \beta > 0)$ (图 6.148)。而对更高的超声速马赫数，飞行器趋于方向不稳定。

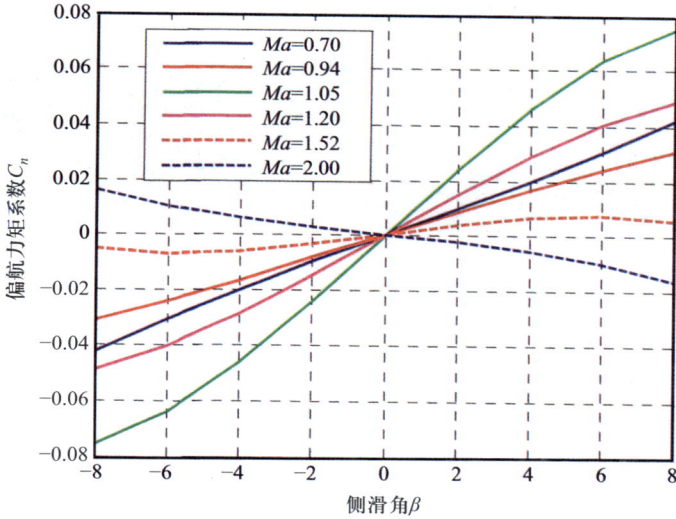

图 6.148　跨 – 超声速马赫数、$\alpha = 5°$ 时，偏航力矩系数 C_l 随侧滑角 β 的变化[62]
（力矩参考点位于机身长度 ($L = 8$ m) 的 68.5% 处）

6.10.3　动态气动力数据

没有获得动稳定性的研究数据。

6.11　HERMES (欧洲)

1984 年，法国政府为确保欧洲自主载人进入空间，提议研制空间运输系统。该系统的关键组成部分是有翼再入飞行器 —— 航天飞机 HERMES (图 6.149)，从空间到地面着陆场打算采用滑翔再入的方式，运载系统采用"阿里安"5 火箭，该型火箭在当时还是一个全新的火箭系统。1987 年 11 月，该项原法国的计划正式变为欧洲航天局指导下的一项欧洲项目。设想中的 HERMES 具有以下特征：

- 由"阿里安"5 火箭顶推至低地球轨道 (高达 800 km)；
- 在轨任务持续 30~90 天；
- 总发射质量 21000 kg；
- 完全可重复使用；
- 起初计划将 6 名航天员和 4500 kg 有效载荷送抵低地球轨道，重新定位后，减少为运送 3 名航天员和 3000 kg 有效载荷。

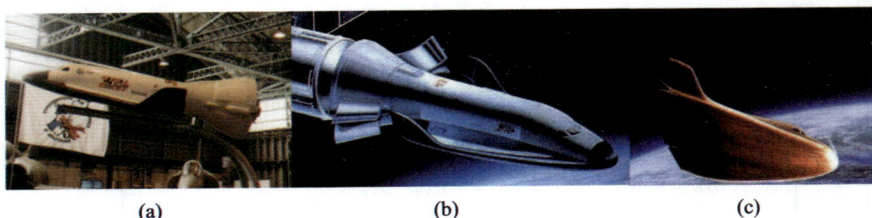

(a)   (b)   (c)

图 6.149 带推进装置和服务舱的 HERMES 实物模型 (a)，带推进装置和服务舱的 HERMES 外形与哥伦布舱 (有人照料的自由飞行器 MTFF) 对接想象图 (b)，再入飞行的 HERMES 轨道器想象图 (c)[70]

1993 年，由于新的政治环境 (冷战结束) 和预算限制，HERMES 项目被取消。当时已经在 HERMES 项目上总共投资了约 20 亿美元。在航天飞机轨道器的首次再入飞行过程中所发现的俯仰力矩异常[10]，在 HERMES 研制开始时并未得到全面的解释。因为怀疑这是风洞的缺陷所致，所以将重点放在利用当时新兴的数值气动热力学方法上。鉴于验证数据以及系统测试的有关需求，提议建造缩尺试验飞行器 MAIA[69]。

无论是 HERMES 飞行器，还是所提议的缩尺试验飞行器 MAIA，均未能建造[69]。

最初，数值方法不具备建立 HERMES 气动热力学数据库的能力。计算流体力学 (CFD) 代码还无法满足以下要求[①]：

- 生成复杂构型 (包括襟翼、方向舵和缝隙) 的三维网格；
- 控制方程 (欧拉方程) 对流项的快速、稳健求解器；
- 描述热力学平衡的真实气体效应；
- 描述热力学非平衡的真实气体效应；
- 黏性流动的全套方程 (N-S 方程)；

---

① 不仅欧洲处于这种情况，其他参与航天飞行器项目的国家，如美国、苏联和日本同样是如此境况。

- 用于工业目的的、已得到选定的风洞试验校准的湍流模型；
- 考虑催化壁；
- 层流 – 湍流转捩区的精确、可靠预测；
- 确定壁面热流合适的湍流边界层分辨率；
- 壁面辐射冷却，包括用于非凸构型部分的视角因子法；
- 采用飞行试验数据进行一般验证。

随着时间的推移，由于在 HERMES 项目框架中的研究和发展计划，逐步在不同 CFD 程序中开发并实现了上述要求。1990 年，获得了首个用非平衡真实气体方法的三维欧拉解 (图 6.150(c))[72]。然后将该欧拉解与同样考虑了非平衡真实气体的三维二阶边界层解耦合[73]。

每个 CFD 程序的一大挑战在于包含底部流动区域流场的计算。在航天飞行器底部流动区，通常有体襟翼、机翼副翼和方向舵，它们一般在实际飞行过程中都会偏转，因此会产生非常复杂的流动结构，图 6.150(a) 显示了此类流场的一个实例[75]。

图 6.150(b) 绘制的 HERMES 飞行器背风面的表面摩擦力线表明，其流动结构复杂，存在若干分离线和再附线。

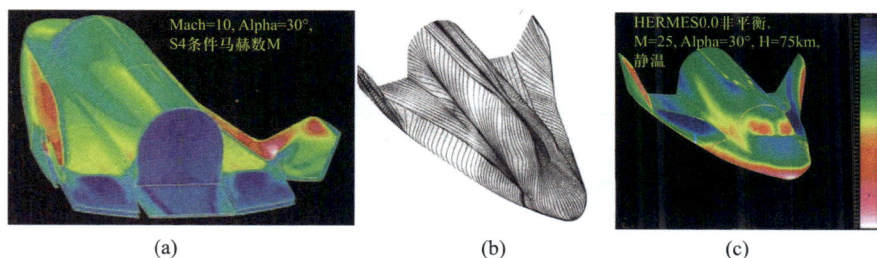

图 6.150　HERMES 外形 1.0 版[71−75]

(a) 风洞条件的欧拉解，包括襟翼和方向舵；(b) 背风面 N-S 求解的表面摩擦力线；(c) 采用非平衡真实气体方法的欧拉解。

6.11.1　构型特征

图 6.151 ~ 图 6.153 是 HERMES 外形 1.0 版的侧视图、前视图和俯视图[78]。飞行器总长 14.574 m，总宽 9.379 m。当时重心位置尚未固定，因此，在力矩图中使用的重心位置初始值为 $0.6L_{ref}$。

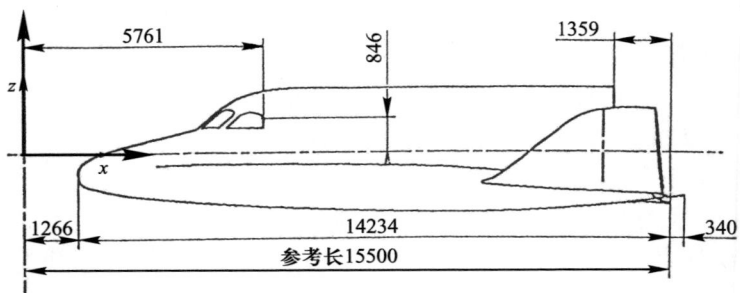

图 6.151 HERMES 1.0 版的外形定义，侧视图[78]

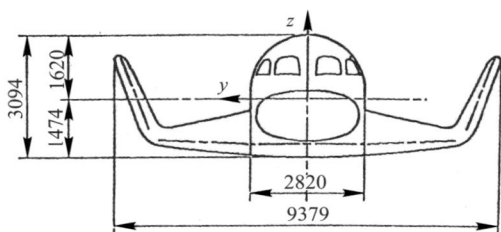

图 6.152 HERMES1.0 版的外形定义，正视图[78]

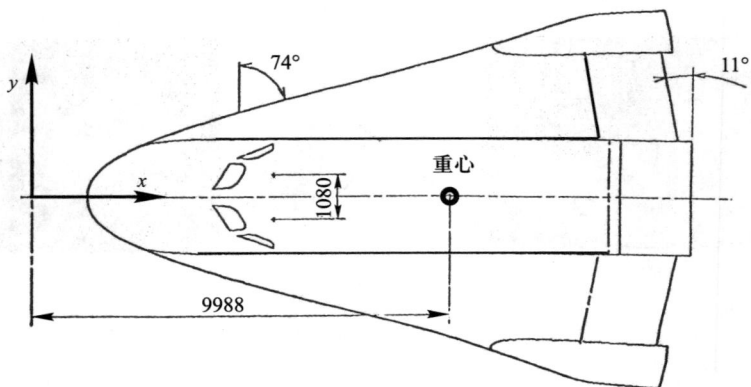

图 6.153 HERMES1.0 的外形定义，俯视图[78]

　　HERMES 构型的设计理念与航天飞机轨道器不同，它通过翼梢小翼和安装在翼梢小翼后部的方向舵控制获得横向稳定性，而航天飞机轨道器为了实现此功能，使用了中央垂尾。与中央垂尾方案 (下降至约 30 km 的高度有效) 相比，翼梢小翼设计的优点在于，在再入过程中翼梢小翼可更早产生气动效能 (在约 70 km 的高度)。这是因为在再入过程中迎角较大,使中央垂尾大多位于高超声速阴影区。因此,航天飞机轨道器的横向稳定性必须由反作用控制系统控制 (下降到约 30 km 高度)。而 HERMES 构型由于采用了翼梢小翼设计,其横向稳定性无须采用反作用控制系统控制。

表 6.5 HERMES 外形 1.0 版的尺寸、物理量和参考值[78] (参见图 6.151 ~ 图 6.153)

总长/m	L_{tot}	14.574
总宽/m	W_{tot}	9.379
参考长度/m	L_{ref}	15.500
参考面积/m²	S_{ref}	84.67
重心的 x 坐标/m	x_{cog}	8.722 图 6.153
空重/kg	m_e	15000
发射总重/kg	m_g	21000

6.11.2 稳态气动力数据

所给出的气动力数据分为亚 – 超声速部分和超 – 高超声速部分。图 6.154 ~ 图 6.157 给出的是亚 – 超声速范围的纵向稳态气动力数据,图 6.158 ~ 图 6.161 给出的是超 – 高超声速范围的纵向稳态气动力数据。

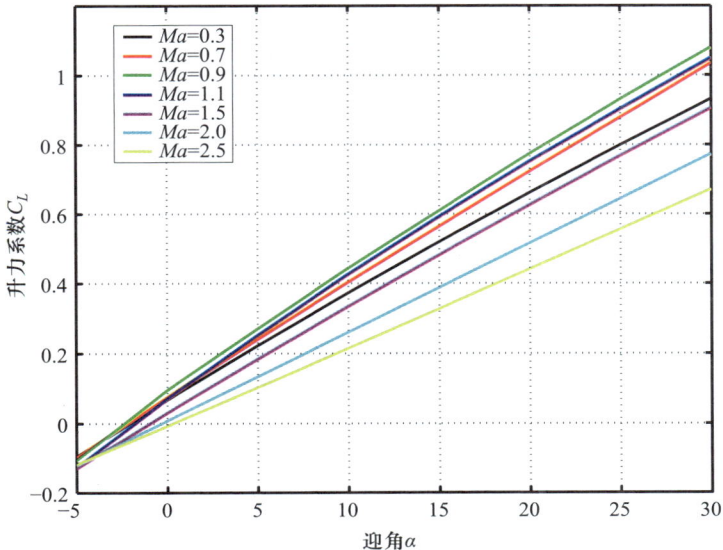

图 6.154 亚 – 超声速马赫数时,升力系数 C_L 随迎角 α 的变化[76]

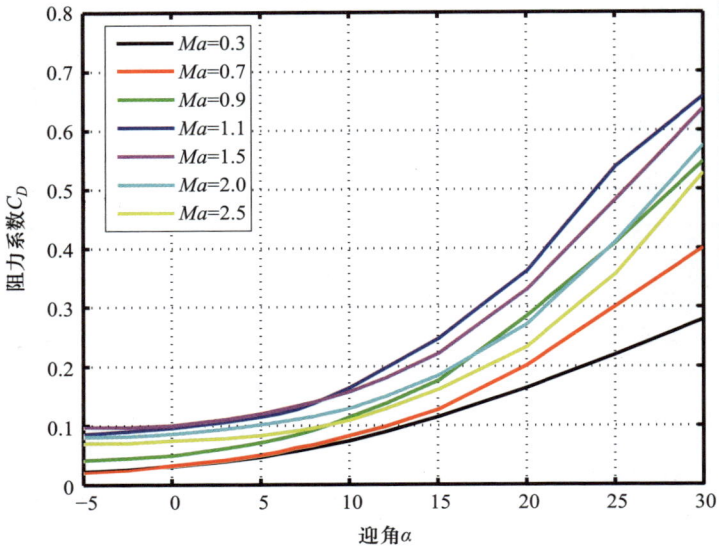

图 6.155 亚 – 超声速马赫数时, 阻力系数 C_D 随迎角 α 的变化[76]

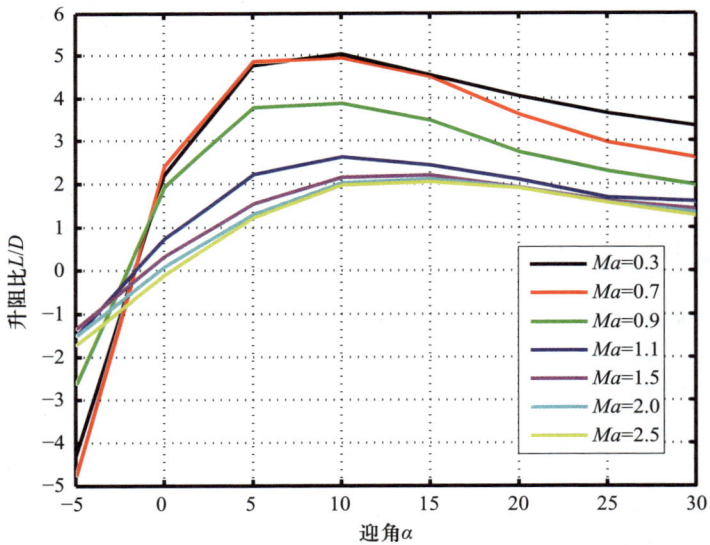

图 6.156 亚 – 超声速马赫数时, 升阻比 L/D 随迎角 α 的变化[76]

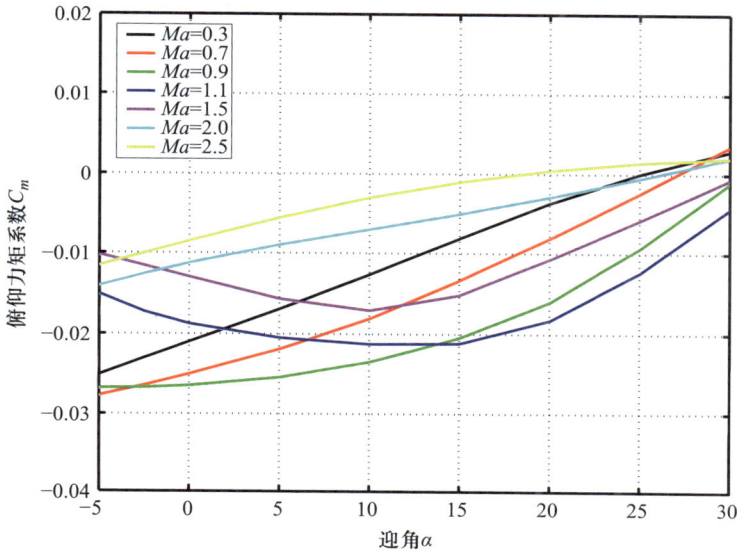

图 6.157 亚 – 超声速马赫数时，俯仰力矩系数 C_m 随迎角 α 的变化[76] (力矩参考点 $x_{\mathrm{ref}} = 0.6 L_{\mathrm{ref}}$)

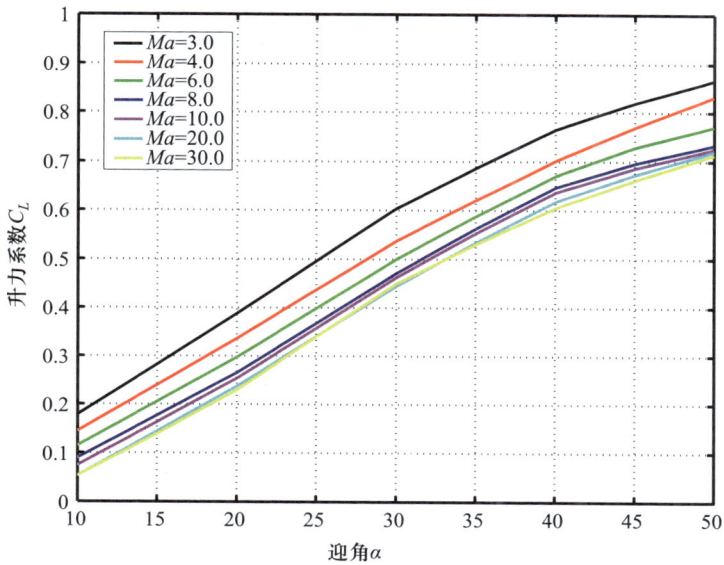

图 6.158 超 – 高超声速马赫数时，升力系数 C_L 随迎角 α 的变化[76]

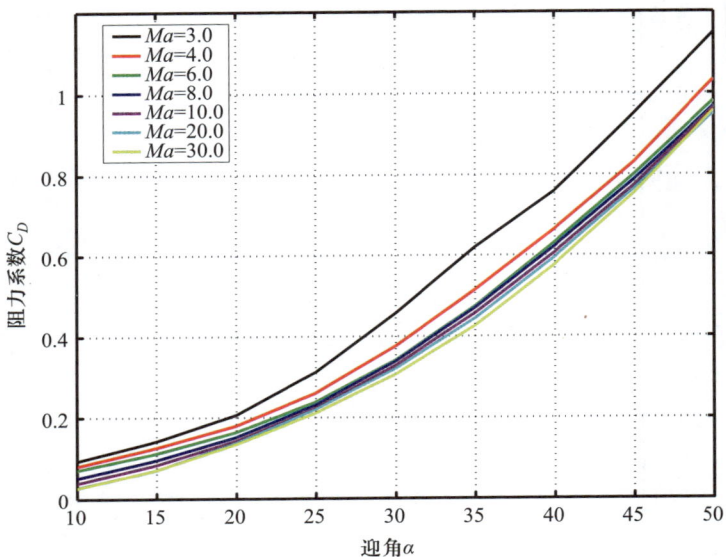

图 6.159 超 – 高超声速马赫数时, 阻力系数 C_D 随迎角 α 的变化[76]

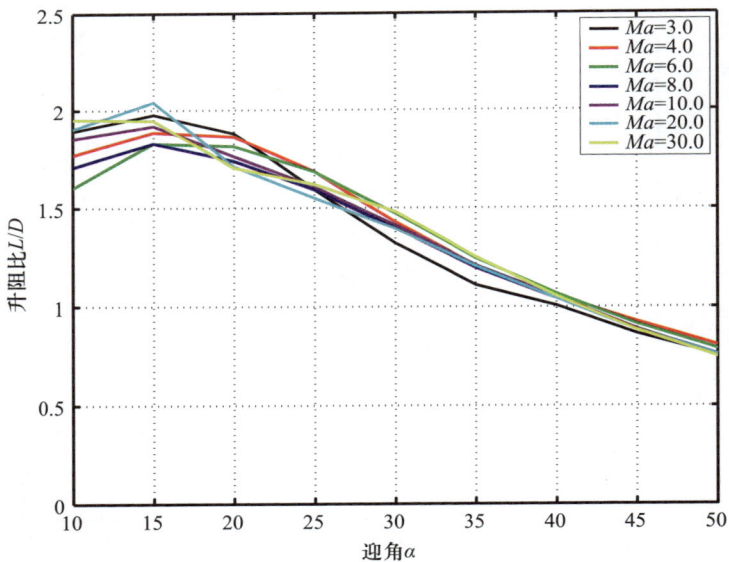

图 6.160 超 – 高超声速马赫数时, 升阻比 L/D 随迎角 α 的变化[76]

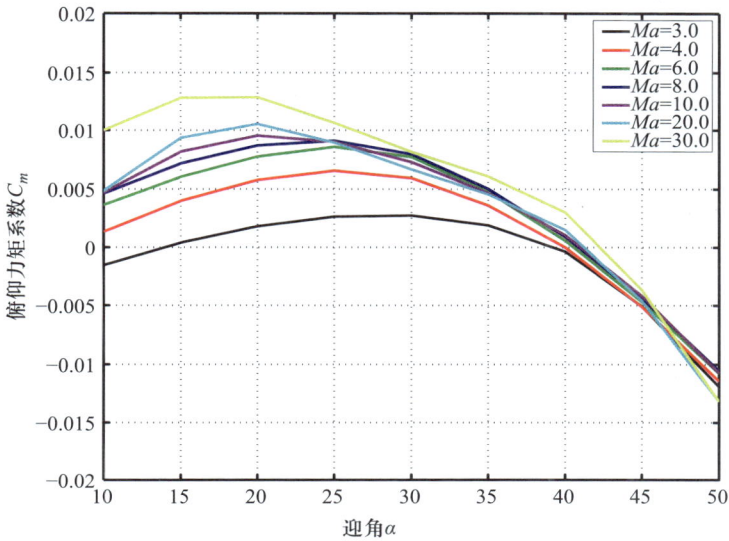

图 6.161 超 – 高超声速马赫数时，俯仰力矩系数 C_m 随迎角 α 的变化[76] (力矩参考点 $x_{\rm ref} = 0.6L_{\rm ref}$)

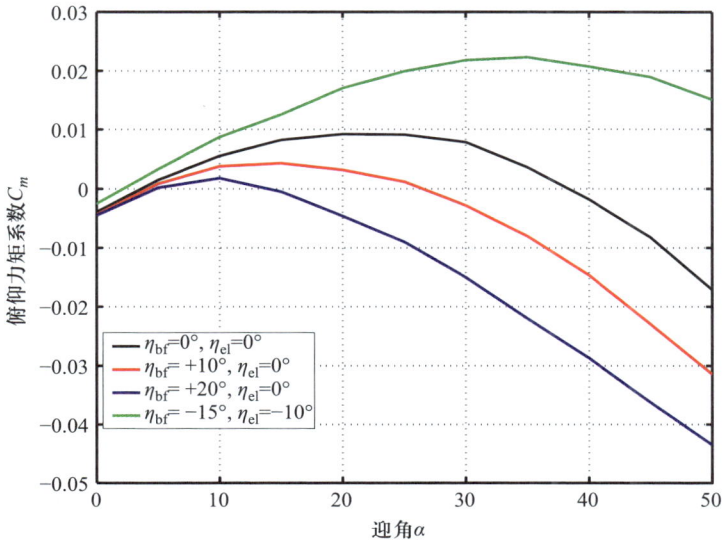

图 6.162 俯仰力矩系数 C_m 随迎角 α 的变化。$Ma_\infty = 10$ 时体襟翼和副翼效率[76] (力矩参考点 $x_{\rm ref} = 0.6L_{\rm ref}$)

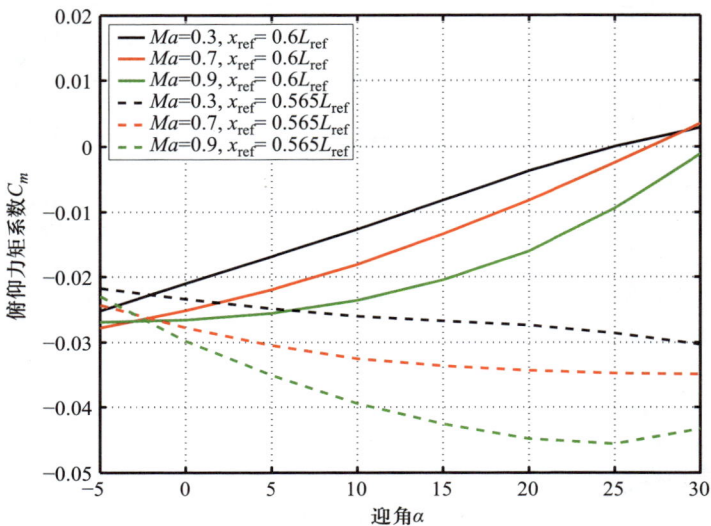

图 6.163　三个亚声速马赫数的俯仰力矩系数 C_m 随迎角 α 的变化[76] (名义力矩参考点 $x_{\rm ref} = 0.6L_{\rm ref}$ 与力矩参考点前移至 $x_{\rm ref} = 0.565L_{\rm ref}$ 俯仰力矩系数 C_m 的比较)

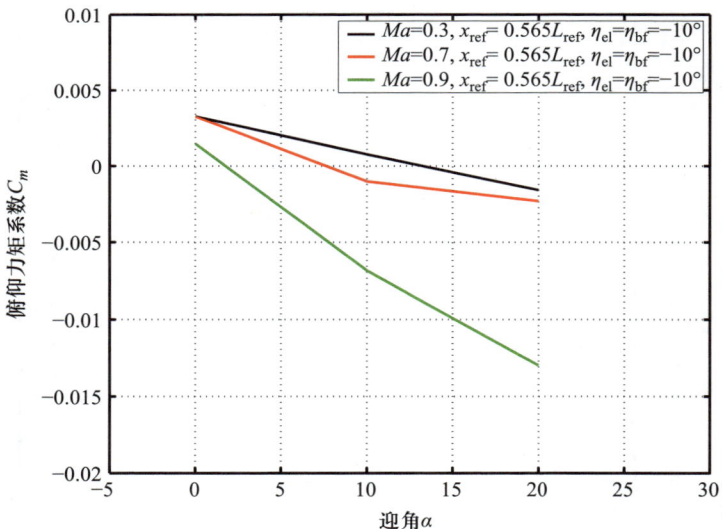

图 6.164　三个亚声速马赫数的俯仰力矩系数 C_m 随迎角 α 的变化[76] (体襟翼偏转角 $\eta_{\rm bf} = -10°$，副翼偏转角 $\eta_{\rm el} = -10°$，力矩参考点 $x_{\rm ref} = 0.565L_{\rm ref}$)

图 6.165 ~ 图 6.167 是亚 – 超声速范围的横向稳态气动力数据，图 6.168 ~ 图 6.170 是超 – 高超声速范围的横向稳态气动力数据。

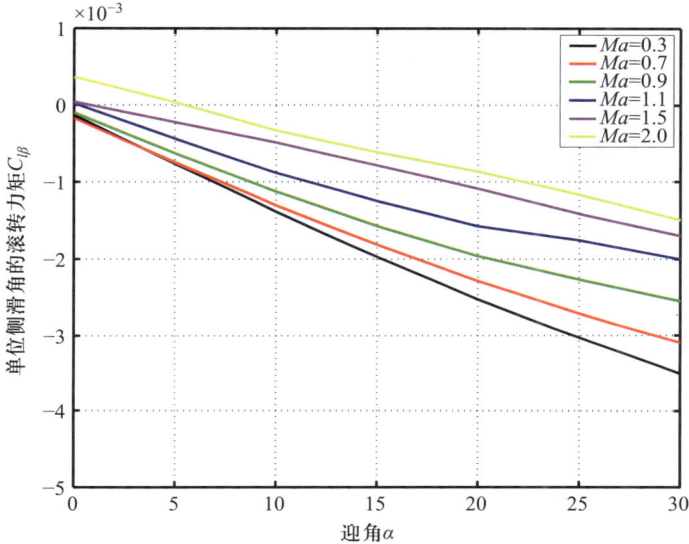

图 6.165 亚 – 超声速马赫数时单位测滑角 (每度) 产生的滚转力矩系数 $C_{l\beta}$ 随迎角 α 的变化[76]

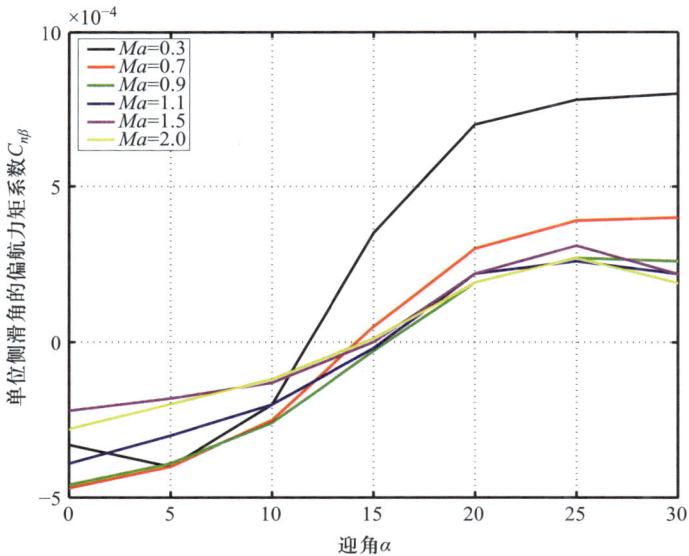

图 6.166 亚 – 超声速马赫数时单位侧滑角 (每度) 产生的偏航力矩系数 $C_{n\beta}$ 随迎角 α 的变化[76] (力矩参考点 $x_{\mathrm{ref}} = 0.6 L_{\mathrm{ref}}$)

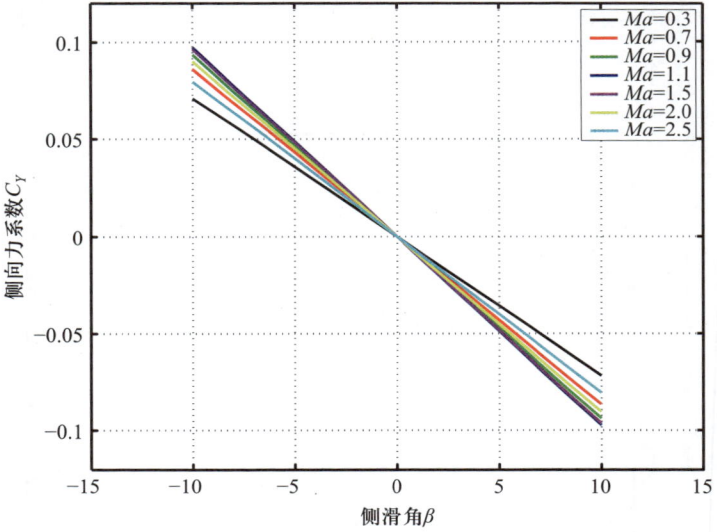

图 6.167　亚 – 超声速马赫数、迎角 $\alpha = 30°$ 时侧向力系数 C_Y 随侧滑角 β 的变化[76]

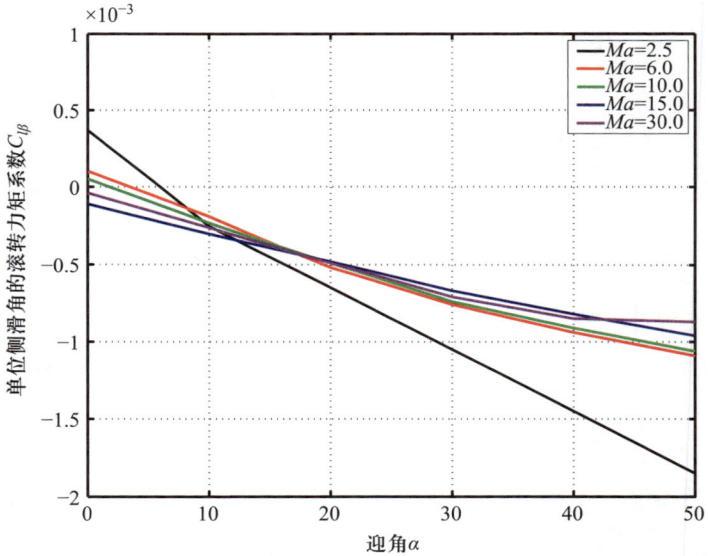

图 6.168　超 – 高超声速马赫数时单位侧滑角 (每度) 产生的滚转力矩系数 $C_{l\beta}$ 随迎角 α 的变化[76]

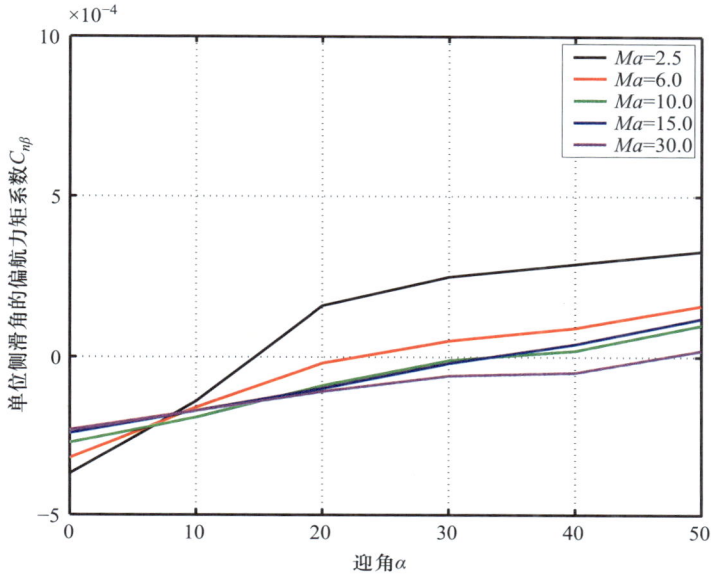

图 6.169 超 – 高超声速马赫数时单位侧滑角 (每度) 产生的偏航力矩系数 $C_{n\beta}$ 随迎角 α 的变化[76] (力矩参考点 $x_{\mathrm{ref}} = 0.6 L_{\mathrm{ref}}$)

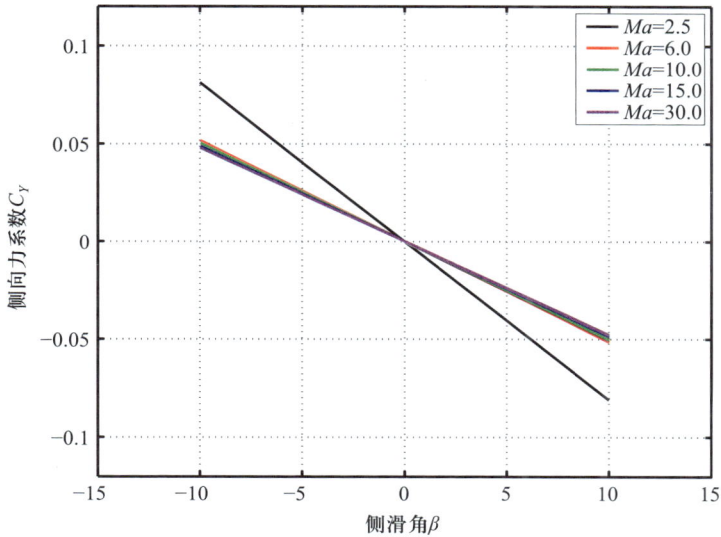

图 6.170 超 – 高超声速马赫数、迎角 $\alpha = 40°$ 时侧向力系数 C_Y 随侧滑角 β 的变化[76]

该数据库包括风洞试验、近似设计方法以及数值模拟结果[76,77]。

纵向气动特性

1. 亚 – 超声速范围的纵向气动特性

在整个迎角范围 ($-5° \leqslant \alpha \leqslant 30°$)，升力系数 C_L 呈现近线性特性 (图 6.154)。如预期的一样，$\alpha \approx 0°$ 时，所有马赫数下的阻力系数 C_D 均很小，C_D 随着迎角增大而增大。跨声速马赫数下的 C_D 最大 (图 6.155)。在亚声速飞行区域，$\alpha \approx 10°$ 时最大升阻比 $L/D_{\max} \approx 5$，而在较低超声速马赫数 ($1.5 \leqslant Ma_\infty \leqslant 2.5$) 下，$\alpha \approx 15°$ 时最大升阻比减至 $L/D \approx 2$ (图 6.156)。图 6.157 中所示的俯仰力矩数据表明，直到迎角 $\alpha \approx 10°$，只有 $Ma_\infty = 1.1$ 和 1.5 时飞行器呈静稳定性 ($\partial C_m/\partial\alpha < 0$)，但没有配平点。在所有其他情况下，HERMES 1.0 均呈现出静不稳定 ($\partial C_m/\partial\alpha > 0$)。当然，应该指出的是，这是针对参考点为 $0.6L_{\mathrm{ref}}$、襟翼和方向舵处于中立位置情况。

2. 超 – 高超声速范围的纵向气动特性

迎角 $\alpha > 30°$ 时升力系数 C_L 为非线性。对于高超声速马赫数 ($Ma_\infty \geqslant 10$)，观察到在 $\alpha \approx 20°$ 时 C_L 斜率 ($\partial C_L/\partial\alpha$) 略为增大[①](图 6.158)。阻力特性如预期 (图 6.159)，迎角 $\alpha \approx 15°$ 时最大升阻比 $L/D_{\max}$ 减小，其值小于 2 (图 6.160)。

在超 - 高超声速马赫数范围，$\alpha \geqslant 30°$ 时飞行器呈现纵向稳定性，并且飞行器在没有气动控制面偏转情况下可配平 (见俯仰力矩图图 6.161)。

最后，要指出的是：在该马赫数范围，C_L、C_D 和 L/D 与马赫数无关。

3. 俯仰力矩特性研究

下面研究体襟翼和升降副翼偏转对俯仰力矩特性的影响。以 $Ma_\infty = 10$ 状态为例，当体襟翼向下偏转到 $\eta_{\mathrm{bf}} = 10°$ 或 20° 时，构型后部的压力增大，产生下俯效应，从而导致静稳定性略微增大，配平点移至更小迎角值 (图 6.162 中的红线和蓝线)。相反，当体襟翼和升降副翼向上偏转时 ($\eta_{\mathrm{bf}} = -15°$，$\eta_{\mathrm{el}} = -10°$)，构型后部压力减小，随后导致上仰效应，飞行器失稳，配平点不再落在所考虑的迎角 α 范围内 ($\alpha_{\max} = 50°$) (图 6.162 中的绿线)。

如图 6.157 所示，亚声速马赫数 $Ma_\infty = 0.3$、0.7 和 0.9 时呈现出强烈的静不稳定。重心从 $x_{\mathrm{ref}} = 0.6L_{\mathrm{ref}}$ 前移至 $x_{\mathrm{ref}} = 0.565L_{\mathrm{ref}}$，产生下俯效应，不稳定度减小，但仍不能确保飞行器配平 (图 6.163)。为了确保

---

① 这种情况的原因可能与背风涡的产生有关。

配平，体襟翼和升降副翼向上偏转 ($\eta_{bf} = -10°$，$\eta_{el} = -10°$)，如上所述，此时构型后部压力减小，产生上仰效应。对上述马赫数采用这种方式可使 HERMES 构型配平飞行 (图 6.164)。

横向气动特性

1. 亚 – 超声速范围的横向气动特性

单位侧滑角 β (每度) 的滚转力矩和偏航力矩示于图 6.165 和图 6.166。几乎整个亚 – 超声速马赫数和迎角范围，滚转运动都受到阻尼，而且如果 α 增大，阻尼越大。偏航力矩表明，仅在迎角值 $\alpha \geqslant 15°$ 时才呈现出静稳定性。图 6.167 显示了侧向力随侧滑角 β 的变化。

2. 超 – 高超声速范围的横向气动特性

同样，在超 - 高超声速范围，滚转运动受到阻尼 ($\partial C_l/\partial \beta < 0$)，图中还显示，随着高超声速马赫数增大，开始呈现出马赫数无关特性 (或与马赫数依赖关系非常小)(图 6.168)。高马赫数时航向稳定性更差，而且，显然只能在更大迎角实现航向稳定，如 $Ma_\infty = 30 \Rightarrow \alpha \geqslant 48°$ (图 6.169)。此外，侧向力呈现出气动力系数与马赫数无关特性 (图 6.170)。

6.11.3　动态气动力数据

没有获得动稳定性的研究数据。

参考文献

[1] Arrington, J.P., Jones, J.J.: Shuttle Performance: Lessons Learned. NASA Conference Publication 2283, Part 1 (1983)

[2] Throckmorton, D.A. (ed.): Orbiter Experiments (OEX) Aerothermodynamics Symposium. NASA CP-3248 (1995)

[3] Isakowitz, S.J.: International Reference Guide to SPACE LAUNCH SYSTEMS. AIAA 1991 Edition (1991)

[4] http://www.dfrc.nasa.gov/gallery

[5] N.N. Aerodynamic Design Data Book - Orbiter Vehicle STS-1. Rockwell International, USA (1980)

[6] Martin, L.: Aerodynamic Coefficient Measurements, Body Flap Efficiency and Oil Flow Visualization on an Orbiter Model at Mach 10 in the ONERA S4 Wind Tunnel. ONERA Report No. 8907 GY 400G (1995)

[7] Griffith, B.F., Maus, J.R., Best, J.T.: Explanation of the Hypersonic Longitudinal Stability Problem - Lessons Learned. In: Arrington, J.P., Jones, J.J. (eds.) Shuttle Performance: Lessons Learned. NASA CP-2283, Part 1, pp. 347-380 (1983)

[8] Bruck, S., Radespiel, R.: Navier-Stokes Solutions for the Flow Around the HALIS Configuration - F4 Wind Tunnel Conditions -. DLR Internal Report, IB 129 - 96/2 (1996)

[9] Hartmann, G., Menne, S.: Winged Aerothermodynamic Activities. MSTP Report, H-TN-E33.3-004-DASA, Dasa, Munchen/Ottobrunn, Germany (1996)

[10] Hirschel, E.H., Weiland, C.: Selected Aerothermodynamic Design Problems of Hypersonic Flight Vehicles, vol. 229. Springer, Heidelberg; Progress in Astronautics and Aeronautics. AIAA, Reston (2009)

[11] Iliff, K.W., Shafer, M.F.: Extraction of Stability and Control Derivatives from Orbiter Flight Data. In: Throckmorton, D. A. (ed.) Orbiter Experiments (OEX) Aerothermodynamics Symposium. NASA CP-3248, Part 1, pp. 299-344 (1995)

[12] Kuczera, H., Sacher, P.: Reusable Space Transportation Systems. Springer, Heidelberg (2011)

[13] N. N. Rocket Propulsion Systems. The Boeing Company - Rocketdyne Propulsion & Power, Pub. 573-A-100 New 9/99 (1999)

[14] Hollis, B.R., Thompson, R.A., Berry, S.A., Horvath, T.J., Murphy, K.J., Nowak, R.J., Alter, S.J.: X-33 Computational Aeroheating/Aerodynamic Predictions and Comparisons with Experimental Data. NASA / TP-2003-212160 (2003)

[15] Murphy, K.J., Nowak, R.J., Thompson, R.A., Hollis, B.R., Prabhu, R.K.: X-33 Hypersonic Aerodynamic Characteristics. AIAA-Paper 99-4162 (1999)

[16] Hollis, B.R., Thompson, R.A., Murphy, K.J., Nowak, R.J., Riley, C.J., Wood, W.A., Alter, S.J., Prabhu, R.K.: X-33 Aerodynamic and Aeroheating Computations for Wind Tunnel and Flight Conditions. AIAA-Paper 99-4163 (1999)

[17] Prabhu, R.K.: An Inviscid Computational Study of an X-33 Configuration at Hypersonic Speeds. NASA/CR-1999-209366 (1999)

[18] Pamadi, B.N., Brauckmann, G.J., Ruth, M.J., Fuhrmann, H.D.: Aerodynamic Characteristics, Database Development and Flight Simulation of the

X-34 Vehicle. AIAA-Paper 2000-0900 (2000)

[19] Brauckmann, G.J.: X-34 Vehicle Aerodynamic Characteristics. J. of Space-craft and Rockets 36(2) (March-April 1999)

[20] Pamadi, B.N., Brauckmann, G.J.: Aerodynamic Characteristics and Development of the Aerodynamic Database of the X-34 Reusable Launch Vehicle. In: Proceedings 1st Int. Symp. on Atmospheric Re-entry Vehicles and Systems, Arcachon, France (1999)

[21] http://www.nasa.gov/centers/marshall/news

[22] Prabhu, R.K.: Inviscid Flow Computations of the Orbital Sciences X-34 Over a Mach Number Range of 1.25 to 6.0. NASA / CR-2001-210849 (2001)

[23] Manley, D.J., Cervisi, R.T., Staszak, P.R.: Nasa powerpoint presentation (2001),

[24] Campbell, C.H., Caram, J.M., Li, C.P., Madden, C.B.: Aerothermodynamic environment definition for an X-23/X-24A derived assured crew return vehicle. AIAA-Paper 96-1862 (1996)

[25] Tarfeld, F.: Measurement of Direct Dynamic Derivatives with the Forced-Oscillation Technique on the Reentry Vehicle X-38 in Supersonic Flow. DLR, TETRA Programme, TET-DLR-21-TN-3104 (2001)

[26] Weiland, C., Longo, J.M.A., Gulhan, A., Decker, K.: Aerothermodynamics for Reusable Launch Systems. Aerospace Science and Technology 8, 101-110 (2004)

[27] Longo, J.: Aerothermodynamik Endbericht. Deutsches Zentrum für Luft- und Raumfahrt DLR, TETRA Programme, TET-DLR-21-PR-3018 (2003)

[28] Weiland, C.: X-38 CRV S4MA Windtunnel Test Results. Dasa, X-CRV Report, HT-TN-001/99-DASA, Dasa, München/Ottobrunn, Germany (1999)

[29] Behr, R.: Hot, Radiation Cooled Surfaces. TETRA Programme, TET-DASA-21-TN-2410, Dasa Munchen/Ottobrunn, Germany (2002)

[30] Goergen, J.: CFD Analysis of X-38 Free Flight. TETRA Programme, TET-DASA-21-TN-2401, Dasa Munchen/Ottobrunn, Germany (1999)

[31] N. N. X-38 Aerodynamic Design Data Book. NASA/ESA/DLR/Dassault, Internal Meeting Report EG3-X38-ADB 0001 (October 1999)

[32] Labbe, S.G., Perez, L.F., Fitzgerald, S., Longo, J.M.A., Molina, R., Rapuc, M.: X-38 Integrated Aero- and Aerothermodynamic Activities. Aerospace Science and Technology 3, 485-493 (1999)

[33] Weiland, C.: Computational Space Flight Mechanics. Springer, Heidelberg

(2010)

[34] N.N. X-38 Data Base. Industrial communication, Dassault Aviation - NASA - European Aeronautic Defence and Space Company, EADS (1999)

[35] Behr, R., Weber, C.: Aerothermodynamics - Euler Computations. X-CRV Rep., HT-TN-002/2000-DASA, Dasa, München/Ottobrunn, Germany (2000)

[36] Aiello, M., Stojanowski, M.: X-38 CRV, S3MA Windtunnel Test Results. X-CRV Rep., DGT No. 73442, Aviation M. Dassault, St. Cloud, France (1998)

[37] Esch, H., Tarfeld, F.: Force Measurements on a 3.3% Model of X-38, Rev.8.3 Space Vehicle in Supersonic Flow. DLR IB - 39113-99C12 (1999)

[38] Giese, P., Heinrich, R., Radespiel, R.: Numerical Prediction of Dynamic Derivatives for Lifting Bodies with a Navier-Stokes Solver. In: Notes on Numerical Fluid Mechanics, vol. 72, pp. 186-193. Vieweg Verlag (1999)

[39] Giese, P.: Numerical Prediction of First Order Dynamic Derivatives with Help of the Flower Code. DLR TETRA Programme, TET-DLR-21-TN-3201 (2000)

[40] Daimler-Benz Aerospace Space Infrastructure, FESTIP System Study Proceedings. FFSC-15 Suborbital HTO-HL System Concept Family. EADS, Miinchen/Ottobrunn, Germany (1999)

[41] Jategaonkar, R., Behr, R., Gockel, W., Zorn, C.: Data Analysis of Phoenix RLV Demonstrator Flight Test. AIAA-AFM Conference, San Franzisco, AIAA- Paper 2005-6129 (2005)

[42] Janovsky, R., Behr, R.: Flight Testing and Test Instrumentation of Phoenix. In: 5th European Symposium on Aerothermodynamics for Space Vehicles, ESA- SP-563 (2004)

[43] Hirschel, E.H.: Basics of Aerothermodynamics, vol. 204. Springer, Heidelberg; Progress in Astronautics and Aeronautics. AIAA, Reston (2004)

[44] Häberle, J.: Einfluss heisser Oberflächen auf aerothermodynamische Flugeigenschaften von HOPPER/PHOENIX (Influence of Hot Surfaces on Aerothermodynamic Flight Properties of HOPPER/PHOENIX). Diploma Thesis, Institut für Aerodynamik und Gasdynamik, Universität Stuttgart, Germany (2004)

[45] N.N. PHOENIX Data Base. Internal industrial communication, EADS, Muanchen/Ottobrunn, Germany (2004)

[46] N.N. PHOENIX Tests in Shock Tunnel. Private Communication between TH2 shock tunnel of University of Aachen and Dasa Munich (2002)

[47] Behr, R.: CFD Computations. Private communications, EADS Munchen / Ot- tobrunn, Germany (2007)

[48] Behr, R.: Phoenix: Aerodynamic Data Base, Version 3.1. EADS-ST Report PHX-DP-01, EADS-ST Münich Germany (2004)

[49] Etkin, B.: Dynamics of Atmospheric Flight. John Wiley & Sons, New York (1972)

[50] Brockhaus, R.: Flugregelung. Springer, Heidelberg (2001)

[51] N.N. HOPE-X Data Base. Industrial communication, European Aeronautic Defence and Space Company, EADS/Japanese Space Agency, NASDA (1998)

[52] Tsujimoto, T., Sakamoto, Y., Akimoto, T., Kouchiyama, J., Ishimoto, S., Aoki, T.: Aerodynamic Characteristics of HOPE-X Configuration with Twin Tails. AIAA-Paper 2001-1827 (2001)

[53] Behr, R., Wagner, A., Buhl, W.H.-X.: Feasibility Study. Deutsche Aerospace Dasa, DASA-TN-HOPE 001 (1999) (unpublished)

[54] Barth, T.: Aerothermodynamische Untersuchungen Facettierter Raumfahrzeuge unter Wiedereintrittsbedingungen (Aerothermodynamic Investigations of Facetted Space Vehicles under Re-entry Conditions). Doctoral Thesis, Institut für Thermodynamik der Luft- und Raumfahrt, Universität Stuttgart (2010)

[55] Eggers, T., Longo, J.M.A., Turner, J., Jung, W., Horschgen, M., Stamminger, A., Giilhan, A., Siebe, F., Requart, G., Laux, T., Reimer, T., Weihs, H.: The SHEFEX Flight Experiment -Pathfinder Experiment for a Sky Based Test Facility-. AIAA-Paper 2006-7921 (2006)

[56] Weihs, H., Turner, J., Longo, J.M.A., Gulhan, A.: Key Experiments within the Shefex II Mission. In: 60th International Aeronautical Congress, IAC-08-D2.6.4(2008)

[57] Eggers, T.: Project HILIFT. High Hypersonic L/D Preliminary Reference Configurations. DLR-IB 124-2009/901 (2009)

[58] Ramos, R.H., Bonetti, D., De Zaiacomo, G., Eggers, T., Fossati, F., Serpico, M., Molina, R., Caporicci, M.: High Lift-to-Drag Re-entry Concepts for Space Transportation Missions. AIAA-Paper 2009-7412 (2009)

[59] Hirschel, E.H., Weiland, C.: Design of hypersonic flight vehicles: some lessons from the past and future challenges. CEAS Space Journal 1(1), 3-22 (2011)

[60] Russo, G., Capuano, A.: The PRORA-USV Program. ESA-SP-487, pp. 37-48 (2002)

[61] Rufolo, G.C., Roncioni, P., Marini, M., Borrelli, S.: Post Flight Aerodynamic Analysis of the Experimental Vehicle PRORA USV 1. AIAA-Paper 2008-2661 (2008)

[62] Rufolo, G.C., Roncioni, P., Marini, M., Votta, R., Palazzo, S.: Experimental and Numerical Aerodynamic Data Integration and Aerodatabase Development for the PRORA-USV-FTB-1 Reusable Vehicle. AIAA-Paper 2006-8031 (2006)

[63] Borrelli, S.: Private communication (2013)

[64] Borrelli, S., Marini, M.: The Technology Program in Aerothermodynamics for PRORA-USV. ESA-SP-487, pp. 49 - 57 (2002)

[65] Serpico, M., Schettino, A.: Preliminary Aerodynamic Performance of the PRORA-USV Experimental Vehicle. ESA-SP-487, pp.183-1900 (2002)

[66] Russo, G.: The USV Advanced Re-entry Experimental Flying Laboratories. In: Proceedings: 4th Int. Symp. of Atmospheric Re-entry Vehicles and Systems (Powerpoint presentation), Arcachon (March 2005)

[67] Rufolo, G.C., Marini, M., Roncioni, P., Borrelli, S.: In Flight Aerodynamic Experiment for the Unmanned Space Vehicle FTB-1. In: 1st CEAS European Air and Space Conference, Berlin, Germany (2007)

[68] Roncioni, P., Rufolo, G.C., Marini, M., Borrelli, S.: CFD Rebuilding of USVDTFT1 Vehicle In-Flight Experiment. In: 59th Int. Astron. Cong., Glasgow, U.K. (2008)

[69] Hirschel, E.H., Grallert, H., Lafon, J., Rapuc, M.: Acquisition of an Aerodynamic Data Base by Means of a Winged Experimental Reentry Vehicle. Zeitschrift fur Flugwissenschaften und Weltraumforschung (ZFW) 16(1), 15-27 (1992)

[70] http://www.esa.int

[71] Hartmann, G., Weiland, C.: Strömungsfeldberechnungen um den HERMES Raumgleiter während der Wiedereintrittsphase. DGLR-Paper 91-223, Jahresta- gung Berlin (1991)

[72] Menne, S., Weiland, C., Pfitzner, M.: Computation of 3-D Hypersonic Flows in Chemical Non-Equilibrium Including Transport Phenomena. AIAA-Paper 92-2876, 1992. J. of Aircraft 31(3) (1994)

[73] Monnoyer, F., Mundt, C., Pfitzner, M.: Calculation of the Hypersonic Viscous Flow Past Re-entry Vehicles with an Euler/Boundary Layer Coupling Method. AIAA-Paper 90-0417 (1990)

[74] Weiland, C., Schroder, W., Menne, S.: An Extended Insight into Hypersonic Flow Phenomena Using Numerical Methods. Computer and Fluids 22 (1993)

[75] Weiland, C.: Numerical Aerothermodynamics. In: Proceedings: 2nd International Symposium on Atmospheric Re-entry Vehicles and Systems, Arcachon France (2001)

[76] Courty, J.C., Rapuc, M., Vancamberg, P.: Aerodynamic and Thermal Data Bases. HERMES Report, H-NT-1-1206-AMD, Aviation M. Dassault, St. Cloud, France (1991)

[77] Hartmann, G., Menne, S., Schroder, W.: Uncertainties Analysis/Critical Points. HERMES Report, H-NT-1-0329-DASA, Dasa, Munchen/Ottobrunn, Germany (1994)

[78] Courty, J.C., Vancamberg, P.: Justification of the Choice of Shape 1.0. HERMES Report, H-BT-1-1003-AMD, Aviation M. Dassault, St. Cloud, France (1990)

第 7 章

巡航与加速飞行器的气动热力学数据

投入运营或至少进行过一次验证飞行的航天飞行器,大多数为无翼再入飞行器 (返回舱、探测器、钝锥),见第 4 章和第 5 章。我们知道,较复杂的有翼再入飞行器,唯一一个投入运营的只有航天飞机轨道器,还有一些有翼再入飞行器进行了一些演示验证飞行 (第 6 章)。而未来投入运营的最复杂空间运输系统将是基于巡航与加速飞行器的单级入轨或两级入轨系统。迄今为止,已经和正在开展的仅为系统和技术研究。尽管如此,未来将是基于巡航与加速飞行器的系统。

7.1 概述

从一开始,进入空间基本上采用火箭系统,无人和载人飞船、探测器以及卫星均由火箭系统运载,而且直到现在也是如此。其目的地是各种不同的地球轨道、月球和太阳系中的行星及其卫星。火箭大部分是一次性的,早期的再入飞行器,即飞船也是一次性的。

经过这一时期的空间运输后,宇航机构开始考虑改进空间运输理念和结构。

由火箭/返回舱系统载人进入空间有以下几大缺点:

(1) 从垂直发射台发射需要很长时间准备;

(2) 因为整个系统是一次性的,导致经常性成本 (整修和任务运营) 非常高,从而导致携载有效载荷进入空间的成本高昂;

(3) 无论是在水面溅落还是在陆地着陆,返回舱着陆过程都非常危险;

(4) 横向机动能力小。

克服上述几大缺点所采取的第一步是研制航天飞机系统。尽管航天飞机系统仍存在第 (1) 项缺点,但大大降低了不可回收这一缺点 (第 (2) 项缺点),因为航天飞机轨道器是完全可重复使用的,助推器至少部分可重复使用,只有外贮箱仍为一次性的。航天飞机系统不存在第 (3) 项缺点,因为轨道器是有翼再入飞行器,亚声速飞行时有足够的升阻比,因此能在合适的跑道上水平着陆。天气条件严峻或恶劣①以及飞行机械系统误差或出现故障,导致飞行器偏离目标着陆场,为了进行补偿,必须产生足够的横向机动能力。而航天飞机轨道器的升阻比相对较高,可确保具有足够的横向机动能力,由此基本上消除了第 (4) 项缺点。

克服了这些障碍后,进入空间基本上仅受商业市场驱动,未来运载系统的成本效益是优先考虑的事。搭载有效载荷可靠送入空间的系统成本最低,才可能在全球具有强大的竞争力。因此,空间运输系统必须考虑消除现有系统上述缺点。

毫无疑问,大家一致认为,此类系统必须是完全可重复使用的,且必须具有水平着陆能力[2,3]。开始考虑了两类系统,即单级入轨和两级入轨飞行器。这两类系统均是水平着陆的,但可垂直或水平发射。另外,大家一致认为就运输框架和技术的要求而言,实现单级入轨系统比两级入轨系统更具挑战性。因此,设计先进空天飞机的下一步是采用两级入轨方案。

下面各节②讨论这两类系统的气动力数据。

7.2 SAENGER (德国)

1986 年,德国研究技术部门决定启动一项国家技术研究工作,专门研究高超声速飞行。其目的旨在通过利用先进航天飞行器,寻求一种基于一次性火箭的返回舱方案或部分可重复使用的航天飞机系统之外的进入空间的新途径。因此,于 1988 年启动了德国高超声速技术计划。该计划的目标均是针对高超声速飞行的,具体为:

---

① 或对高空大气层密度认知不准确,见文献 [1]。

② 很遗憾,在此只能介绍德国在两级入轨系统研究中获取的数据,没有获得如 STAR-H、PREPHA、MIGAKS 等的数据。

- 确定高超声速飞行 [2,4] 基准方案；
- 明确高超声速飞行技术需求；
- 建立高超声速飞行发展和验证策略。

此项先驱计划研究了各种可能的超声速和高超声速飞行器。高超声速技术计划的参考方案为两级入轨系统。实际上它是采用以前研究的基准方案的下面级[5]。

两级入轨系统的一个主要特征是具备水平起降能力，这使该系统可在欧洲同一个飞行基地起降。由于德国航空航天工程师艾根·桑格尔 (Eugen Sänger) 曾早在 1963 年就提出研制一个两级入轨系统作为先进未来空间运输飞行器，因此，该计划的基准方案得名 SAENGER II (下面简称 SAENGER)。

SAENGER 由一个下面级和一个上面级组成。在最初研究阶段的框架内，计划分析下面级是否能够满足两种不同的任务方案。任务方案之一是作为上面级的载机，将上面级送入大约 33 km 处，然后上面级分离，随后爬升到地球轨道。另一种任务方案是探寻是否可由此研究出高超声速客机，该架 $Ma_\infty = 4$ 的飞机称为欧洲高超声速运输飞行器 (EHTV)。

下面级上侧有一凹槽，如果将下面级作为上面级进入空间的载机，该凹槽可将上面级固定 (背负情形)，该上面级名为 HORUS。

图 7.1 示出了 SAENGER 系统的两个想象图，级间分离用图 7.2 的两幅图加以说明。在图 7.3 (a) 中可看到下面级上用于固定上面级的凹槽 (图 7.2 也可见该凹槽)，而图 7.3 (b) 示出了包括 HORUS 的构型。下面各节仅介绍 SAENGER 系统的下面级。

(a)　　　　　　　　　　　　　　(b)

图 7.1　　SAENGER/HORUS 两级入轨构型想象图[2,6]

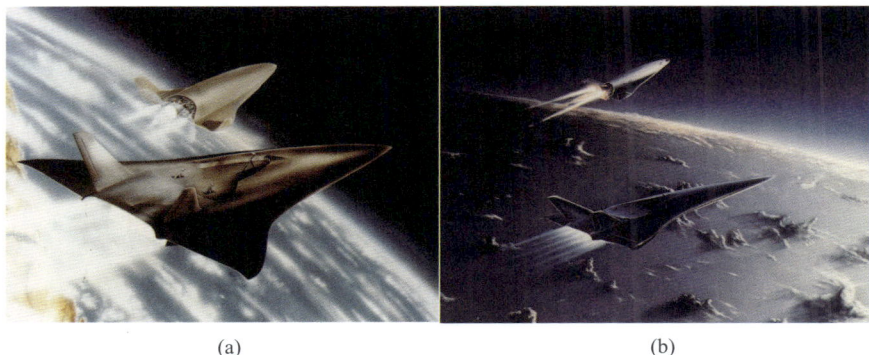

(a)   (b)

图 7.2   SAENGER/HORUS 两级入轨构型级间分离图[6]

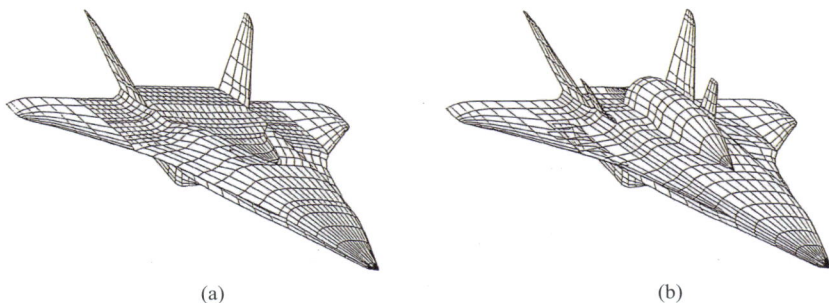

(a)   (b)

图 7.3   表面网格[11]

(a) 不带 HORUS 轨道器的 SAENGER 下面级；(b) 带 HORUS 轨道器的 SAENGER 下面级。

7.2.1   构型特征

1988 年 8 月建造了 SANGER 下面级的第一个构型 (构型 8/88)。通过大量风洞试验，得到了下面级的气动力数据集[7-10]，采用近似设计方法和数值流场计算获得了一些选定轨迹点的解。通过这些工作识别出了下面级气动设计的一些缺陷[1]，从而对外形进行了重新设计。改进后的外形工程图 (记为构型 4/92) 如图 7.4 所示。飞行器总长达 82.4 m，翼展宽 45.2 m。其外形特征近似为一个双三角翼结构，机翼后部有较

①这些缺陷除了来自原始外形，还来自于需要更好地进行集成的推进系统，见文献 [1]。

小的负反角，机身截然不同，宽 14.4 m。下节介绍了构型 4/92 这种先进外形的气动力数据库。该数据库基本上是应用近似设计方法以及基于构型 8/88 的气动力数据集的校准建立的。

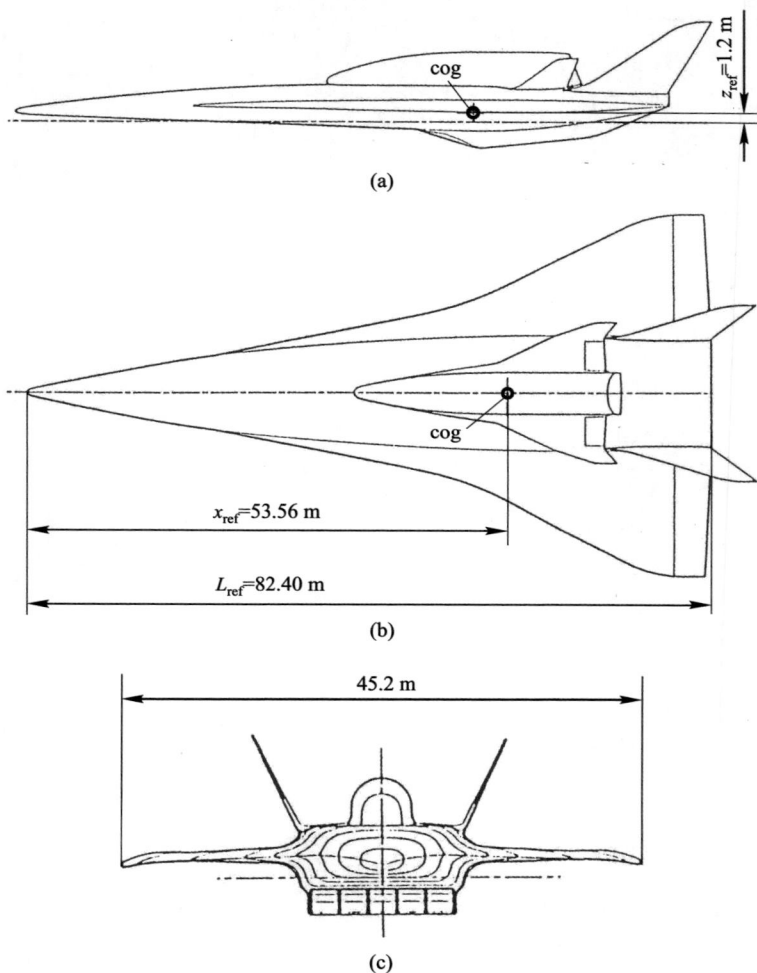

图 7.4　SANGER 构型 4/92 外形定义的工程图[11]

(a) 侧视图；(b) 俯视图；(c) 前视图。

7.2.2 稳态气动力数据

重点讨论 SAENGER 系统下面级 (不包括 HORUS) 的气动力数据库。为了完整起见，还简单介绍了带 HORUS 的 SAENGER 下面级的气动特性。

在欧洲 HERMES 项目框架下 (6.11 节)，欧洲和德国均开展了大量深入的研究工作，从而使欧拉和 N-S 方程的数值方法得以成熟，能够模拟复杂航天飞行器绕流流场，除了流动细节，还得到了作用在飞行器上总的力和力矩值 (气动力系数)，气动力系数的精度很高。

图 7.5 给出了 SAENGER 下面级绕流 N-S 解的一个实例。选定的自由飞行状态的自由流条件为：$Ma_\infty = 4.5$，$\alpha = 6°$，$Re_L = 2.6 \times 10^8$，$T_\infty = 222$ K，$H = 26$ km。机翼襟翼 (升降舵) 偏转 $\delta = 5°$ (向下偏转)。流动视为完全湍流，壁面看作辐射绝热壁，其辐射系数 $\varepsilon = 0.85$。

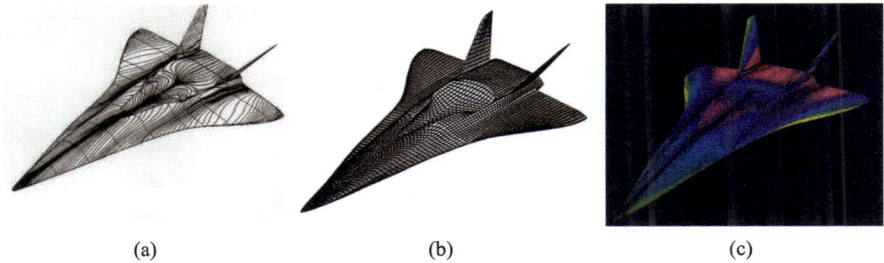

(a)   (b)   (c)

图 7.5　SAENGER 下面级流场研究。流场数值模拟 (N-S 解) (自由流条件
$Ma_\infty = 4.5$，$\alpha = 6°$，$Re = 2.6 \times 10^8$，$T_\infty = 222$ K，$H = 26$ km，全湍流)
(a) 背风面 (包括凹槽区) 表面摩擦力线；(b) 数值模拟表面网格；(c) 背风面表面摩擦力线和表面温度[12−14]。

图 7.5(a) 显示的是背风面 (包括凹槽区) 的表面摩擦力线，图 7.5(b) 显示的是数值计算网格，图 7.5(c) 显示的是辐射绝热壁温度以及表面摩擦力线。表面摩擦力线表明，在机翼开始分离时，形成众所周知的三角翼背风涡。此外，在凹槽侧向边界流动分离，并再次形成涡。双三角翼前缘、垂尾前缘以及凹槽后端面，这三处都是高温区，凹槽后端面是由于来自凹槽边缘涡的冲击导致的高温。

数值流场计算优点之一是理论上可以模拟每种飞行状态，如各种大气参数或风洞条件下的自由飞行条件，而风洞条件下的雷诺数、马赫数或总熔这些相似参数总是与自由飞行的真实情况不符。通过对数值模拟的三维流场 (如图 7.5 所给出的例子) 的压力和剪切应力场积分,可计算出纵向或横向的静态气动力系数。在该例中,表 7.1 列出了一个自由飞行轨迹点和一个风洞条件下的纵向气动力系数。结果与下面讨论的气动力数据库吻合非常好。

表 7.1 SANGER 下面级构型 (构型 4/92) 绕流的 N-S 求解结果 (飞行条件 1,自由飞行,全湍流:$Ma_\infty = 4.5$,$\alpha = 6°$,$Re_L = 2.6 \times 10^8$,$T_\infty = 222$ K,$H = 26$ km,$\delta = 5°$[12]。飞行条件 2,风洞,层流:$M_\infty = 6.83$,$\alpha = 6°$,$Re_L = 0.403 \times 10^{6}$[10])

	C_L	C_D	L/D	C_m
$Ma_\infty = 4.5$,$Re_L = 2.6 \times 10^8$ 飞行条件 1	0.06490	0.01200	5.425	-0.00147
$Ma_\infty = 6.83$,$Re_L = 0.403 \times 10^6$ 飞行条件 2	0.04668	0.01362	3.426	-0.00157

两级入轨系统的空间任务要求在规定的轨迹点上面级从下面级分离。文献 [2] 以更为直观的方法显示了上面级从下面级的分离过程。图 7.6 展示的是安装在德国科隆 DLR 高超声速风洞 H2K 的级间分离模型[16]。

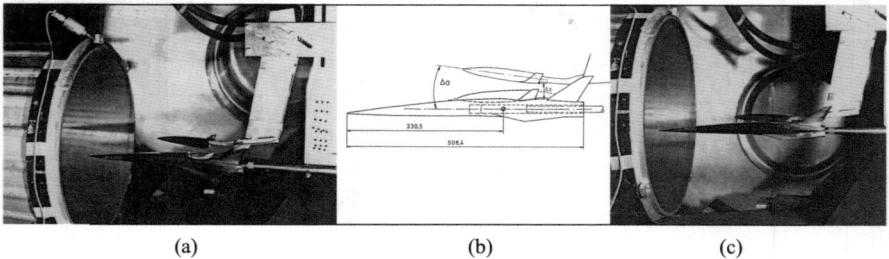

(a)   (b)   (c)

图 7.6   高超声速风洞 H2K 中的级间分离试验模型 (a,c),级间分离过程示意图 (b)[15,16]

分离过程中 SAENGER 系统两级气动特性的预测是一项极具挑战性的任务,因为两级的流场之间会产生很强的相互干扰,主要是激波和涡的相互干扰。图 7.7(a) 是风洞试验[16],图 7.7(b) 是相应的三维数值解[17]。很明显,两者的流场结构吻合很好。

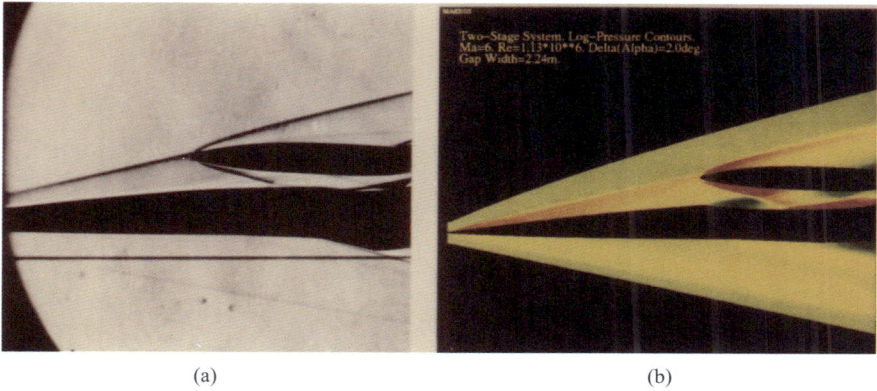

(a)　　　　　　　　　　　　　　(b)

图 7.7　风洞中级间分离试验 (a)[15,16]，级间分离流场的数值模拟 (b)[17]

纵向气动特性

SAENGER 系统下面级纵向气动特性如图 7.8 ~ 图 7.18 所示。请注意，建立的气动力数据库采用的是无推进系统构型。关于气动力和推力计算过程的讨论请参见文献 [1]。

亚 - 跨声速范围的升力系数如图 7.8 所示，其升力系数呈现非线性特性，这是三角翼的典型特性，升力系数的非线性特性是背风涡的形成使背风面压力降低所致。较高马赫数时这种效应消失，升力系数呈现严格的线性特性 (图 7.9)。此外，随着马赫数增大升力线斜率 $(\partial C_L/\partial \alpha)$ 不断减小 (跨声速区域除外)。$\alpha \approx 0°$ 时阻力系数 C_D 最小：$C_{D,Ma_\infty=0.2,\alpha\approx0°} = 0.00750$。在跨声速区域阻力增大，其局部最大值为 $C_{D,Ma_\infty=1.1,\alpha\approx0°} = 0.0156$，而在高超声速范围 C_D 再次减小，$C_{D,Ma_\infty=7,\alpha\approx0°} = 0.00742$。通常，在各 α 下 $Ma_\infty = 7$ 时的阻力系数最小 (图 7.10、图 7.11)。$Ma_\infty \geqslant 7$ 时便会呈现出马赫数无关特性，临界马赫数略高于返回舱或单纯的再入飞行器，而返回舱或单纯的再入飞行器一般在 $Ma_\infty \approx 5.5$ 时便会呈现出马赫数无关特性。

$0.5 \leqslant Ma_\infty \leqslant 0.9$，$\alpha \approx 4°$ 时，SAENGER 系统下面级的升阻比最大，$L/D_{max} \approx 9.5$ (图 7.12)。这也与钝体返回舱和再入飞行器不同，钝体返回舱和再入飞行器的最大升阻比 L/D 通常出现在低亚声速。随着马赫数增大，SAENGER 系统下面级至更大迎角才达到 L/D_{max}，高超

声速 ($Ma_\infty = 7$) 时约在 $7°$ 左右达到 L/D_{max} 值，此时最大升阻比大小为 $L/D_{max} \approx 4.5$ (图 7.13)。

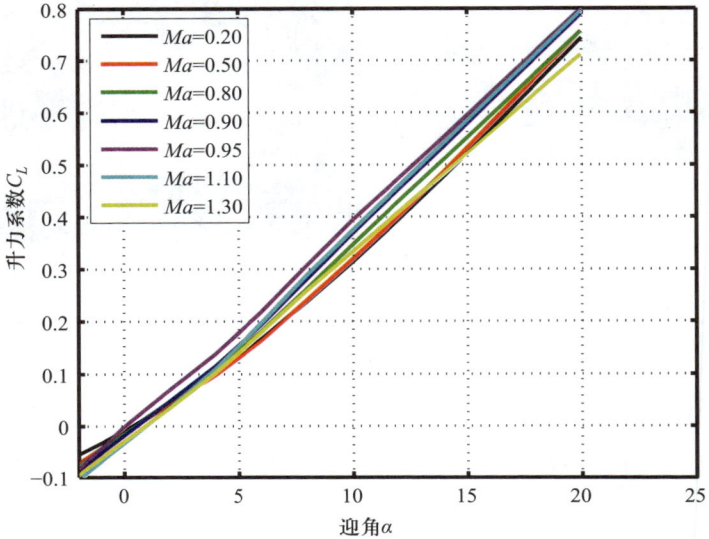

图 7.8　亚 – 跨声速马赫数时升力系数 C_L 随迎角 α 的变化[11]

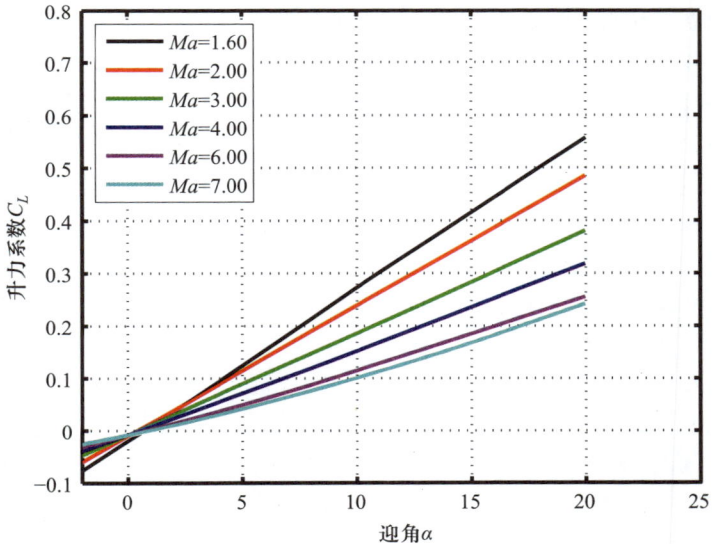

图 7.9　超 – 高超声速马赫数时升力系数 C_L 随迎角 α 的变化[11]

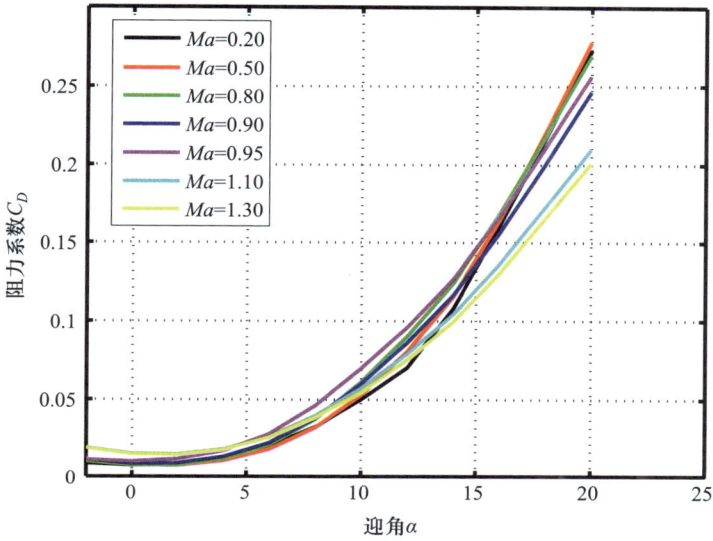

图 7.10 亚 – 跨声速马赫数时阻力系数 C_D 随迎角 α 的变化[11]

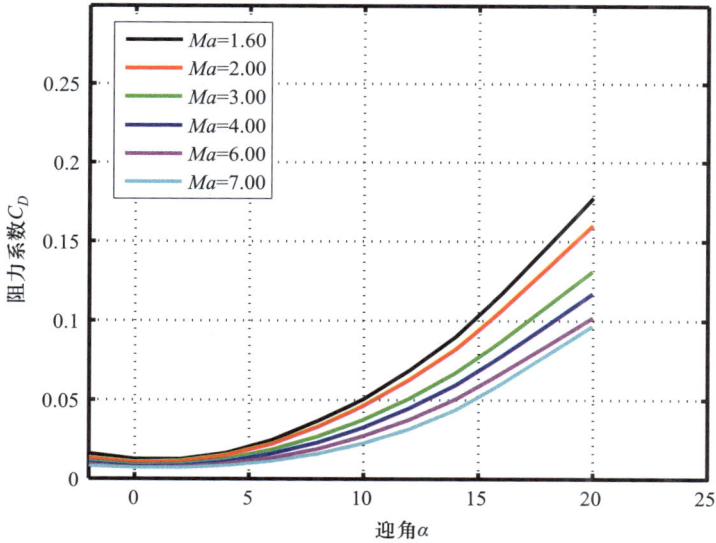

图 7.11 超 – 高超声速马赫数时阻力系数 C_D 随迎角 α 的变化[11]

SAENGER 系统下面级在整个马赫数范围均是纵向稳定的。梯度 $\partial C_m / \partial \alpha$ (稳定程度度量指标), 跨声速时最大, 高超声速马赫数时最小

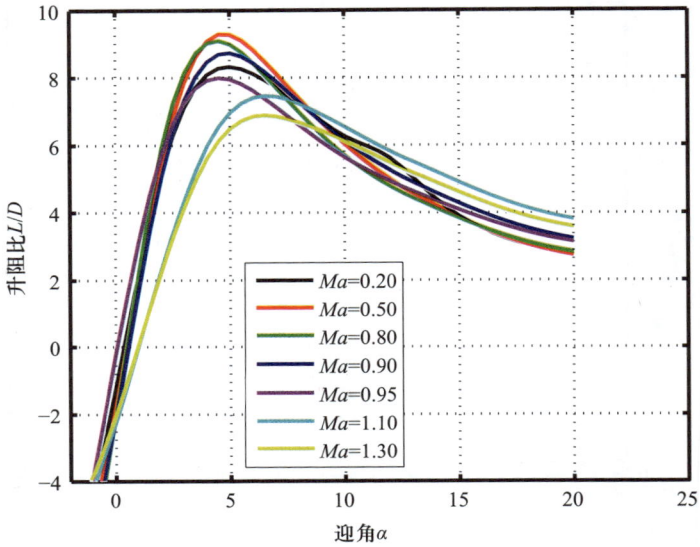

图 7.12 亚 – 跨声速马赫数时升阻比 L/D 随迎角 α 的变化[11]

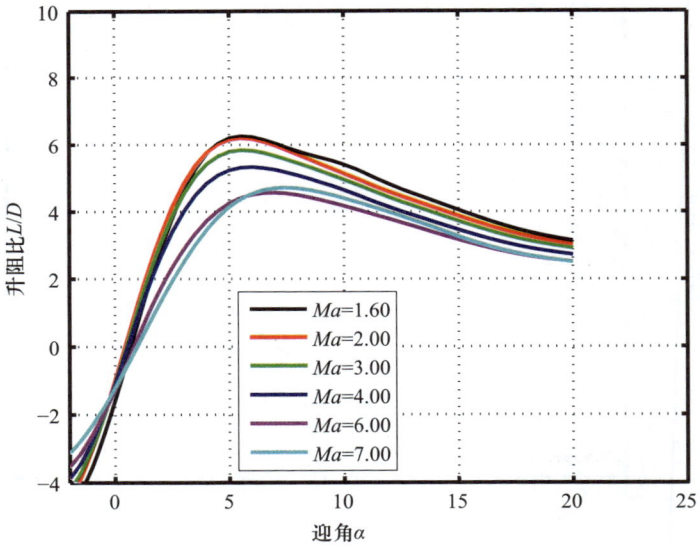

图 7.13 超 – 高超声速马赫数时升阻比 L/D 随迎角 α 的变化[11]

(图 7.14 和图 7.15)。显然，对力矩参考点 $x_{ref} = 0.65L_{ref}$，正迎角时不可能配平，俯仰力矩基本上为负 (下俯效应)。为了使飞行器在适当的正

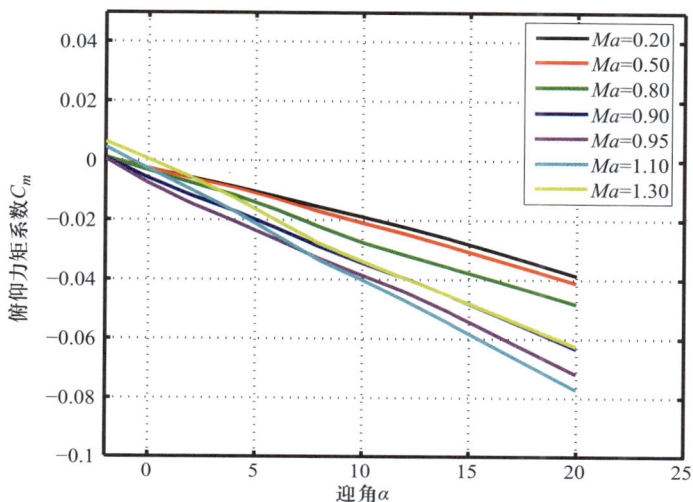

图 7.14 亚 – 跨声速马赫数时俯仰力矩系数 C_m 随迎角 α 的变化[11] (力矩参考点 $x_{ref} = 53.56\,\mathrm{m}$ ($\Rightarrow x_{ref} = 0.65 L_{ref}$)，$z_{ref} = 1.2\,\mathrm{m}$)

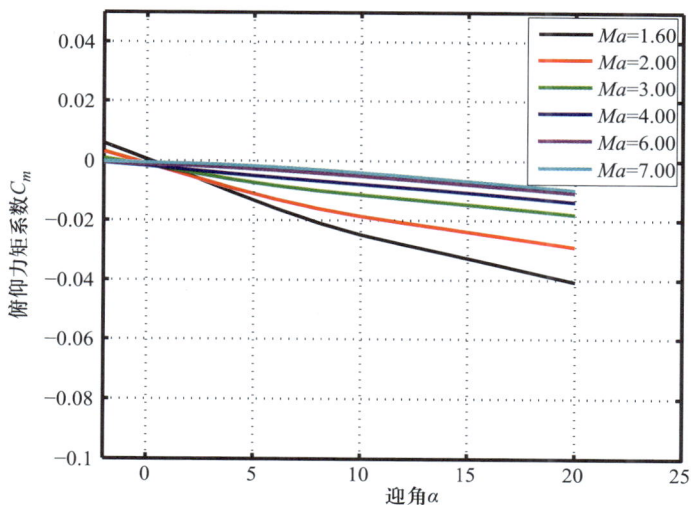

图 7.15 超 – 高超声速马赫数时俯仰力矩系数 C_m 随迎角 α 的变化[11] (力矩参考点 $x_{ref} = 53.56\,\mathrm{m}$ ($\Rightarrow x_{ref} = 0.65 L_{ref}$)，$z_{ref} = 1.2\,\mathrm{m}$)

迎角能配平，所有迎角下必须产生上仰力矩。在法向力 C_Z 为负①的情况下，将力矩参考点后移，俯仰力矩减小。迎角 $\alpha \geqslant 4° \sim 5°$ 时，法向力

①注：在机体固定坐标系中，z 坐标指向下，在该方向法向力 C_Z 为正 (图 8.1 和图 8.2)。

C_Z 确实为负。但是，$\alpha \approx 0°$，C_Z 改变符号，变成很小正值。因此，如图 7.16 和图 7.17 所示，x_{ref} 后移，飞行器仍无法配平[①]。

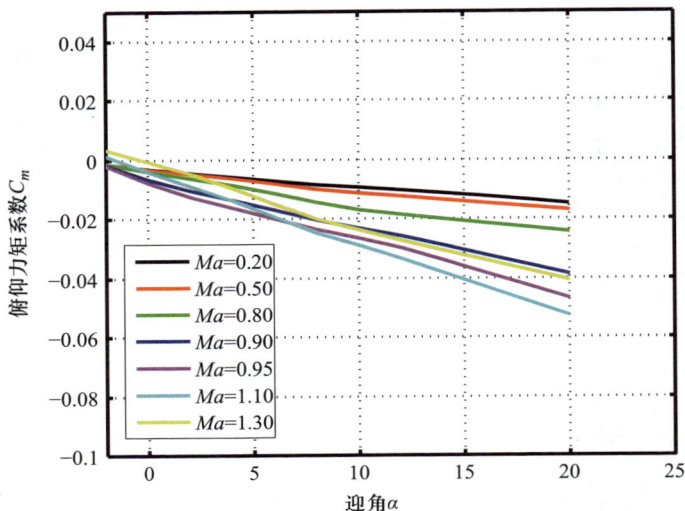

图 7.16   亚 – 跨声速马赫数时俯仰力矩系数 C_m 随迎角 α 的变化[11] (与图 7.14 相比，力矩参考点移至 $x_{\mathrm{ref}} = 0.68 L_{\mathrm{ref}}$)

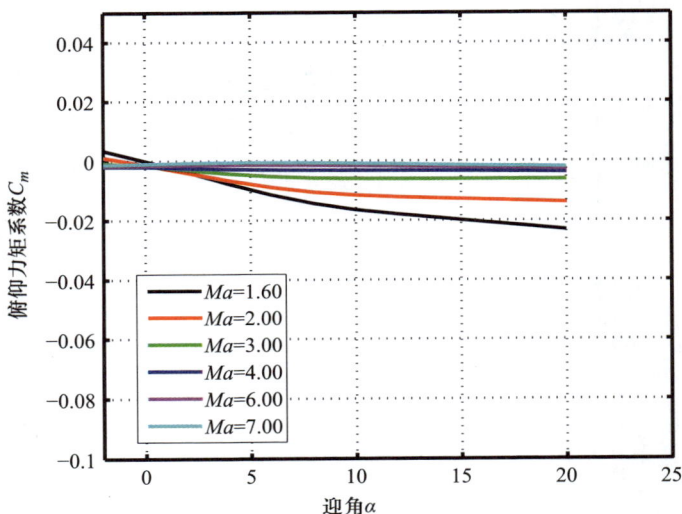

图 7.17   超 – 高超声速马赫数时俯仰力矩系数 C_m 随迎角 α 的变化 (与图 7.15 相比，力矩参考点移至 $x_{\mathrm{ref}} = 0.68 L_{\mathrm{ref}}$)

---

① 当然，就整幅图而言，必须考虑推力。就纵向稳定性和配平而言，两种主要不同配平方法可能是：机体自动配平和一体化机体/推进配平[18]。

整个 SAENGER 系统 —— 下面级以及上面级 HORUS，其气动力数据库与单独下面级极为相似 (图 7.18 和图 7.19)。尽管如此，依然存在一些细微差别，特别是 $\alpha > 10°$ 时。亚 – 跨声速时，升力较低，最大升阻比 L/D 略高 ($L/D_{\mathrm{max}} \approx 9.8$)。此外，俯仰力矩图显示，整个 SAENGER 系统的静稳定性略有下降。

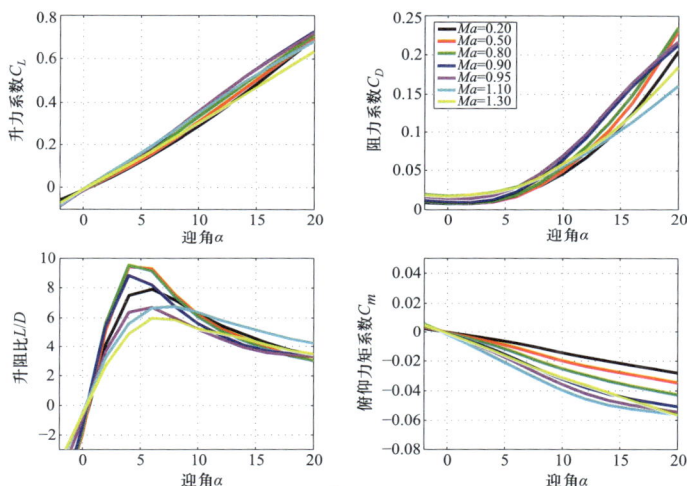

图 7.18　亚 – 跨声速马赫数时带 HORUS 的 SANGER 构型的纵向气动特性 (力矩参考点 $x_{\mathrm{ref}} = 0.65 L_{\mathrm{ref}}$)

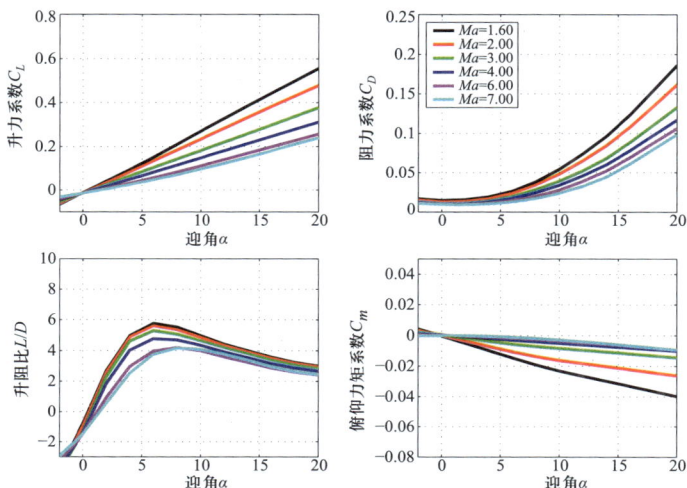

图 7.19　超 – 高超声速马赫数时带 HORUS 的 SANGER 构型的纵向气动特性 (力矩参考点 $x_{\mathrm{ref}} = 0.65 L_{\mathrm{ref}}$)

横向气动特性

图 7.20 绘制的是侧向力导数 $\partial C_Y/\partial\beta$ 随马赫数的变化。声速附近 $\partial C_Y/\partial\beta$ 最小，然后 $\partial C_Y/\partial\beta$ 随马赫数增大而增大。SAENGER 系统下面级的滚转力矩导数 $\partial C_l/\partial\beta$ (滚转刚度系数) 通常为负，并随着迎角增大而减小，但随马赫数增大而增大 (图 7.21)。这种特性表明滚转运动受

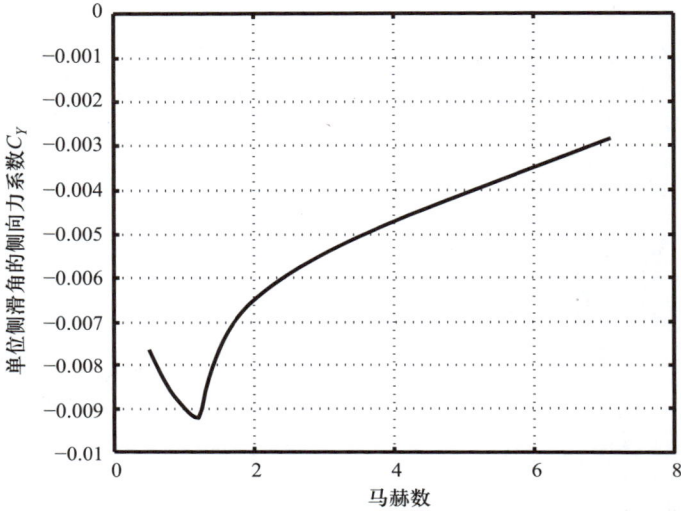

图 7.20　单位侧滑角 β (每度) 的侧向力系数 C_Y 随马赫数的变化[11]

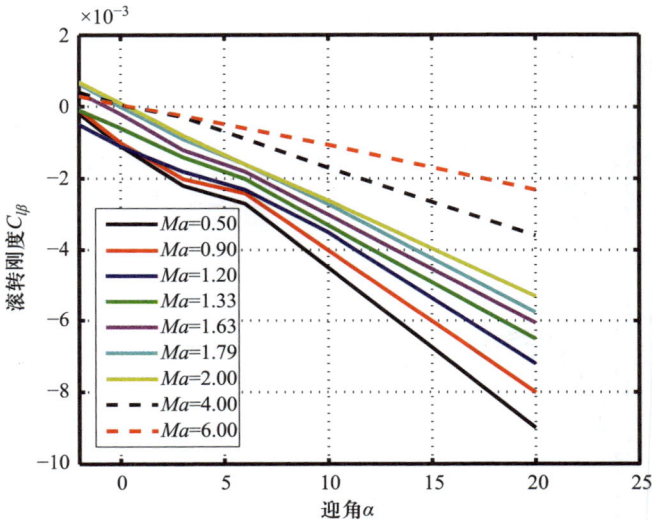

图 7.21　滚转刚度系数 $\partial C_l/\partial\beta$ 随迎角 α 的变化[11] (力矩参考点 $x_{\mathrm{ref}} = 53.36$ m ($\Rightarrow x_{\mathrm{ref}} = 0.65 L_{\mathrm{ref}}$), $z_{\mathrm{ref}} = 1.2$ m)

到阻尼。

如果偏航力矩导数 $\partial C_n/\partial \beta$ (偏航刚度系数) 为正，则呈现出方向稳定性，这是针对下面级而言，随着马赫数增大，稳定程度减小 (图 7.22)。当发生偏航扰动时，飞行器总是旋转到迎风侧。这就要求侧向力 C_Y 为负，且该力作用线位于参考点之后。该飞行器显然均符合这两个条件。

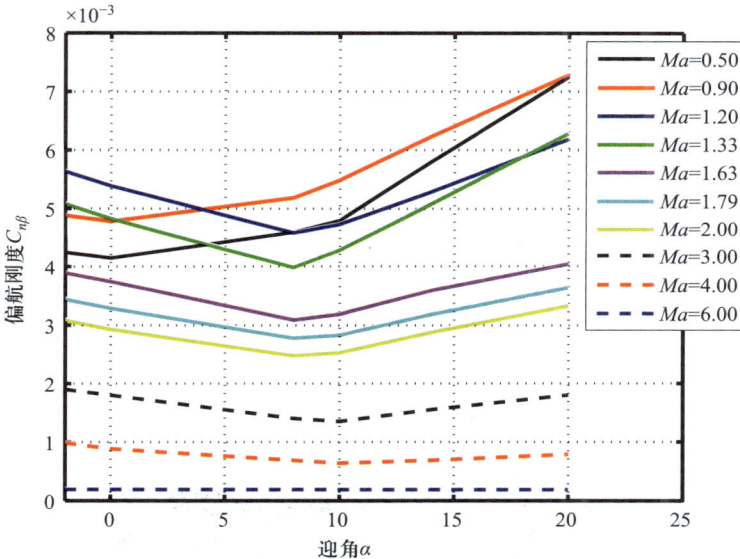

图 7.22　偏航刚度系数 $\partial C_n/\partial \beta$ 随迎角 α 的变化[11] (力矩参考点 $x_{ref} = 53.36\text{ m}$
$(\Rightarrow x_{ref} = 0.65 L_{ref})$, $z_{ref} = 1.2\text{ m}$)

7.2.3　动态气动力数据

没有获得动稳定性研究数据。

7.3　ELAC (德国)

在德意志研究联合会倡议下，德国于 1989 年建立了三个合作研究中心 (SFB)[①]，旨在推动两级入轨可能演变构型所需基本原理研究。在此框架内，设计了一种基准方案，其下面级称为 ELAC (椭圆气动构

[①] SFB 位于德国亚琛，慕尼黑理工学院、三军联合大学 (BW 大学) 和斯图加特大学均加入了德国宇航中心研究院，见文献 [3，19]。

型), 上面级称为 EOS (ELAC 轨道级)(图 7.23)[20]。

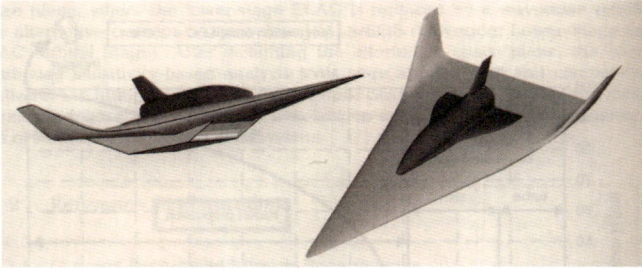

图 7.23 两级入轨构型 ELAC/EOS[20]

建立气动力数据集的大部分工作是在风洞中完成的。图 7.24 显示的是在德/荷风洞 (DNW) 群中的大型低速风洞 (LLF) 和德国亚琛工业大学激波风洞 TH2 中的 ELAC 模型。温敏液晶图像照片由德国亚琛工业大学航空航天工程学院提供, 图中显示了 ELAC 外形背风面层流到湍流的边界层转捩 (图 7.25)[3,21,22]。

下面研究 ELAC 构型的气动力数据。

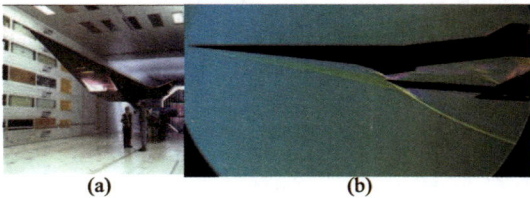

(a)   (b)

图 7.24 在德/荷风洞 (DNW) 群中的大型低速风洞 (LLF) 中的 ELAC 1 : 12 缩尺模型 (a)。在亚琛工业大学激波风洞 TH2 中的 ELAC 模型的纹影照片[3,22], 试验条件: $Ma_\infty = 7.9$, $h_0 = 2.4 \, \mathrm{MJ/kg}$, $\alpha = 0°$(b)

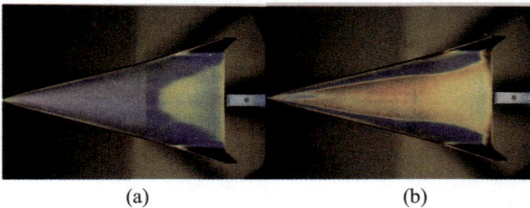

(a)   (b)

图 7.25 在亚琛工业大学航空航天工程学院低速风洞中的 ELAC 1 : 100 缩尺模型。自由流速度 $v_\infty = 50 \, \mathrm{m/s}$, $Re = 2.42 \times 10^6$。背风面温敏液晶照片显示了层流—湍流转捩过程 (蓝色 ⇒ 层流; 黄色/绿色 ⇒ 湍流)。迎角 $\alpha = 0°$(a), 迎角 $\alpha = 4°$(b)[21]

7.3.1 构型特征

ELAC 构型的外形相对简单，但考虑了各种科学项目的所有研究目标。它由一个三角翼组成，其特点是前缘导圆，后掠角 75°。参考长度达 72 m，翼展为 38.6 m，展弦比为 1.1。横截面由两个半椭圆组成，外形上半部分椭圆的长短轴之比为 1.4，下半部分椭圆的长短轴之比为 1.6。在飞行器机体长 2/3 处厚度最大，达 5.36 m[20,21,23]。图 7.26 是 ELAC 构型的工程图。

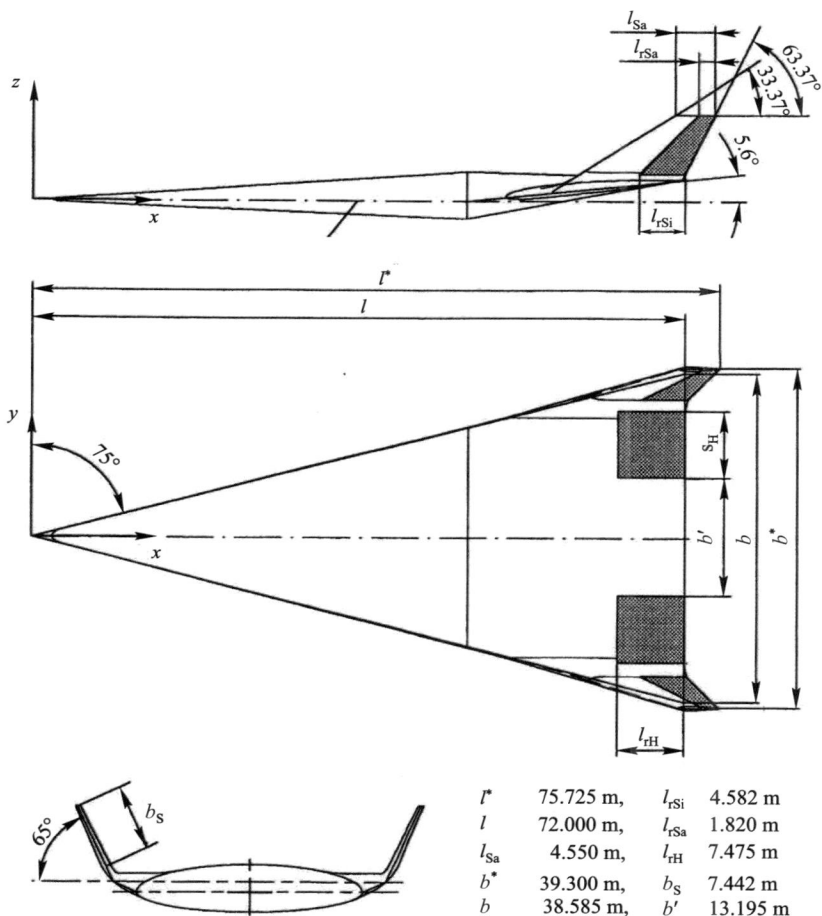

l^*	75.725 m,	l_{rSi}	4.582 m
l	72.000 m,	l_{rSa}	1.820 m
l_{Sa}	4.550 m,	l_{rH}	7.475 m
b^*	39.300 m,	b_S	7.442 m
b	38.585 m,	b'	13.195 m

图 7.26 ELAC 构型外形定义，工程图及尺寸[21]

7.3.2 稳态气动力数据

ELAC 构型的气动力数据库基本上由风洞试验建立，涵盖的马赫数范围从低速 ($Ma_\infty < 0.1$) 到高超声速 ($Ma_\infty = 7.9$)，重点关注低亚声速流动 ($Ma_\infty \approx 0.145$)。开展了大量研究工作，以揭示雷诺数对表面压力分布和气动力系数的影响。所研究的低速范围雷诺数为 $3.7 \times 10^6 \leqslant Re \leqslant 40 \times 10^{6[21,23,24]}$。

纵向气动特性

如上所述，低速范围进行了风洞试验，但为了研究雷诺数对纵横向气动力系数的影响，同时还进行了数值流场计算。研究结果表明，在此马赫数范围雷诺数对气动特性有一些影响，但这并不改变 ELAC 构型气动特性的总特性。

以下 4 幅图 (图 7.27 ∼ 图 7.30) 为低速范围 ($Ma_\infty \approx 0.145$) 的气动力系数。升力系数 C_L 呈现出三角翼的典型特性，即随着迎角增加，出现背风涡，使 C_L 出现一定程度的非线性特性 (图 7.27)。图 7.28 显示的是阻力系数 C_D，$\alpha \approx 3°$ 时阻力值最小，$C_D \approx 0.007$。迎角 $\alpha \approx 8°$ 时升阻比 L/D 达到最大值，此时 $L/D \approx 11$ (图 7.29)。

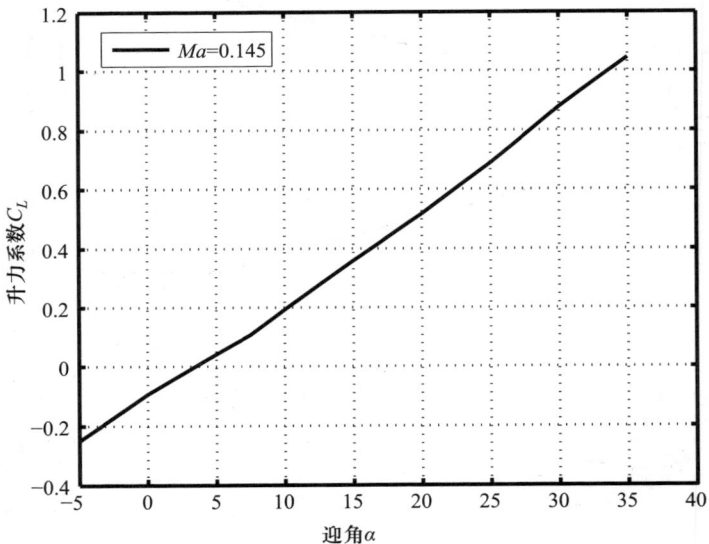

图 7.27　自由流速度 $v_\infty = 50 \text{ m/s}$ ($Ma_\infty \cong 0.145$)、$Re = 3.7 \times 10^6$ 时，升力系数 C_L 随迎角 α 的变化[21,23]

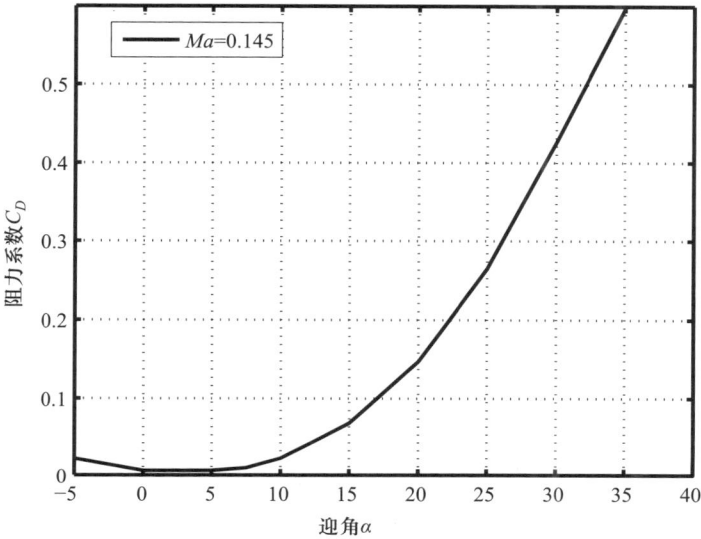

图 7.28   自由流速度 $v_\infty = 50\,\text{m/s}$ $(Ma_\infty \approx 0.145)$、$Re = 3.7 \times 10^6$ 时，阻力系数 C_D 随迎角 α 的变化[21,23]

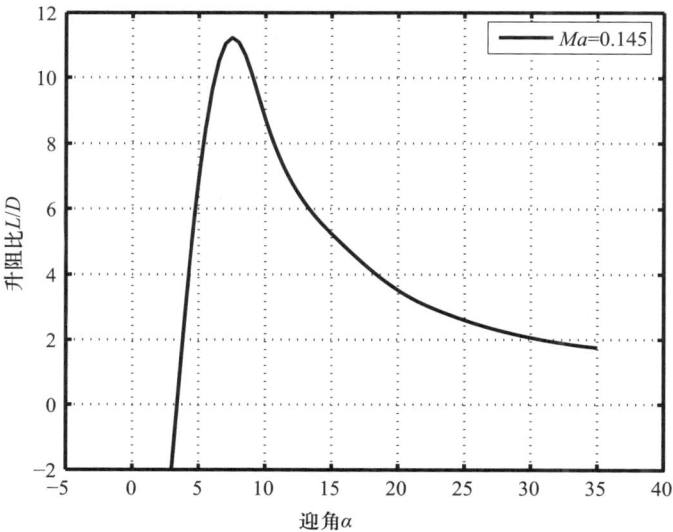

图 7.29   自由流速度 $v_\infty = 50\,\text{m/s}$ $(Ma_\infty \approx 0.145)$、$Re = 3.7 \times 10^6$ 时，升阻比 L/D 随迎角 α 的变化[21,23]

图 7.30 是俯仰力矩图，如图所示，可确保纵向运动的静稳定性。而且，对力矩参考点 $x_\text{ref} = 0.5\,L_\text{ref}$，在 $\alpha \approx 4°$ 时飞行器可配平。有趣的是

$\alpha \approx 10°$ 时俯仰力矩斜率 $\partial C_m/\partial \alpha$ 的变化，$\partial C_m/\partial \alpha$ 的这种变化可能是刚刚形成的背风涡使飞行器上仰所致。

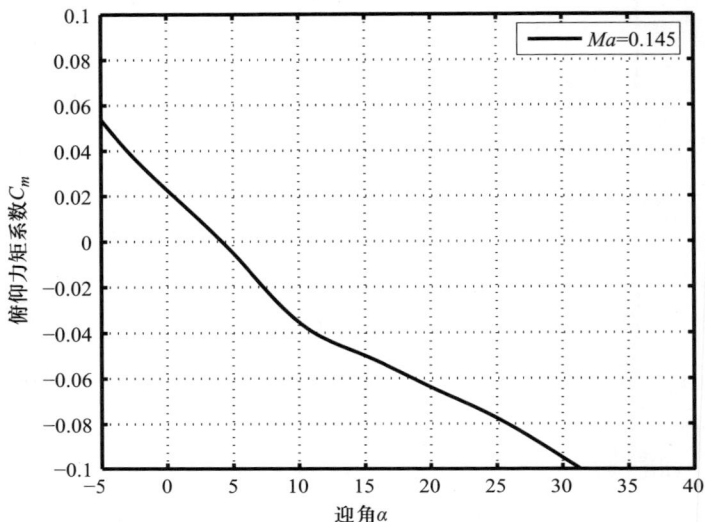

图 7.30   自由流速度 $v_\infty = 50$ m/s $(Ma_\infty \approx 0.145)$、$Re = 3.7 \times 10^6$ 时，俯仰力矩系数 C_m 随迎角 α 的变化[21,23]（力矩参考点 $x_{\mathrm{ref}} = 0.5L_{\mathrm{ref}}$）

接下来的 4 幅图 (图 7.31 ~ 图 7.34) 显示的是马赫数范围 $0.40 \leqslant Ma_\infty \leqslant 7.9$ 的气动力系数，这些数据由风洞试验获得，风洞包括亚琛工业大学风洞 $(Ma_\infty = 0.4、0.6、0.83、1.5、2、2.50)$、新西伯利亚俄罗斯科学研究院的理论与应用力学 (ITAM) 研究所的风洞 $(Ma_\infty = 6)$ 和亚琛工业大学的激波风洞 TH2$(Ma_\infty = 7.9)$[22,25,26]。

测量的迎角范围为 $-2° \leqslant \alpha \leqslant 10°$，该迎角范围的所有升力系数曲线几乎都呈现出线性特性，这表明背风面产生的涡尚未起作用。三角翼状构型的总体趋势是，$\partial C_L/\partial \alpha$ 从亚声速开始增加，到跨声速时达到最大，然后下降，到高超声速时 $\partial C_L/\partial \alpha$ 最小 (图 7.31)。SAENGER 构型也可观察到同样的趋势 (7.2 节)。

所研究的中等迎角下阻力系数 C_D 值相对较小 (图 7.32)。阻力系数在迎角 $1° \leqslant \alpha \leqslant 4°$ 范围内存在最小值。$Ma_\infty = 0.4$ 和 0.6 时，$\alpha \approx 3°$ 的阻力系数最小值为 $C_D \approx 0.007$[①]，该最小阻力系数与图 7.28 中的最小值相当。

---

① 原书误为 0.07——译者注。

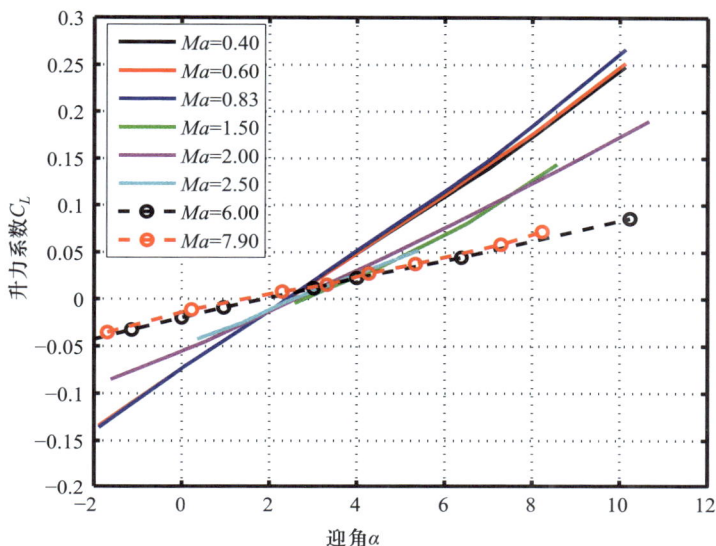

图 7.31 不同马赫数的升力系数 C_L 随迎角 α 的变化[22,25]

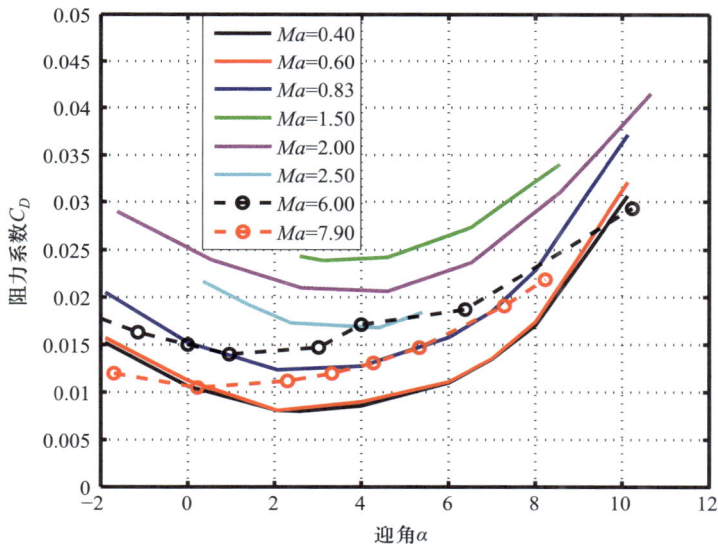

图 7.32 不同马赫数的阻力系数 C_D 随迎角 α 的变化[22,25]

亚声速流动时阻力系数最小，而升力系数相对较高，这两种效果使该速度范围的升阻比 L/D 最大，迎角 $\alpha \approx 7°$ 时升阻比最大值达 $L/D_{\max} \approx 10.5$ (图 7.33)。

能确保所有马赫数下关于力矩参考点 $x_{\mathrm{ref}} = 0.5L_{\mathrm{ref}}$ 的俯仰静稳定性，但随着马赫数增大，俯仰力矩斜率 $\partial C_m/\partial\alpha$ 的负值减小，表明稳定性减小 (图 7.34)。同时，所有自由流速度下飞行器都可配平，配平迎角

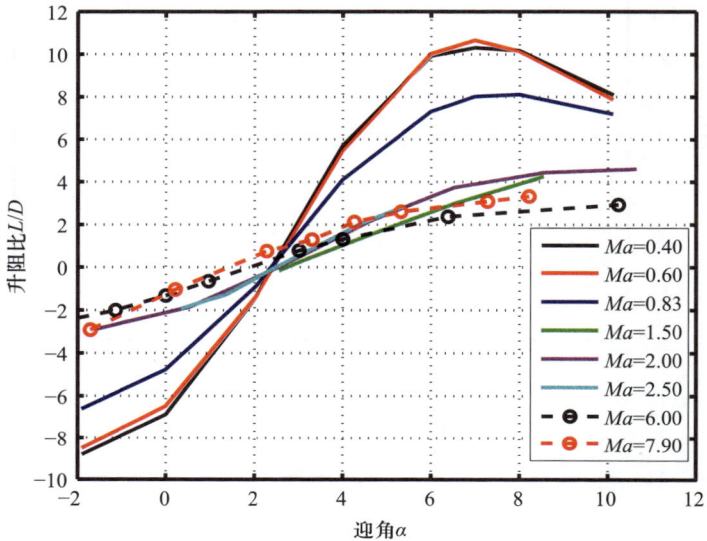

图 7.33 不同马赫数的升阻比 L/D 随迎角 α 的变化[22,25]

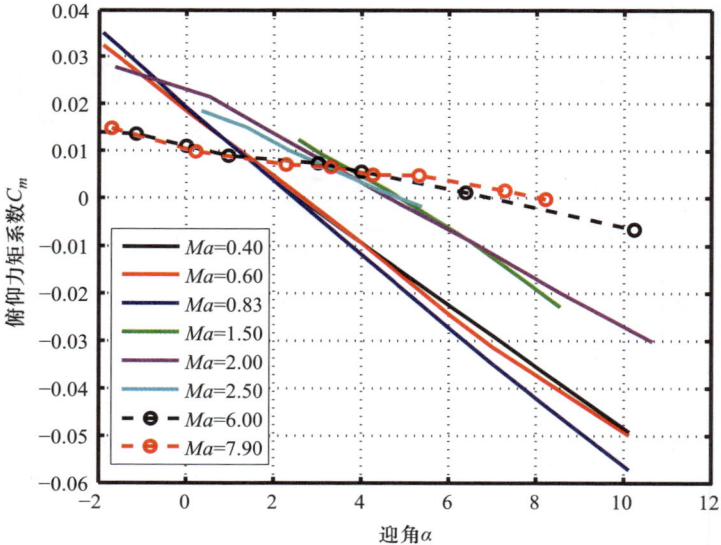

图 7.34 不同马赫数的俯仰力矩系数 C_m 随迎角 α 的变化[22,25] (力矩参考点 $x_{\mathrm{ref}} = 0.5L_{\mathrm{ref}}$)

范围为 $\alpha \approx 2.5°$ (亚声速) 至 $\alpha \approx 7°$ (高超声速)。

横向气动特性

只获得了亚声速 $v_\infty = 50 \ \text{m/s} \ (Ma_\infty \approx 0.145)$ 的横向气动力系数[21]。图 7.35 是侧向力系数 C_Y 随侧滑角 β 的变化。随着侧滑角的增大负侧向力增加,这主要是垂尾 (翼梢小翼) 的迎风面与背风面的压力分布不同所致。小迎角时存在这种效应,这可从 $\alpha = 0°$ 和 $10°$ 的侧向力系数可以看出。当迎角增大时,影响侧向力的第二种效应开始发挥作用。由于背风涡的不断加强,在 ELAC 机身后部的压力分布产生一个侧向力,该侧向力作用方向与垂尾产生的侧向力方向相反,见图 7.35 中 $\alpha = 20°$ 时的曲线趋势。

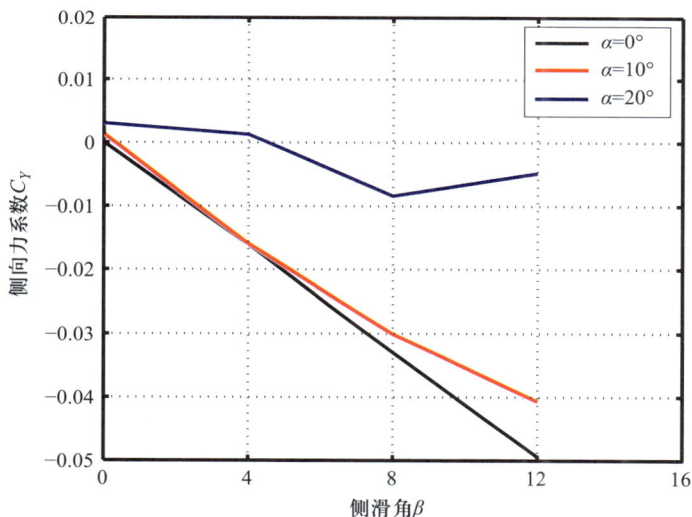

图 7.35   三个迎角 α 的侧向力系数 C_Y 随侧滑角 β 的变化[21],自由流速度 $v_\infty = 50 \ \text{m/s} \ (Ma_\infty \approx 0.145)$,$Re = 3.8 \times 10^6$

ELAC 横向气动特性的一个特点是其滚转力矩 C_l 的斜率 $\partial C_l / \partial \beta$ 为负,负斜率随迎角增大而增大 (图 7.36)。滚转力矩这种特性是希望得到的,因为飞行器受到干扰后具有自动回到水平飞行的趋势。其物理解释是,当体坐标系的 x 轴与自由流速度矢量方向不一致时 (α 和/或 $\beta > 0$ 时就属于这种情形),产生恢复滚转力矩 $C_{l\beta}\beta$[27,28],也可参见图 7.37[1]。

_____

①请注意,该图中的力矩参考点为 $x_{\text{ref}} = 0.65 L_{\text{ref}}$。但这基本上不会改变滚转力矩特性。

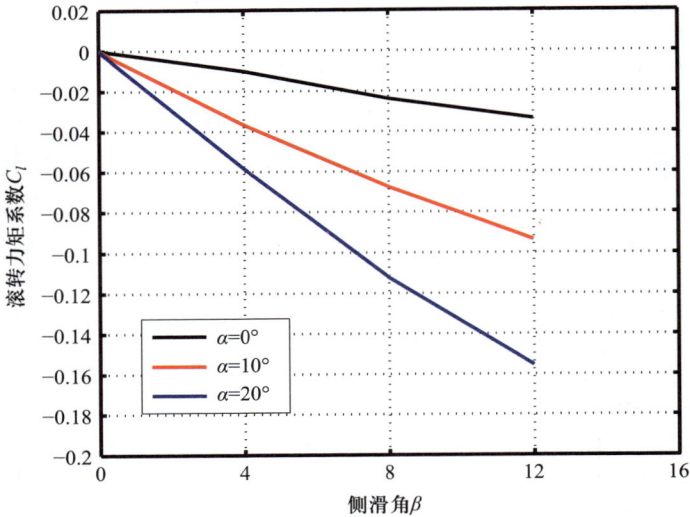

图 7.36　三个迎角 α 的滚转力矩系数 C_l 随侧滑角 β 的变化[21] (力矩参考点
$x_{\mathrm{ref}} = 0.5L_{\mathrm{ref}}$，自由流速度 $v_\infty = 50\,\mathrm{m/s}$ $(Ma_\infty \approx 0.145)$，$Re = 3.8 \times 10^6$)

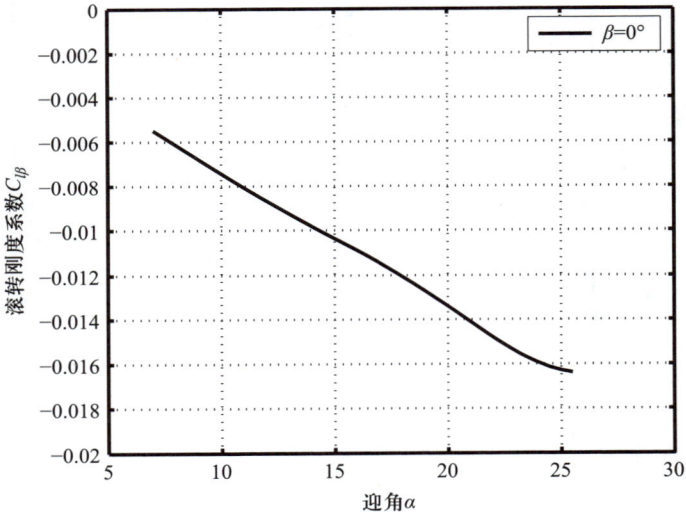

图 7.37　滚转刚度系数 $C_{l\beta}$ (单位: $1/(°)$) 随迎角 α 的变化[21] (力矩参考点
$x_{\mathrm{ref}} = 0.65L_{\mathrm{ref}}$，自由流速度 $v_\infty = 50\,\mathrm{m/s}$ $(Ma_\infty \approx 0.145)$，$Re = 3.7 \times 10^6$)

ELAC 构型具有方向稳定性。偏航力矩系数 C_n 随侧滑角 β 的变化图显示，斜率 $\partial C_n/\partial \beta$ 为正，而且随迎角变化比较小 (图 7.38)。偏航刚度系数 $\partial C_n/\partial \beta$ 为正时，侧向力必须为负 (图 7.35)，且侧向力的作用线必须位于参考点之后，可见，ELAC 构型属于这种情形。显然，将力矩

参考点从 $x_{\mathrm{ref}} = 0.50L_{\mathrm{ref}}$ 变化到 $x_{\mathrm{ref}} = 0.65L_{\mathrm{ref}}$，使得 $\partial C_n/\partial \beta$ 不再接近于常值 (图 7.39)。

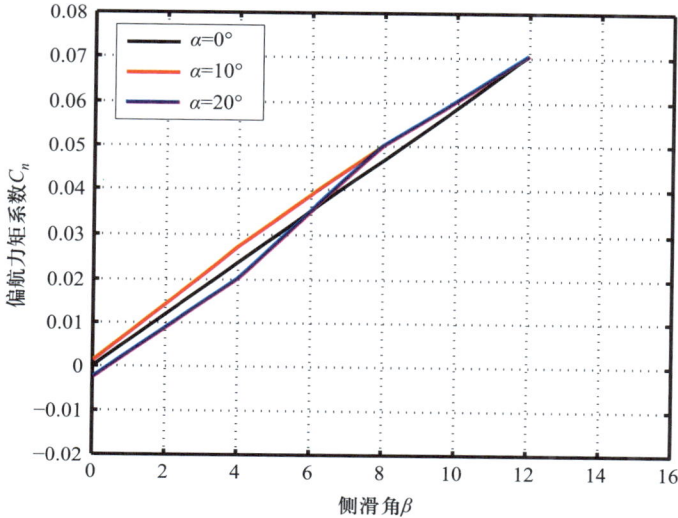

图 7.38   三个迎角 α 的偏航力矩系数 C_n 随侧滑角 β 的变化[21] (力矩参考点 $x_{\mathrm{ref}} = 0.5L_{\mathrm{ref}}$，自由流速度 $v_\infty = 50$ m/s $(Ma_\infty \approx 0.145)$，$Re = 3.8 \times 10^6$)

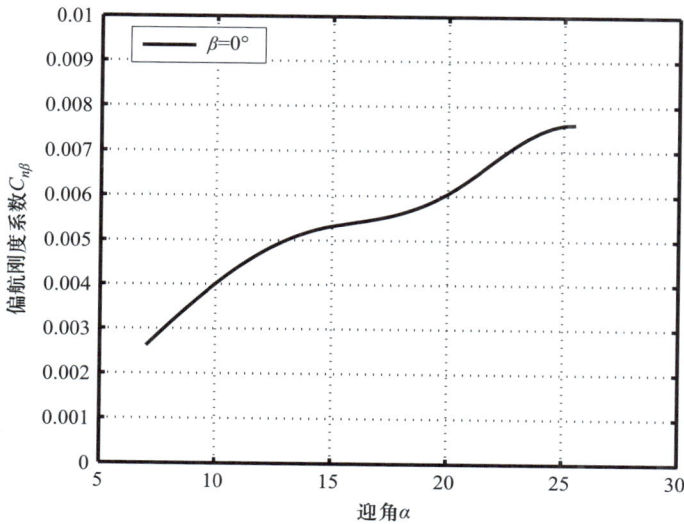

图 7.39   偏航刚度系数 $C_{n\beta}$ (单位：1/°) 随迎角 α 的变化[21] (力矩参考点 $x_{\mathrm{ref}} = 0.65L_{\mathrm{ref}}$，自由流速度 $v_\infty = 50$ m/s $(Ma_\infty \approx 0.145)$，$Re = 3.7 \times 10^6$)

7.3.3 动态气动力数据

没有获得动稳定性研究数据。

参考文献

[1] Hirschel, E.H., Weiland, C.: Selected Aerothermodynamic Design Problems of Hypersonic Flight Vehicles, vol. 229. Springer, Heidelberg; Progress in Astronautics and Aeronautics. AIAA, Reston (2009)

[2] Kuczera, H., Sacher, P.: Reusable Space Transportation Systems. Springer, Heidelberg (2011)

[3] Jacob, D., Sachs, G., Wagner, S. (eds.): Basic Research and Technologies for Two-Stage-To-Orbit Vehicles. Wiley-Vch-Verlag, Weinheim (2005)

[4] Hirschel, E.H.: The Hypersonic Technology Development and Verification Strategy of the German Hypersonic Technology Programme. AIAA-Paper No. 93-5072 (1993)

[5] Hirschel, E.H., Hornung, H.G., Mertens, J., Oertel, H., Schmidt, W.: Summary of the principal features and results of the BMFT study entitled: Determining Key Technologies as Starting Points for German Industry in the Development of Future Supersonic Transport Aircraft with a View to Possible Hypersonic Aircraft Projects. Final Report of the Study Group on Aerothermodynamics, BMFT Ref. No. LFF9694/8681 and LFF8682 (1987)

[6] Kuczera, H., Krammer, P., Sacher, P.: SÄNGER and the German Hypersonic Technology Programme. IAF Congress Montreal, Paper No. IAF-91-198 (1991)

[7] Krogmann, P., Schöler, H.: Windkanalversuche zur Sichtbarmachung des Strömungsfeldes und der Wärmeflufiverteilung an der SÄNGER Konfiguration bei Mach 6.8. DFVLR Internal Report: IB-222-88 C18 (1988)

[8] Esch, H.: Kraftmessungen an einem 1:160 Modell des MBB-SÄNGER Konzepts im Überschall. DLR Internal Report: IB-39113-89A03 (1989)

[9] Esch, H.: Kraft messungen an einem 1:160 Modell des MBB-SÄNGER Konzepts bei Ma = 6 im Hyperschallkanal H2K. DLR Internal Report: IB-39113-89A08 (1989)

[10] Esch, H.: Kraftmessungen an einem 1:160 Modell des MBB-SÄNGER Konzepts im Trisonikkanal TMK. DLR Internal Report: IB-39113-90A05

(1990)

[11] Kraus, M.: Aerodynamische Datensätze für die Konfiguration SÄNGER 4-92 (Aerodynamic Data Set for the SÄNGER Configuration 4-92). Technical Report: DASA-LME211-TN-HYPAC-290, Dasa, Munchen/Ottobrunn, Germany (1992)

[12] Weiland, C.: FESTIP Technology: Aerothermodynamics. Final Presentation, ESTEC Noordwijk (March 1997)

[13] Schröder, W., Behr, R., Menne, S.: Analysis of Hypersonic Flow Around Space Transportation Systems via CFD Methods. AIAA-Paper No. 93-5067 (1993)

[14] Schröder, W., Behr, R.: 3D Hypersonic Flow Over a Two-Stage Spacecraft. SPACE COURSE, Paper No. 14. Technical University of Munich, Germany (October 1993)

[15] Weiland, C.: Stage Separation Aerothermodynamics. AGARD-R-813, pp. 111-11-28 (1996)

[16] Esch, H.: Kraftmessungen zur Stufentrennung am MBB-SÄNGER Konzept bei Ma = 6 im Hyperschallkanal H2K. DLR Internal Report: IB-39113-90C18 (1990)

[17] Schröder, W., Mergler, F.: Investigation of the Flowfield over Parallel-Arranged Launch Vehicles. AIAA-Paper No. 93-3060 (1993)

[18] Hirschel, E.H.: The Technology Development and Verification Concept of the German Hypersonic Technology Programme. Dasa-LME12-HYPAC-STY-0017- A, Dasa Ottobrunn, Germany (1995)

[19] Krause, E.: German University Research in Hypersonics. AIAA-Paper 92-5033(1992)

[20] Raible, T., Jacob, D.: Evaluation and Multidisciplinary Optimzation of Two-Stage-to-Orbit Space Planes with Different Lower-Stage Concepts. In: Jacob, D., Sachs, G., Wagner, S. (eds.) Basic Research and Technologies for Two-Stage-To-Orbit Vehicles. Wiley-Vch-Verlag, Weinheim (2005)

[21] Decker, F.: Experimentelle und Theoretische Untersuchungen zur Aerodynamik der Hyperschallkonfiguration ELAC-1 im Niedergeschwindigkeitsbereich (Experimental and Theoretical Investigations of the Aerodynamics of the Hypersonic Configuration ELAC-1 in Subsonic Flow). Doctoral Thesis, Institute of Aerospace Engineering, RWTH Aachen, Germany, 1996. Cuvillier Verlag, Goottingen (1997)

[22] Bleilebens, M., Glössner, C., Olivier, H.: High Speed Aerodynamics of the Two- Stage ELAC/EOS-Configuration for Ascent and Re-entry. In: Jacob, D., Sachs, G., Wagner, S. (eds.) Basic Research and Technologies for Two-Stage-To-Orbit Vehicles. Wiley-Vch-Verlag, Weinheim (2005)

[23] Neuwerth, G., Peiter, U., Jacob, D.: Low Speed Tests with an ELAC-Model at High Reynolds Numbers. In: Jacob, D., Sachs, G., Wagner, S. (eds.) Basic Research and Technologies for Two-Stage-To-Orbit Vehicles. Wiley-Vch-Verlag, Weinheim (2005)

[24] Neuwerth, G., Peiter, U., Decker, F., Jacob, D.: Reynolds Number Effects on Low-Speed Aerodynamics of the Hypersonic Configuration ELAC 1. J. of Spacecraft and Rockets 36(2) (1999)

[25] Schröder, W.: ELAC Aerodynamic Data. Private Communication, RWTH Aachen, Germany (2012)

[26] Henze, A., Schröder, W., Meinke, M.: Numerical Analysis of the Supersonic Flow around Reusable Space Transportation Vehicles. ESA SP-487, pp. 191197 (2002)

[27] Etkin, B.: Dynamics of Atmospheric Flight. John Wiley & Sons, New York (1972)

[28] Brockhaus, R.: Flugregelung. Springer, Heidelberg (2001)

第 8 章

坐标系

文献资料中, 空气动力学和飞行力学所采用的坐标系以及坐标系中气动力的正方向各不相同, 而且不同国家之间, 有时甚至不同航空公司之间也不同。

因此空气动力学专家及航空航天工程人员必须对每种情况仔细检查所采用的坐标系以及力和力矩的定义[1-4]。

本章介绍两种常用坐标系, 包括坐标系中气动力方向的定义。第一种坐标系示于图 8.1, 图中示出了机体固定体轴坐标系 (x_f, y_f, z_f) 和风轴坐标系 (x_a, y_a, z_a)。为了不使此图过于复杂, 在另一幅图 (图 8.2) 示出了固定体轴坐标系中的气动力系数 C_X, C_Y, C_Z 和风轴坐标系中的气动力系数 C_D, C_{Ya}, C_L 的定义。该坐标系主要适用于像军民用飞机以及有翼航天飞行器 (RV-W、CAV) 之类的有翼飞行器。

第二种坐标系如图 8.3 和图 8.4 所示, 通常适用于无翼航天飞行器, 用它表示如返回舱、探测器、钝锥等 (RV-NW) 的气动力数据。可以看到, 图 8.3 和图 8.4 中的定义是负迎角 α。原因是, 返回舱只有迎角为负时才能获得正升力。对这种情况的解释说明参见文献[2]。

在设计工作期间, 航空航天工程人员常常要在固定体轴坐标系和风轴坐标系之间进行变换。我们知道, 一般来说这应该不是问题, 但在日常工作中, 常常不清楚变换式各项符号是否正确。鉴于此, 我们对上述两种坐标系之间的变换关系式进行全面介绍。

根据图 8.1 和图 8.2 的定义, 研究风轴坐标系中气动力系数 C_D, C_{Ya}, C_L 与固定体轴坐标系中气动力系数 C_X, C_Y, C_Z 之间的变

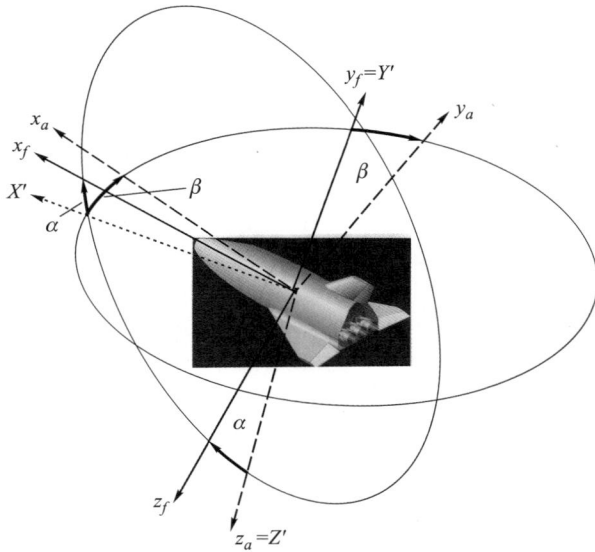

图 8.1 有翼航空航天飞行器惯用坐标系定义[2,3]。固定体轴坐标系 (x_f, y_f, z_f)，风轴坐标系 (x_a, y_a, z_a)

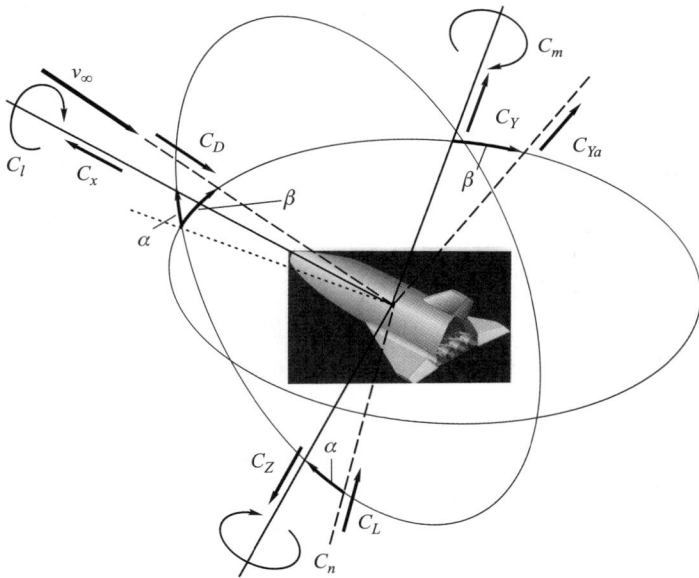

图 8.2 有翼航空航天飞行器气动力及力矩系数定义 (相对于图 8.1 定义的坐标系)[2]

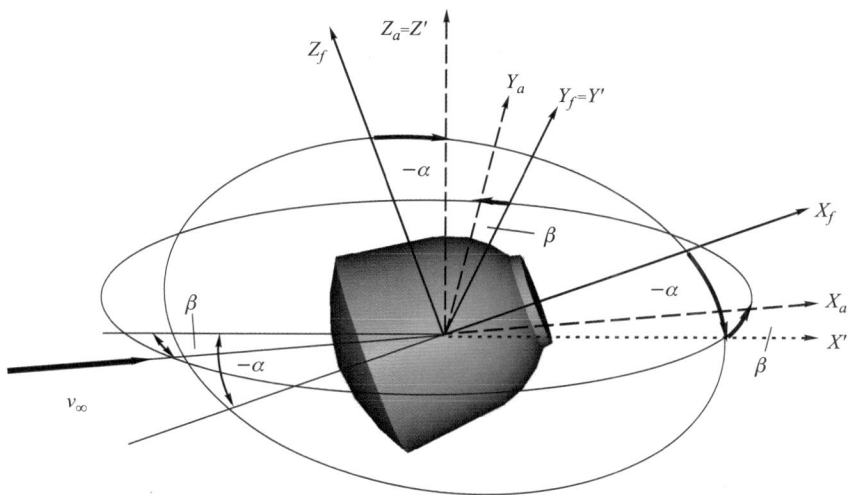

图 8.3　无翼航天飞行器惯用坐标系定义[2]。固定体轴坐标系 (x_f, y_f, z_f)，风轴坐标系 (x_a, y_a, z_a)

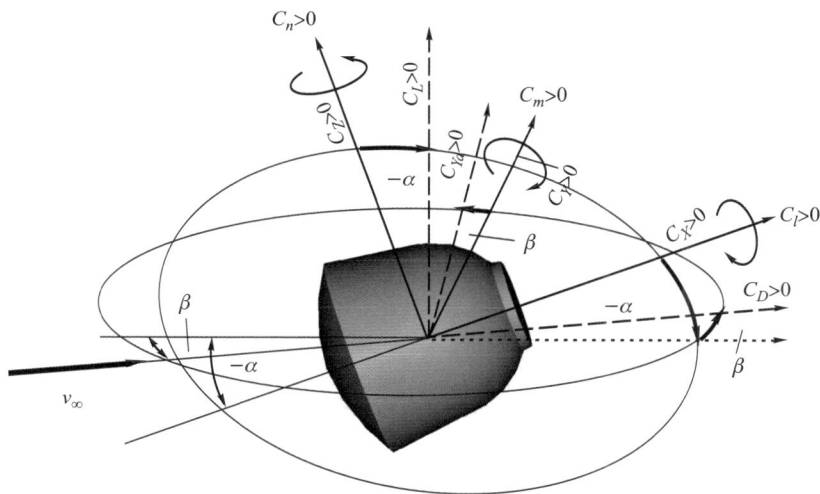

图 8.4　无翼航天飞行器气动力及力矩系数定义 (相对于图 8.3 定义的坐标系)[2]

换。绕 z_a 轴向左旋转 β 角，之后绕 $y' = y_f$ 轴向右旋转[①] α 角。其变换矩阵[②]为

---

① 向右旋转和向左旋转的定义见文献 [3]。

② 请注意：C_D 和 C_L 指向 x_a 和 z_a 轴的负方向。这是式 (8.1) 中为负号的原因。

$$\boldsymbol{M}_{ab} = \boldsymbol{M}^{\alpha}\boldsymbol{M}^{-\beta} = \begin{pmatrix} \cos\alpha & 0 & -\sin\alpha \\ 0 & 1 & 0 \\ \sin\alpha & 0 & \cos\alpha \end{pmatrix} \begin{pmatrix} \cos\beta & -\sin\beta & 0 \\ \sin\beta & \cos\beta & 0 \\ 0 & 0 & 1 \end{pmatrix}$$

$$= \begin{pmatrix} \cos\alpha\cos\beta & -\cos\alpha\sin\beta & -\sin\alpha \\ \sin\beta & \cos\beta & 0 \\ \sin\alpha\cos\beta & -\sin\alpha\sin\beta & \cos\alpha \end{pmatrix}$$

得到气动力系数关系式:

$$\begin{pmatrix} C_X \\ C_Y \\ C_Z \end{pmatrix} = \boldsymbol{M}_{ab} \begin{pmatrix} -C_D \\ C_{Ya} \\ -C_L \end{pmatrix} \tag{8.1}$$

将式 (8.1) 代入后得

$$C_X = -C_D\cos\alpha\cos\beta - C_{Ya}\cos\alpha\sin\beta + C_L\sin\alpha$$
$$C_Y = -C_D\sin\beta + C_{Ya}\cos\beta \tag{8.2}$$
$$C_Z = -C_D\sin\alpha\cos\beta - C_{Ya}\sin\alpha\sin\beta - C_L\cos\alpha$$

其逆变换为

$$\begin{pmatrix} -C_D \\ C_{Ya} \\ -C_L \end{pmatrix} = \boldsymbol{M}_{ab}^{-1} \begin{pmatrix} C_X \\ C_Y \\ C_Z \end{pmatrix} = \begin{pmatrix} \cos\alpha\cos\beta & \sin\beta & \sin\alpha\cos\beta \\ -\cos\alpha\sin\beta & \cos\beta & -\sin\alpha\sin\beta \\ -\sin\alpha & 0 & \cos\alpha \end{pmatrix} \begin{pmatrix} C_X \\ C_Y \\ C_Z \end{pmatrix} \tag{8.3}$$

利用矩阵 $\boldsymbol{M}_{ab}$ 的正交性, 即 $\boldsymbol{M}_{ab}^{-1} = \boldsymbol{M}_{ab}^{\mathrm{T}}$, 最后得

$$C_D = -C_X\cos\alpha\cos\beta - C_Y\sin\beta - C_Z\sin\alpha\cos\beta$$
$$C_{Ya} = -C_X\cos\alpha\sin\beta + C_Y\cos\beta - C_Z\sin\alpha\sin\beta \tag{8.4}$$
$$C_L = C_X\sin\alpha - C_Z\cos\alpha$$

在图 8.3 和图 8.4 的坐标系下, 固定体轴坐标系与风轴坐标系之间的变换为

$$\begin{pmatrix} C_D \\ C_{Ya} \\ C_L \end{pmatrix} = \boldsymbol{M}_{ba} \begin{pmatrix} C_X \\ C_Y \\ C_Z \end{pmatrix} \tag{8.5}$$

其中：

$$\boldsymbol{M}_{ba} = \boldsymbol{M}^{\beta} \boldsymbol{M}^{-\alpha} = \begin{pmatrix} \cos\beta & \sin\beta & 0 \\ -\sin\beta & \cos\beta & 0 \\ 0 & 0 & 1 \end{pmatrix} \begin{pmatrix} \cos\alpha & 0 & \sin\alpha \\ 0 & 1 & 0 \\ -\sin\alpha & 0 & \cos\alpha \end{pmatrix} \tag{8.6}$$

式中：$\boldsymbol{M}^{\beta}$ 为绕 z' 轴向右旋转 β 角；$\boldsymbol{M}^{-\alpha}$ 为绕 y_f 轴向右旋转负迎角 $-\alpha$，最后得

$$C_D = C_X \cos\alpha \cos\beta + C_Y \sin\beta + C_Z \sin\alpha \cos\beta$$

$$C_{Ya} = -C_X \cos\alpha \sin\beta + C_Y \cos\beta - C_Z \sin\alpha \sin\beta \tag{8.7}$$

$$C_L = -C_X \sin\alpha + C_Z \cos\alpha$$

式 (8.5) 的逆变换可由下式计算：

$$\begin{pmatrix} C_X \\ C_Y \\ C_Z \end{pmatrix} = \boldsymbol{M}_{ba}^{\mathrm{T}} \begin{pmatrix} C_D \\ C_{Ya} \\ C_L \end{pmatrix} \tag{8.8}$$

$$C_X = C_D \cos\alpha \cos\beta - C_{Ya} \cos\alpha \sin\beta - C_L \sin\alpha$$

$$C_Y = C_D \sin\beta + C_{Ya} \cos\beta \tag{8.9}$$

$$C_Z = C_D \sin\alpha \cos\beta - C_{Ya} \sin\alpha \sin\beta + C_L \cos\alpha$$

式 (8.2) 与式 (8.9) 以及式 (8.4) 与式 (8.7) 的比较表明，仅一些右端项的正负符号不同，但恰恰是这些正负符号有时会引起混乱。

参考文献

[1] American National Standards Institute. Recommended Practice for Atmosphere and Space Flight Vehicle Coordinate Systems. American National Standard ANSI/AIAA R-0004-1992 (1992)

[2] Hirschel, E.H., Weiland, C.: Selected Aerothermodynamic Design Problems of Hypersonic Flight Vehicles, vol. 229. Springer, Heidelberg; Progress in Astronautics and Aeronautics. AIAA, Reston (2009)

[3] Weiland, C.: Computational Space Flight Mechanics. Springer, Heidelberg (2010)

[4] Brockhaus, R.: Flugregelung. Springer, Heidelberg (2001)

附录 A

风洞

下面列出了本书建立所研究的航天飞行器气动力数据集所利用的部分风洞。

表 A.1　本书提及的德国风洞

风洞	机构	地址	国家	流动范围	页码
TMK 风洞	DLR	科隆	德国	亚、跨、超声速	126
H2K 风洞	DLR	科隆	德国	无加热, 高超声速	126
NWB 风洞	DLR	布伦瑞克	德国	低亚声速	206
TWG 风洞	DLR	哥廷根	德国	亚、跨声速、低超声速	206
HEG 风洞	DLR	哥廷根	德国	激波风洞, 高焓	51
TH2 风洞	亚琛工业大学	亚琛	德国	激波风洞, 中等焓值	206

表 A.2　本书提及的美国风洞

风洞	机构	地址	地区	流动范围	页码
兰利 20 英寸 $Ma_\infty = 6$ 风洞	NASA 兰利	汉普顿	维吉尼亚 (美国)	无加热 高超声速	90, 176
兰利 31 英寸 $Ma_\infty = 10$ 风洞	NASA 兰利	汉普顿	维吉尼亚 (美国)	无加热 高超声速	93, 176
兰利 $CF_4 Ma_\infty = 6$ 风洞	NASA 兰利	汉普顿	维吉尼亚 (美国)	高超声速	93, 176

续表

风洞	机构	地址	地区	流动范围	页码
兰利 8 英尺风洞	NASA 兰利	汉普顿	维吉尼亚 (美国)	跨声速	98
兰利 14 英尺 × 22 英尺风洞	NASA 兰利	汉普顿	维吉尼亚 (美国)	亚声速	185
兰利 16 英尺风洞	NASA 兰利	汉普顿	维吉尼亚 (美国)	超声速	185
兰利统一规划风洞	NASA 兰利	汉普顿	维吉尼亚 (美国)	超声速	185
HFFAF①统一规划风洞	NASA 艾姆斯	山景城	加利福尼亚 (美国)	炮风洞	93, 90

表 A.3　本书提及的法国风洞

风洞	机构	地址	国家	流动范围	页码
S4 风洞	ONERA	摩丹	法国	无加热, 高超声速	193
F4 风洞	ONERA	勒福加	法国	高焓	51, 88

表 A.4　本书提及的荷兰风洞

风洞	机构	地址	国家	流动范围	页码
HST 风洞	NLR	阿姆斯特丹	荷兰	亚、跨、低超声速	71, 206
SST 风洞	NLR	阿姆斯特丹	荷兰	超声速	71, 206
LLF 风洞	DNW②	爱莫若德	荷兰	低亚声速	206, 280

表 A.5　本书提及的俄罗斯风洞

风洞	机构	地址	国家	流动范围	页码
T-313 风洞	ITAM	新西伯利亚	俄罗斯	超声速	144
AT-303 风洞	ITAM	新西伯利亚	俄罗斯	高超声速	144

表 A.6　本书提及的比利时风洞

风洞	机构	地址	国家	流动范围	页码
S1 风洞	VKI	布鲁塞尔	比利时	跨声速	71

---

① HFFAF ⇒ 高超声速自由飞气动力设备。
② DNW ⇒ 一个德－荷组织。

附录 B

缩略语

ADB	Aerodynamic Data Base	气动力数据库
AEDC	Arnold Engineering Development Center (United States)	阿诺德工程发展中心 (美国)
AFE	Aeroassisted Flight Experiment (United States - Europe)	气动辅助飞行试验 (美国 – 欧洲)
ALFLEX	Automatic Landing FLight EXperiment (Japan)	自动着陆飞行试验 (日本)
APOLLO	Capsule, first Moon landing (United States)	飞船,第一次登月 (美国)
AOTV	Aeroassisted Orbital Transfer Vehicle	气动辅助轨道转移飞行器
ARD	Atmospheric Re-entry Demonstrator (Europe)	大气层再入验证飞行器 (欧洲)
ASTRA	Selected systems and technologies for future space transportation applications (Germany)	未来空间运输应用先进系统与技术 (德国)
ASTV	Aeroassisted Space Transfer Vehicle	气动辅助空间转移飞行器
ARIANE V	Rocket launcher for heavy payloads (Europe)	重型有效载荷运载火箭 (欧洲)
BEAGLE2	Small Mars lander (Great Britain)	小型火星登陆器 (英国)
BURAN	Winged re-entry vehicle (Soviet Union/Russia)	有翼再入飞行器 (苏联/俄罗斯)
CARINA	Capsule configuration of a flight demonstrator (Italy)	飞行验证器的返回舱构型 (意大利)
CAV	Cruise and Acceleration Vehicle	巡航与加速飞行器
CFD	Computational Fluid Dynamics	计算流体力学

CIRA	Aerospace research organization (Italy)	意大利航天局
COLIBRI	Blunted cone configuration of a flight demonstrator (Germany)	飞行验证器钝锥构型 (德国)
CMC	Ceramic Matrix Composite	陶瓷基复合材料
CRV	Crew Rescue Vehicle	乘员救生飞行器
CTV	Crew Transport Vehicle	乘员运输飞行器
DARPA	Defense Advanced Research Project Agency (United States)	国防高级研究计划局 (美国)
DC-X	Delta Clipper EXperimental (United States)	三角快帆试验飞行器 (美国)
DC-XA	Delta Clipper EXperimental Advanced (United States)	后续的三角快帆试验飞行器 (美国)
DLR	German Aerospace Center	德国宇航中心
EHTV	European Hypersonic Transport Vehicle	欧洲高超声速运输飞行器
ELAC	TSTO technology demonstrator study (Germany)	TSTO 技术验证飞行器研究 (德国)
EOS	ELAC Orbital Stage, upper stage of ELAC (Germany)	ELAC 轨道级, 即 ELAC 的上面级 (德国)
ESA	European Space Agency	欧洲航天局
ESTEC	European Space Research and Technology Center (The Netherlands)	欧洲航天研究与技术中心 (荷兰)
EXPERT	European EXPerimental Re-entry Testbed	欧洲实验再入试验平台
FESTIP	Future European Space Transportation Investigation Programme	未来欧洲空间运输研究计划
FOTON	Rocket launcher (Soviet Union/Russia)	运载火箭 (苏联/俄罗斯)
GEMINI	Capsule configuration (United States)	返回舱构型 (美国)
GEO	Circular GEosynchronized Orbit	地球同步轨道
GNC	Guidance Navigation and Control	制导、导航与控制
GPS	Global Positioning System	全球定位系统
GTO	Geostationary Transfer Orbit	地球同步转移轨道
HALIS	simplified SPACE SHUTTLE Orbiter configuration	简化的航天飞机轨道器构型
HERMES	Winged re-entry vehicle (Europe)	有翼再入飞行器 (欧洲)
HOPE	H-II Orbiting PlanE (Japan)	H-II 轨道飞机 (日本)
HOPE-X	Redesigned HOPE system (Japan)	重新设计的 HOPE 系统 (日本)
HOPPER	SSTO system concept (Europe)	SSTO 系统方案 (欧洲)
HORUS	Upper stage of TSTO system SAENGER (Germany)	TSTO 系统 SAENGER 的上面级 (德国)
HOTOL	Horizontal Take-Off and Landing concept (Great Britain)	水平起降方案 (英国)

HUYGENS	Titan probe (Europe)	泰坦探测器 (欧洲)
HYFLEX	Hypersonic FLight EXperiment (Japan)	高超声速飞行实验飞行器 (日本)
HYPER-X	Testbed for scramjet demonstration flights (United States)	超燃冲压发动机验证飞行试验平台 (美国)
IBU	Inflatable Braking Unit, part of IRDT (Russia)	充气式制动装置，IRDT 的一部分 (俄罗斯)
INKA	Configurational study of bent bicone shape (Germany)	弯体双锥构型研究外形 (德国)
IRDT	Inflatable Re-entry Demonstrator Technology (Russia-Germany)	充气式再入演示验证器技术 (俄罗斯 – 德国)
IRS	Institute for space systems, Stuttgart (Germany)	斯图加特大学空间系统学院 (德国)
ISS	International Space Station	国际空间站
ITAM	Institute of Theoretical and Applied Mechanics, Novosibirsk (Russia)	新西伯利亚理论与应用力学研究所 (俄罗斯)
JAXA	Japan's space agency (former NASDA)	日本航天局 (原 NASDA)
KHEOPS	Configurational study in the frame of EXPERT program (Europe)	EXPERT 计划框架内的构型研究 (欧洲)
LEO	Low Earth Orbit	低地球轨道
MAIA	Subscale experimental vehicle of HERMES (Europe)	HERMES 缩尺实验飞行器 (欧洲)
MERCURY	Capsule configuration (United States)	返回舱构型 (美国)
MIGAKS	TSTO system concept (Russia)	TSTO 系统方案 (俄罗斯)
MIR	Space station of Soviet Union/Russia	苏联/俄罗斯空间站
MSRO	Mars Sample Return Orbiter (Europe)	火星采样返回轨道器 (欧洲)
MSTP	Manned Space Transportation Programme (Europe)	载人航天运输计划 (欧洲)
MTFF	Manned Tended Free Flyer (Columbus module) (Europe)	有人照料的自由飞行器 (哥伦布实验舱)(欧洲)
NASA	National Aeronautics and Space Administration (United States)	美国国家航空航天局 (美国)
NASP	National AeroSpace Plane Program (United States)	国家空天飞机 (美国)
NEAT	North European Aerospace Test Range (Sweden)	北欧航空航天试验靶场 (瑞典)
NLR	National aerospace laboratory (The Netherlands)	国家航空航天实验室 (荷兰)
NPO	Lavoschkin, Russian space research organization	Lavoschkin，俄罗斯空间研究机构

OMS	Orbital Maneuvering System	轨道机动系统
ONERA	National aerospace research center (France)	国家航空航天研究中心 (法国)
OREX	Orbital Re-entry Eperiment (Japan)	轨道再入试验飞行器 (日本)
PHOENIX	Flight demonstrator for the SSTO system HOPPER (Germany)	SSTO 系统 HOPPER 的飞行验证器 (德国)
PREPHA	TSTO system concept (France)	TSTO 系统方案 (法国)
PRORA	Aerospace research program (Italy)	航空航天研究计划 (意大利)
REV	Configuration as part of the EXPERT project (Europe)	用作 EXPERT 项目的一部分的构型 (欧洲)
RLV	Reusable Launch Vehicle	可重复使用运载器
RCS	Reaction Control System	反作用控制系统
RV-NW	Re-entry Vehicle Non-Winged	无翼再入飞行器
RV-W	Re-entry Vehicle Winged	有翼再入飞行器
SAENGER	TSTO system study (Germany)	两级入轨系统研究计划 (德国)
SALYUT	Space station of Soviet Union/Russia	苏联/俄罗斯空间站
SHEFEX	SHarp Edge Flight EXperiment (Germany)	锐缘飞行实验 (德国)
SOYUZ	Capsule, transporter to and from ISS (Soviet Union/Russia)	返回舱, 往返于国际空间站的运输系统 (苏联/俄罗斯)
SPACE-SHUTTLE	Winged re-entry vehicle (United States)	有翼再入飞行器 (美国)
SPUTNIK	Capsule, first orbital flight (Soviet Union)	返回舱, 首次轨道飞行 (苏联)
STARDUST	Space probe (United States)	空间探测器 (美国)
STAR-H	TSTO system concept (France)	TSTO 系统方案 (法国)
SSTO	Single-Stage-To-Orbit	单级入轨
TPS	Thermal Protection System	热防护系统
TSTO	Two-Stage-To-Orbit	两级入轨
TSAGI	Russian research institute for aerospace applications	俄罗斯航空航天应用研究院
TSNIIMASH	Russian aerospace research institute	俄罗斯航空航天研究院
USV	Unmanned Space Vehicle (Italy)	无人航天飞行器 (意大利)
VIKING	Mars probe (United States)	火星探测器 (美国)
VIKING-type	Capsule configuration of a system study (Europe)	系统研究返回舱构型 (欧洲)
VKI	von Kàrmàn institute, Brussels (Belgium)	位于布鲁塞尔的冯·卡门研究院 (比利时)

VOLNA	Rocket launcher (Russia)	运载火箭 (俄罗斯)
X-24A	Demonstrator vehicle (United States)	验证飞行器 (美国)
X-33	Demonstrator vehicle (United States)	验证飞行器 (美国)
X-34	Demonstrator vehicle (United States)	验证飞行器 (美国)
X-37	Demonstrator vehicle (United States)	验证飞行器 (美国)
X-38	Crew rescue vehicle for ISS (United States - Europe)	国际空间站乘员救生飞行器 (美国 – 欧洲)
X-40	Demonstrator vehicle (United States)	验证飞行器 (美国)
X-43	Demonstrator vehicle (United States)	验证飞行器 (美国)
X-51A	Demonstrator vehicle (United States)	验证飞行器 (美国)